U0270685

面向大规模太阳能并网发电及建筑集成化的工程手册

大规模太阳能发电与建筑集成化工程设计

〔美〕彼得·戈沃尔基 著

王 伟 李祥立 译

翟志强（Z. John Zhai）审校

中国建筑工业出版社

著作权合同登记图字：01-2011-7573 号

图书在版编目(CIP)数据

大规模太阳能发电与建筑集成化工程设计/（美）戈沃尔基著；王伟等译. —北京：中国建筑工业出版社，2014.7

书名原文：Large-Scale Solar Power System Design

ISBN 978-7-112-16676-3

Ⅰ.①大… Ⅱ.①戈…②王… Ⅲ.①太阳能发电-发电厂-建筑设计 Ⅳ.①TU271.1

中国版本图书馆 CIP 数据核字(2014)第 064640 号

责任编辑：石枫华　程素荣

责任设计：张　虹

责任校对：张　颖　赵　颖

大规模太阳能发电与建筑集成化工程设计

〔美〕彼得·戈沃尔基　著

王　伟　李祥立　译

翟志强（Z. John Zhai）审校

＊

中国建筑工业出版社出版、发行（北京西郊百万庄）

各地新华书店、建筑书店经销

北京科地亚盟排版公司制版

北京盛通印刷股份有限公司印刷

＊

开本：787×1092 毫米　1/16　印张：19¼　字数：476 千字

2015 年 1 月第一版　　2015 年 1 月第一次印刷

定价：**66.00** 元

ISBN 978 - 7 - 112 - 16676 - 3

(25471)

翻译组成员（按姓氏笔画为序）

于乃功　王　伟　王　凯　刘　红

任　坤　李祥立　汪　浩　张维奇

胡定科　脱瀚斐　谢静超

作 者 简 介

彼得·戈沃尔基（Peter Gevorkian）博士，美国矢量三角设计公司总经理，该公司位于加利福尼亚州 La Canada Flintridge，主要从事常规电气工程和太阳能发电系统的设计咨询工作。彼得·戈沃尔基曾获得电气工程本科学位，计算机科学硕士学位以及电气工程博士学位。他在太阳能发电设计，可再生能源系统设计等方面获得了多项奖励。

彼得·戈沃尔基曾讲授过计算机科学、自动控制以及可再生能源系统工程等方面课程，并在国内外会议上发表多篇科技论文，曾在 McGraw-Hill 出版社出版了多部著作，包括：《建筑设计中的可再生能源系统》、《可再生能源系统工程》、《建筑设计中的太阳能发电》以及《房屋设计中的可替代能源系统》。

序　言

　　《大规模太阳能发电及建筑集成化工程设计》一书，用简练的语言，清晰地介绍了太阳能发电系统所涵盖的一系列神秘而深奥的工程问题，再一次展示了彼得·戈沃尔基（Peter Gevorkian）博士对该类工程超群的理解和掌控能力。本书作为太阳能发电系统设计和运行的百科全书，是解决环境与能源危机的必备工具。

　　戈沃尔基博士是一位知识的传播者，他将各类知识加以综合，把深奥问题的实质揭示给广大读者，给我们带来了一份特别的礼物。本书的读者群可包括：工程师，数学家，物理学家，建筑师，政府官员，建筑开发商和业主，甚至一些非专业人士。Gevorkian 博士从宏观的角度看待太阳能发电系统，向包括：关注政府可再生能源策略的群体和从事太阳能发电技术产业的人员，呼吁太阳能发电系统的重要性。本书远超越于一般太阳能技术的综述类书籍。

　　戈沃尔基博士将复杂问题简单化，大大提高了本书的可读性，书中给读者讲述了一个又一个有趣的故事，本书的突出特色在于作者巧妙地在"已知"与"未知"之间建立了联系。戈沃尔基博士在本书中是一位导师，他并非仅仅提供大量佐证使读者信服他的观点，而是通过定义和再定义、分类和再分类，使读者建立自己的观点，他希望通过本书激发读者的智慧。

　　任何一本书籍的写作都是从相关知识的定义与评估，发展到相关问题（如：马克斯·普朗克和爱因斯坦所提问题）的实践，此书从如何理解知识，发展到指导太阳能发电工程产业化大规模应用，是一本有价值的读物，也是戈沃尔基博士的一个杰作。

　　对于未来的人们，可再生能源的发展将是一个常识性的事物，大多数人将致力于系统的效率和控制，而戈沃尔基博士的工作已处于可持续能源发展的前沿。当若干年后，太阳能已应用到人类生活的各方面中，回想起本书，将会再次感受到此书的重要。

Dr. Lance A. Williams

　　Lance A. Williams 博士是美国绿色建筑委员会洛杉矶分会的执行主任，他是 LEED 认证的专家，见识丰富，视野宽广，见解深刻，目前主要致力于推动可持续能源系统的发展。

译 者 序

当今社会，为替代"化石"能源，人们一直在努力追寻各种可再生能源。太阳能以其节能环保、取之不尽、用之不竭、方便快捷等特点，已被广泛接受，并大规模应用于能源、建筑、工业等多个领域。但太阳能作为一种低品位能源，在其利用过程中，也存在着能量密度低，受气象条件影响等不足之处，如何应对太阳能的时变特性，开发满足用户侧需求的高效太阳能利用系统，寻求最佳的太阳能利用形式以及优化系统设计与运行参数，都是目前急需解决的关键问题。另一方面，太阳能利用形式主要包括太阳能光热和光电转换。前者相对简单，而后者涉及物理化学、材料科学、制造安装、土木建筑、电工电子、能源电力、环境气象等多学科知识的综合与集成。目前，由于缺少对太阳能光电利用技术整体认识和把握，尚缺乏一本可涵盖各专业领域知识，适合于指导工程实践的参考书。

针对这一现状，中国建筑工业出版社引进了由美国 McGraw-Hill 公司出版，由美国太阳能光电利用工程资深专家彼得·沃尔戈基博士所著的《大规模太阳能发电与建筑集成化工程设计》一书。本书较为全面地综述了太阳能发电技术的基本原理（第 1 章）；揭示了太阳能光伏发电系统受物理及环境的影响规律（第 2 章）；介绍了太阳能光伏发电组件的工作原理（第 3 章）；深入讲解了太阳能发电项目的可行性分析（第 4 章）、工程成本分析（第 5 章）、项目管理（第 9 章）以及投融资（第 12 章）等方面内容。该书还结合实际工程，介绍了太阳能发电系统的设计（第 6 章）及工程建设（第 7 章）的关键问题；较为详细的阐述了太阳能聚光发电（第 8 章）以及太阳能热发电（第 11 章）技术的核心内容；讲述了美国智能电网在太阳能发电工程中的应用（第 10 章）。本书对于致力于太阳能发电的从业人员，学生和研究人员，是一本宝贵的学习和参考资料。

负责本书翻译工作的有：北京工业大学建筑工程学院王伟教授、谢静超博士，北京工业大学材料科学与工程学院汪浩教授，北京工业大学电子信息与控制学院于乃功教授、任坤博士，大连理工大学土木工程学院李祥立副教授，石家庄铁道大学机械工程学院胡定科副教授，广东电网电力调度控制中心张维奇工程师，西安交通大学能源与动力工程学院王凯博士，美国亚利桑那大学航天与机械工程系刘红博士和美国伊利诺伊大学香槟分校脱瀚斐博士。全书由王伟、李祥立统稿，美国科罗拉多大学翟志强教授审校。在本书的翻译过程中，刘慧敏、李林涛、朱佳鹤、盖轶静、董兴国等同学参与了部分文字与图片的整理工作。最后，衷心感谢中国建筑工业出版社对本书翻译出版工作的大力支持！

译 者
2013 年 12 月于北京

目　　录

第1章 太阳能发电技术

1.1 引言

太阳能电池或光伏（PV）电池本质上是一种将太阳能转化为电能的电子设备。太阳能电池的物理基础源于与二极管和晶体管相同的半导体理论，这一基础构成了整个电子工业的大厦。

只要有阳光，太阳能电池就可以转化太阳光的能量。但是在傍晚或者多云的天气情况下，这种转化将会减弱。当夜幕降临，转化过程完全停止，当黎明出现，转化过程又会恢复。太阳能电池不能储存电能，但是蓄电池可以。

太阳能电池最吸引人的一个方面是它可以大量且毫无限制地将光能转化为电能，并且不需要通过运动部件来完成这一过程。此外，与化石燃料、水力发电或核能发电等大多数已知的不可再生能源生产方式相比，太阳能发电不会产生破坏生态系统的污染物。

在本章中，我们将综述各种太阳能光伏发电系统的技术、制造工艺及平板电池间的内部连接技术。

1.2 太阳能电池电子技术

经过光子的撞击，在太阳能电池内的 PN 结可形成一个静电场，产生 $0.5 \sim 0.6V$ 的势能，这是大多数硅基 PN 结光伏技术的基本特征。太阳能电池产生的电势在功能上类似于小型电池。当正负极通过导线并联或者串联时，就像传统的电池一样，PN-互连电池能够产生更大的直流电流和电压。

通常情况下，传统的光伏面板由一系列互连的电池构成，每个电池又包括数百个并联的 PN 结，从而形成一个电池组件。每个组件产生 $0.5 \sim 0.6V$ 的电压和几个安培的电流，其大小与并行连接的数量成正比。

在光伏面板中，多个电池的串行互连产生的电压值正比于串联电池单元的数量。例如，当串联一个有 48 个电池的组件，光伏面板将产生一个具有电池组件特性的额定电流，及一个与串行互连的电池组件成正比并乘以 $0.5 \sim 0.6V$ 的电压。这样可制作出一块额定电压为 24V 的面板。图 1.1 描绘了在一块光伏面板中电池组件的互连结构。

在将光伏面板以串联或并联方式串行互连后，太阳能电池组列可产生所需的电流和电压，使其与直流（DC）—交流（AC）转换器相兼容。图 1.2 描绘了太阳能光伏组列的互连结构。

在典型的商业和工业太阳能发电系统设备中，组列的电压变化范围为 $300 \sim 1000V$，电流变化范围为 $5 \sim 10A$。多数太阳能发电系统中的光伏面板，电压通常为 12V、24V、48V 和 96V。

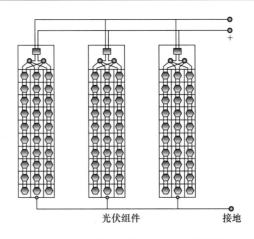

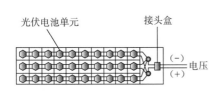

图 1.1 光伏电池的内部连接结构   图 1.2 光伏太阳能组列的互连结构

1.3 太阳能电池技术、制造和封装

目前，太阳能电池主要分三类：单晶硅（单晶结构）、多晶硅（半结晶）和非晶硅薄膜。

太阳能电池主要由单晶硅、多晶硅和非晶硅薄膜材料制造而成。近期一种不为人们所熟知的太阳能发电技术，即有机太阳能光伏技术也在向商业化方向发展。每一种技术都有其独特的物理、化学、制造和性能特点，并具有各自特殊的用途。

在本节中，我们将讨论太阳能电池基本的生产原理。在之后章节中，我们将综述几种太阳能电池的生产和制造工艺。

1.3.1 单晶硅和多晶硅电池

大多数单晶硅和多晶硅太阳能电池的核心是一个半导体晶体硅。通过提纯、铸锭制造、硅片切割、刻蚀和掺杂等制备工艺，这种半导体最终形成了能够捕获光子的 PNP 结，其结果是电子越过 PNP 结势垒得以释放，从而产生一个持续的电流。

一块光伏电池的制造仅仅是整块太阳能电池面板制造部分中的一个环节。若想制作可持续正常工作 25 年的产品，则要求对材料经过严格的组装、密封和包装，以保护电池免受自然气候环境的影响，并提供合适的导电性、电绝缘性和机械强度。

用于密封太阳能电池的重要材料之一是由杜邦公司生产的含氟聚合物 Elvax，这种化合物是从醋酸乙烯树脂中合成出来的。将这种密封胶挤压成膜，用来封装被夹在钢化玻璃片之间的硅片，以形成太阳能面板。Elvax 密封胶的一个物理特性是具有良好的透光性，同时与玻璃和硅材料的折射率相匹配，从而可减少光子的反射。图 1.3 描绘了制造单晶硅太阳能电池的各个步骤，图 1.4 描绘了一个典型的太阳能光伏组件的组装结构。

另一种由杜邦制造的化学材料叫 Tedlar，是一种聚氟乙烯（PVF）薄膜。它用聚酯膜挤压制备而成，在硅基光伏电池的底部用作底板，提供电绝缘并保护电池，防止自然气候环境和风蚀的影响。其他一些公司，如三井化学、普利司通，也生产类似于 Tedlar 的产品，并广泛用于光伏电板的制造和装配中。

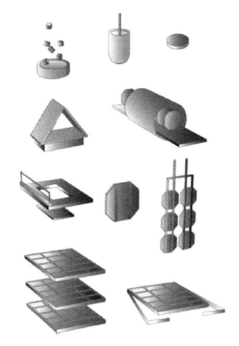

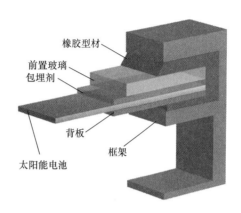

图 1.3　单晶硅太阳能电池面板的制造及组装过程　　图 1.4　典型光伏组件的组装结构

由杜邦公司制造的另一个重要的产品是 Solamet，一种银制金属涂剂，用于在组件内传导每个单独太阳能电池产生的电流。Solamet 是一种非常薄的微米级导体，不会遮挡太阳光线。

在光伏电板的制造中用到的一种氮化硅电介质产品，可产生一种喷镀的效果，能够更加有效地提升硅捕获太阳光的能力。多晶硅的主要生产商是美国的道康宁和通用电气公司，以及日本的信越半导体和三菱材料公司。

由于全世界范围的硅短缺，太阳能电池的运营成本已成为降低制造成本的限制因素。现在，硅占太阳能面板生产成本的最大部分。为降低硅的成本，目前该产业的发展趋势是将硅晶片的厚度从 300 μm 减小至 180 μm。值得注意的是，铸块的切片过程将浪费 30% 的材料。为了降低这种浪费，通用电气最近正在开发一种用硅粉铸造硅晶片的技术。从目前的情况来看，与传统切割而成的硅片相比，铸造晶片的厚度较厚，效率较低，但制造过程更快，而且能避免晶片切割过程中产生的 30% 的材料浪费。

1.3.1.1　晶体光伏太阳能组件产品

在这一节，我们将介绍晶体型太阳能电池组件的生产和制造工艺周期。这里介绍 Solar World Industries 的产品制造过程，这也是商业化的单晶硅太阳能电池组件的常用基本加工流程，可由大多数制造商提供。

多晶硅光伏电池的制造是从硅晶体开始的，这些硅晶体大量存在于自然界的火石中。硅一词源于拉丁语 silex，意思是坚硬的石头，是一种自然界中的无定形物质。它由一个硅原子和两个氧原子组成（SiO_2）。Jons Jacob Berzelius 于 1823 年首次提炼出硅。当时他通过对钾金属加热，分离自然存在的四氟化硅（SiF_4）。1902 年，硅开始商业化生产，出现了含铁量约为 25% 的硅铁合金，这种合金在钢的生产中是一种有效的脱氧剂。如今，超过 100 万吨的纯度达 99% 的冶金级硅被用于钢铁行业。约 60% 的硅用于冶金，35% 的硅用于有机硅的生产，还有约 5% 的硅用于半导体级硅的生产。

通常，硅中常见的杂质有铁、铝、锰和钙元素。在半导体应用中，最纯净硅的杂质含量约为十亿分之一。硅的提纯过程包括多种复杂的精炼技术，如化学气相沉积、同位素富集法和结晶过程。图 1.5 描绘了硅锭制造前开采硅晶体的过程。

1.3.1.2　化学气相沉积

化学气相沉积是一种早期的硅精炼过程，用于生产较高等级的冶金用硅。该过程包括高温气相状态下的四氯化硅（$SiCl_4$）和锌（Zn）通过如下化学反应生成高纯硅：

$$SiCl_4 + 2Zn \longrightarrow Si + 2ZnCl_2$$

该过程的主要问题是四氯化硅中通常会带有三氯化硼（BCl_3），当与锌混合时，会分解出硼，该物质是一种十分严重的污染物。1943 年，化学气相沉积问世，并用氢代替了锌。这种方法能生产出纯净的硅，因为跟锌不同的是，氢不会将三氯化硼还原为硼。进一步提纯可以用三氯硅烷（$SiHCl_3$）取代四氯化硅，因为前者较容易还原为纯硅。图 1.6 描述了硅晶体熔融和用于铸锭的反应仓。

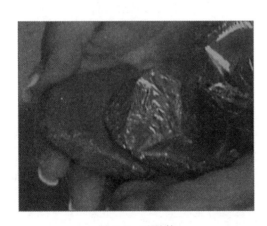

图 1.5　硅晶体

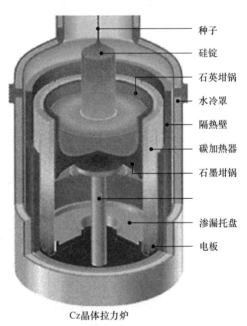

Cz晶体拉力炉

图 1.6　提拉结晶炉腔

种子
硅锭
石英坩锅
水冷罩
隔热壁
碳加热器
石墨坩锅
渗漏托盘
电板

1.3.1.3　Czochralski 晶体生长

1916 年，波兰冶金学家 JanCzochralski 发明了一种生产晶体硅的技术并以他的名字命名。在这一结晶过程中，将金属晶须插入熔融的硅中然后快速拉出。纯的晶体沿着金属丝生成，这成为一种生长单晶体的成功方法。通过把小的硅晶体拉成线材，这一过程得到了加强。通过附加一个可旋转的种子和垂直方向移动的主轴，可以进一步提高生产效率。同时，这种设备还装配了专门用于掺杂的小孔，P- 或 N- 型的掺杂剂可通过小孔掺入到晶体上，用于产生 PN 或 NP 结型晶体。这些晶体被用在 NPN 或 PNP 晶体管、二极管、发光二极管、太阳能电池和几乎所有的高密度、大规模集成电路中。

化学蒸发和结晶均属能源密集型过程，需要消耗大量的电力。为了以一个合理的方式生产纯硅锭，生产厂家都设在大型的水力发电厂附近，以获得源源不断的低成本电力供应。在这一过程中生产的是圆形或方形的铸锭，它们被清洗、抛光之后，交给不同的半导体材料生产厂家，图1.7是形成硅锭柱体的图片。

图1.7　一个制成的硅锭柱体

1.3.2　太阳能光伏电池的生产

生产光伏电池组件的第一步包括入厂铸锭检验、硅片清洗和质量监控。在入厂之后，铸锭在清洁的环境中被切成毫米级厚的晶片，并且两面抛光、刻蚀和扩散，形成PN结。在涂覆增透膜后，电池将被涂上金属涂层，并且在高温下烘烤。每个电池都要测试达到100%的功效，为组件集成做准备。

光伏组件的生产过程涉及到机器人和自动控制，一系列机器人分步地组装电池，铺设组件，按照预定的模式焊接电池，然后压膜、组装成为成品。在组装完成后，每一个光伏电池组件都要在人工日照条件下进行测试，结果将被记录并序列化。生产的最后一步包括附属组件测试、清洗、封装和装箱。通常，用这种技术生产的光伏电池组件的效率为15%～18%。

光伏电池组件的寿命和回收

为了延长光伏电池的寿命，电池组件被压在两层保护层之间。通常，顶部保护膜是6～16mm厚的钢化玻璃，底层保护膜是钢化玻璃或硬质塑料。聚氨酯膜用作粘合剂，将夹层式的光伏板组件粘合在一起。除用作胶粘剂外，聚氨酯膜还可以密封上下两层保护膜，防止进水或氧化。作为一个密闭的组件，硅基太阳能光伏组件能够暴露在恶劣的环境下。尽管光伏电池组件可保证至少20年的使用寿命，但在实际使用过程中，其预期寿命可超过45年并且性能基本不降低。

为减少环境污染，SolarWorld已经找到了材料回收的方法，使得废弃、损坏或者用过的光伏电池组件（包括铝制框架、钢化玻璃和硅片）能够得到充分的回收和重复使用，并且可用于生产新的光伏电池组件。图1.8展示了一个太阳能面板压膜机械臂，图1.9展示了一个太阳能电池面板检测台。

图 1.8　太阳能电池自动压膜机

图 1.9　太阳能电池面板检测台

1.3.3　聚光技术

聚光式太阳能技术是光伏系统技术的一种，这种系统布置了一系列的透镜来聚集太阳光，并使其聚焦到传统光伏电池的半导体材料上。这类技术的优点是，在面积相当的硅片上，可聚集更多的太阳能。由于硅片的成本在光伏发电系统中占较大比重，通过使用相对便宜的强化聚光透镜，可使产品跟传统光伏发电系统相比，效率更高而成本更低。

由 Amonix 公司生产的商用太阳能发电产品是用于大型发电系统效率最高的产品之一。这种聚光技术被特别设计成仅能用于地面设施，而且仅适用于太阳能园区的联产系统。通过美国境内大量运行系统的现场测验（由美国能源部、亚利桑那州公共服务、南加州爱迪生公司和内华达州拉斯维加斯大学超过 5 年的测试评估），结果表明这种独特的光伏发电聚光技术的效率在 26％ 以上，这比传统的太阳能发电系统的效率高 2 倍。目前，Amonix 正在开发一种多结聚光电池，将把太阳能发电的转换效率提高到 36％。

1.3.4　薄膜太阳能电池技术

过去的 10 年见证了用非晶体和纳米晶体光伏材料制作的硅薄膜在科技上的飞跃发展。

薄膜太阳能电池光伏产品能够被大规模使用的关键要归功于其发电成本比较低。太阳能电池组件的转换效率和生产设备的产量这两个因素，将决定薄膜技术能否使生产低价太阳能电力系统成为可能。

在过去的 5 年里，世界光伏电池市场以约 40％的年均增长率增长。尽管世界性的经济低迷，但是 2009 年光伏电池的发电量超过 6000MW，比 2008 年增长了 10％。现今，光伏电池技术以单晶硅和多晶硅光伏技术为主，薄膜非晶硅和纳米晶硅技术约占整个市场的 3％。薄膜技术的材料成本低，并且易于大规模生产，这些促使人们进一步扩大薄膜硅光伏系统的部署。目前的预测是，薄膜硅技术在未来几年内可能会占据全球光伏市场份额的 30％。

大规模使用光伏发电的主要驱动力是水准化电价，这种定价取决于每 kW 装机容量的发电量和发电系统的安装成本。跟晶体硅电池相比，薄膜硅太阳能电池对温度变化不敏感。在实际工况下，每 kW 装机量的发电量更高。将柔性的太阳能薄板用在屋顶发电时，具有更低的安装成本，从而可以降低整体发电系统的成本。为了降低组件成本，应致力于提高薄膜技术的发电效率，同时降低其成本。在众多竞争性的技术中，薄膜技术的成功将有助于实现太阳能发电与电网平价。

非晶硅是薄膜太阳能电池技术的核心。这种技术不是使用固体多晶硅硅片，而是使用硅烷气体。这种气体是一种化合物，成本比晶体硅要低得多。太阳能电池的制造过程涉及一个类似平版印刷的过程。在这个过程中，硅烷膜被印刷在卷对卷制程的柔性基板上，如不锈钢或者有机玻璃材料。

硅烷（SiH_4），也称为四氢化硅，甲烷硅，是一种有异味的可燃气体，常态下它并不存在。硅烷于 1857 年由 F. Wohler 和 H. Buffy 在进行盐酸和硅铝合金的反应时首次发现。硅烷主要用于电子工业中半导体器件的工业化生产。硅烷被用于多晶硅沉积，互联，屏蔽，外延硅生长，硅二极管的化学气相沉积和制作非晶硅设备，比如说光敏薄膜太阳能电池。

尽管和多晶硅产品的 15％～20％的光电转换效率相比，薄膜太阳能电池的转换效率只有 5％～9％，但是它的优势在于不需要直射的阳光就能发电。因此，能够在一个更长的时间范围内产生电力。

1.3.4.1 United Solar Ovonic（USO）技术

USO 技术的三个重要组成部分包括卷对卷制程生产、多结薄膜硅太阳能电池的结构以及柔性太阳能电池板。如图 1.10 所示，从实验室到生产，创新起到了关键作用。1981 年，USO 建造了第一台卷对卷制程机，传输全部通过一个单独的舱室。随后，1991 年建立了一个生产等间距非晶硅（a-Si：H/a-SiH）双结电池的试验工厂。随着实验室发现 3 结点电池技术的优势，1996 年 USO 建立了它们的第一个三结处理器，它具有年均 5MW 的生产能力。在认识到柔性光伏产品在屋顶市场的优势以后，该公司在 1997 年推出了其第一个光伏建筑一体化（Building-integrated photovoltaic，简称 BIPV）产品。随着它们的产品越来越被认同，其生产力已经提高到年均 150MW。

根据 USO 技术，商业压板制造过程包括三个基本步骤。首先是一个拥有专利的卷对卷沉积技术，用来沉积非晶硅/非晶硅—锗/非晶硅—锗（a-Si：H/a-SiGe：H/a-SiGe：H），在柔性和轻质不锈钢表面形成一个三结太阳能电池。这项技术利用的是一个射频辉

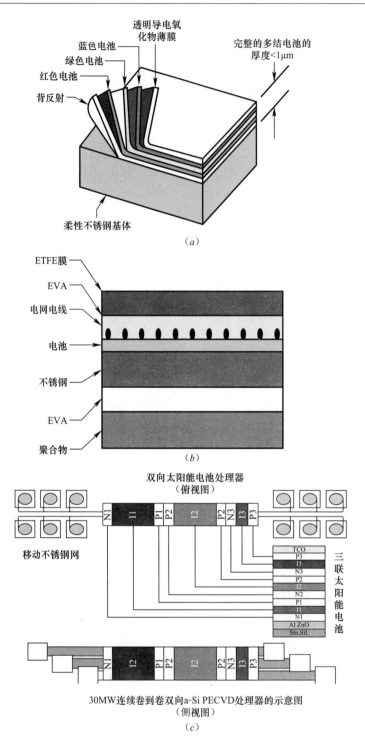

图 1.10　联合太阳能双向（USO）技术

光放电系统，将约 2.4km 长的 6 卷不锈钢装入三结处理器，62h 内能够生产出约 14.5km 的太阳能电池。其中底部的电池吸收红光，中间的电池吸收黄光或者绿光，顶部的电池则吸收蓝光。

太阳能电池底部的铝/氧化锌背反射层改善了基底的反射率和结构，从而提升了光的捕获率以及转换率。制作的第二个步骤包括将太阳能电池切割成小块，对它们进行单元划分，进行短暂的钝化，及添加顶部和底部集电器母线。第三步即最后一步包括将单个太阳能电池互连成一串，并将它们封装在防紫外线和抗气候腐蚀的聚合物内，从而形成最终产品。图1.10显示其原理图，（a）频谱分裂三结太阳能电池的结构，（b）组件的横截面和（c）非晶硅合金卷对卷处理器和三结太阳能电池结构的组成。

与常规出售的光伏电池技术相比，图1.11显示的UNI-SOLAR薄膜电池表现出独特性质和优点，轻巧柔软，背面的胶剂和隔离纸使它能够轻易地与屋顶粘结，这明显降低了安装成本。图1.11提供了传统硬质太阳能电池板和USO柔性太阳能薄膜电池之间的一个比较。

图1.11 传统硬质电池板和USO柔性薄膜电池比较

目前薄膜电池具有6.7%的总面积效率和8.2%的光圈面积效率。制造商声称有一项战略性的计划，它将首先将光圈面积效率提高到10%，并在未来的几年内将其提高到12%。

为了在不久的将来提高生产效率，将考虑使用两个平行的方法。所采用的方法之一是用性能更为优越的银/氧化锌代替铝/氧化锌作为背反射层；另一个方法是改进沉积过程以发展高品质的非晶硅，非晶硅—锗和纳米晶硅合金。预计改进后的沉积过程和沉积设备也将使产量提高。

1.3.4.2 背反射层

为了提高光子吸收，薄膜电池是沉积在被称为镜面织构的背部表面，它能够将光子重新反射回来，从而提高光子的吸收（图1.12（a）、（b））。随着光子运动路径长度的增加，随机背散射也增加。根据材料类型的不同，背反射材料也具有不同的折射率。比如，非晶硅合金的折射率约为25。

其他的高效光捕获方法包括使用纳米粒子形成的光栅结构以实现光学限制。

1.3.4.3 薄板制造的改进

如前所述，目前USO薄膜产品具有8.2%的光圈面积效率和6.7%的总面积效率。为了提高生产效率，该公司计划在不久的将来降低薄板中的无效面积，以获得相同光圈面积内更高的总面积效率。在生产线内引进优越的背反射也将提高效率。图1.13描绘了使用

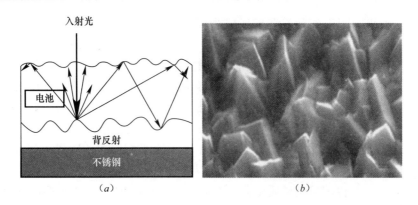

图 1.12 （a）织构背反射的示意图；（b）背反射织构的原子显微镜照片

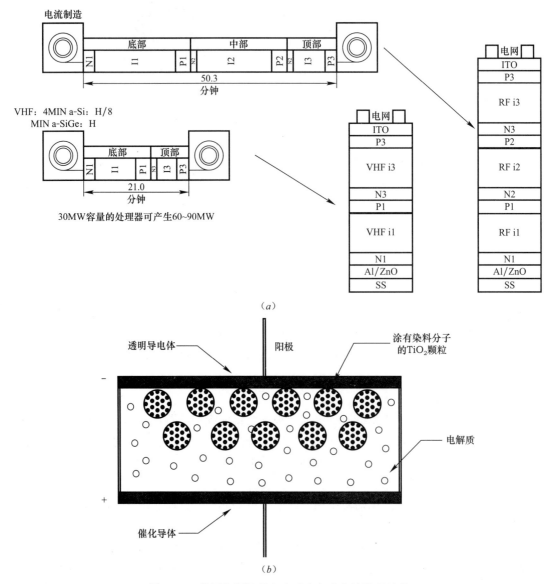

图 1.13 使用高频沉积方法减少电池中的装配过程

高频沉积方法的电池生产过程。图1.14是USO近期预计提高总面积效率和光圈面积效率的柱状展示图。

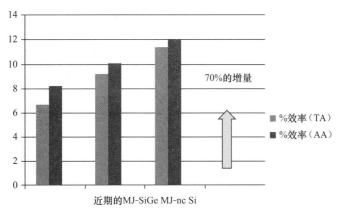

图 1.14　总面积（TA）和光圈面积（AA）效率的近期预计

不同结构下为获得初始25%电池效率的电池参数				表 1.1
	CURRENT	OPTION1	OPTION2	OPTION3
Cell structure	a-Si/a-SiGe/ nc-Si	a-Si/a-Si/ nc-Si	a-Si/a-SiGe/ nc-Si	a-Si/nc-Si/ nc-Si
Voc(V)	2.24	2.50	2.30	2.15
Jsc(mA/cm^2)	9.13	11.8	12.3	12.6
FF	0.75	0.85	0.85	0.85
Eff(%)	15.4	25.1	24.0	23.0

利用包含纳米晶硅的三连结构，UNI-SOLAR展示了初始效率达15.4%的小面积样品。表1.1表示对于不同的电池结构，为了获得25%的电池效率必须要达到的电池参数。所需的一些重要改进在于填充因子和短路电流密度。这些可以通过改进沉积方法实现，比如快速退火，利用热丝CVD法外延生长，中空阴极放电法等。使用一个多结电池的制造方法使填充因子从0.75提高到0.85，将会是一个巨大的挑战。

1.4　实现电网平价

在过去的十年中，太阳能发电的成本已经显著下降。一些国家发展太阳能光伏的原因是为了提升制造能力，使这一产业在规模经济中得益。在过去的10年中，每个光伏太阳能技术都有了不少创新，这在整个生产链中都降低了成本。图1.15表示一个由美国能源部在2007年提供的历史数据，显示出太阳能发电成本在降低，以及预期达到的目标[2]。如今在美国屋顶系统的安装成本在3.5美元/W～4美元/W。受益于美国能源部提供的SolarAdvisorModel[3]（SAM，将在这本书的其他地方讨论）及投资免税优惠政策，在美国加利福尼亚州和亚利桑那州这样阳光充足的地方，太阳能发电的成本低于10美分/kWh。

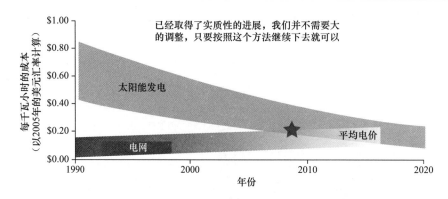

图 1.15　电网均价的走势（资料来源：Solar America Initiative）

太阳能一体化技术是一种灵活的、专门适合于屋顶应用的太阳能发电技术。该产品符合太阳能热电联产的独特需求，也可以作为屋顶材料。这种特殊的产品结合了覆盖持久的单层聚氯乙烯屋顶材料的太阳能薄膜技术。它提供了有效的结合功能，作为屋顶覆盖和太阳能发电热电联产，可以很容易地安装在各种平面和曲面的屋顶表面。尽管在这种特殊的技术中，输出的效率大大低于传统的玻璃夹层或多晶硅光伏系统，但其独特的柔韧性和双重功能（用做太阳能发电和屋顶覆盖系统），使得它在屋顶材料的替代和可再生能源发电中成为不可替代的唯一选择。在这类产品出现之前，由于传统的硬质多晶硅太阳能电池板的重量较大，在大面积的平台或低坡度的屋顶上安装太阳能电池板常常受到限制。这种轻质太阳能产品则克服了这一困难，并消除了所有屋顶渗透的问题。

太阳能一体化技术 BIPV 产品作为屋顶的一部分被平整安装，并且重量仅有 3.66 mg/mm² ，可安装在现有和新建的建筑设施上。应用该技术可以补偿建筑的耗电需求，并且在允许采用净计量的场合，还可将多余的发电量出售给电网。图 1.16 描绘了太阳一体化技术产品结构。除重量较轻外，这一产品采用了独特的设计，可增加每天太阳光转为电能的总量，在多云天气下可获得相对更好的性能。

图 1.16　薄膜技术的生产过程图片（由加利福尼亚州洛杉矶市的综合太阳能技术提供）

无论是单层 PVC 屋顶材料还是光伏建筑一体化太阳能发电系统，都有 20 年的运营和维护保障。与所有太阳能发电联产系统相同，该技术提供全面的实时数据采集和监控系统,从而使用户能够通过实时计量准确地监控太阳能发电量,以实现有效的发电量管理和账单对账。

1.5 定制的 BIPV 太阳能电池

从本质上讲,光伏建筑一体化是一个专用术语,它指经过特殊设计和制造、可用于建筑结构组成部分的太阳能电池板。这些电池板用做建筑装饰,如窗户、建筑物入口的顶棚、日光浴室、玻璃幕墙和建筑纪念碑等。

BIPV 电池的基本组成是单层或多层压制的硅电池,夹在由两块特殊加工而成的钢化玻璃板的中间,这被称作玻璃和玻璃之间的装配。多个电池以不同的形式和间距排列,并以本章前面提到的方式进行密封和封装。BIPV 制造商所用的预加工过的电池硅片,一般都是从各大太阳能发电厂商购买的。

BIPV 电池的制作是全自动化的,整个组装过程是由特殊的机器人设备完成。这些设备不需要人工干预,在超净室环境中完全由程序控制,实现太阳能电池的配置、布局、层压、密封以及成形。一些太阳能发电的制造商,如日本夏普太阳能,出于美学的目的,提供一些有色的或透明的光伏太阳能电池板。有颜色的电池,如深海色、天空蓝、金色和蠹鱼褐色,通常效率会有所降低,这将依据用户需求而生产。

由于它们较低的效率,BIPV 电池一般用在光照充足的场所,如日光浴室、带天窗的房间或太阳房。在这种情况下,电池板有着特有的建筑要求。图 1.17 和图 1.18 展示的是 Atlantis Energy Systems 公司定制的 BIPV 组件。

图 1.17 玻璃窗户式 BIPV 组件
(照片由 Atlantis Energy Systems 公司提供)

图 1.18 BIPV 组件(照片由 Atlantis Energy Systems 公司提供)

1.6　多晶硅光伏太阳能电池

在多晶硅加工过程中，硅熔体在一定控制条件下被缓慢冷却。硅锭在这一过程中产生结晶区，这一结晶区由晶界隔开。在太阳能电池生产出来之后，晶界间的缝隙导致这种电池与本文所提到的单晶电池相比效率较低。尽管存在效率低的缺点，但由于其较低的制造成本，许多生产商还是倾向于生产多晶硅光伏电池。

1.7　非晶硅光伏太阳能电池

在制备非晶硅的过程中，硅的薄膜沉积在载体材料上，并且通过若干工艺步骤进行掺杂。生产非晶硅薄膜的方法与生产单晶硅的方法基本一致，非晶硅薄膜夹在之间，形成基本的光伏太阳能电池模块。

尽管该过程生产出的太阳能电池价格相对便宜，但它仍有一些弊端，如较大的安装表面积，较低的转化效率和在最初几个月运行过程中的固有性能衰减，这些衰减会持续到光伏电池板的整个使用周期。非晶硅技术的主要优势在于它相对简单的生产过程，较低的生产成本和生产能耗。

1.8　碲化镉薄膜电池技术

碲化镉薄膜电池生产过程中，碲化镉（CdTe，效率约为 15%）或铜铟联硒化合物（$CuInSe_2$，效率约为 19%）的单晶薄膜层被沉积在载体的表面。这一过程消耗很少的能量，是非常经济的。它的制造工艺简单，并有较高的转化效率。

1.9　砷化镓电池技术

砷化镓电池生产过程产生的光伏电池效率高，但由于镓的储量稀少以及砷的毒性，加工过程成本很高。除高效外，砷化镓电池的主要特性是相对而言其输出不受工作温度的影响，因此主要用于航天项目。

1.10　染料敏化太阳能电池

染料敏化太阳能电池（DSC）是一类将半导体放置在光敏阳极和电解质之间形成的太阳能电池，它具有通过吸收太阳能进行电荷分离的光化学性质。这类电池通常被称作 Grätzel 电池，以它的发明人的名字命名。图 1.19 是染料敏化电池的外延结构。

1.10.1　染料敏化太阳能电池的基本原理

本质上说，染料敏化电池是将传统半导体类型的硅太阳能电池中的两种功能相分离。通常情况下，硅在半导体电池中既是光电子的来源同时也形成了势垒，导致电荷分离从而产生电流。

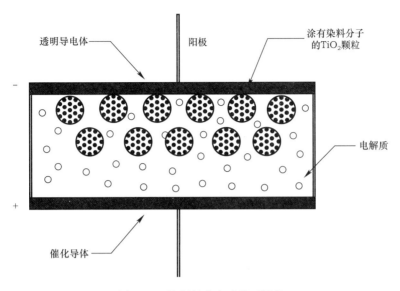

图 1.19 染料敏化电池外延结构

然而，在染料敏化电池中，半导体只是用于分离电荷，光电子由独立的光敏染料产生。此外，电荷分离不是只由半导体提供，而是与电池的三个部分协同工作（一种始终与半导体和染料接触的电解液）。图 1.20 描绘了由 Nano Solar 公司制造的染料敏化柔性太阳能电池。

图 1.20　一种由 Nano Solar 公司生产的染料敏化柔性太阳能电池（图片由 Nano Solar 提供）

由于染料分子体积极小，为了有效地捕获足够的太阳射线或阳光，染料分子层的厚度远大于分子本身。为了解决这一问题，通常使用一种脚手架式的纳米材料来固定或约束大量的染料分子，形成三维矩阵结构。因此，含有大量分子的染料群可以提供较大的电池表面积。目前，这种脚手架式结构体由半导体材料加工而成，可以有效地实现双重功能。

以上提及的染料敏化太阳能电池包括 3 个主要部分。电池顶部，即阳极，是由涂有掺氟二氧化锡（SnO_2：F）透明涂层的玻璃构成。背面是二氧化钛（TiO_2）薄膜，形成一种具有超大表面积的多孔结构。二氧化钛薄膜进而被浸泡在被称为钌—多吡啶配合物的光敏染料溶液中。薄膜浸润在染料溶液中之后，染料的薄层与 TiO_2 表面键合在一起。另一层碘电解质，薄薄的涂在上面的导电层上。最后，背衬材料，通常是铝的金属薄层，放在最

15

底层。如上多层完成后，正面和背面两部分被粘合并密封在一起，以防止电解液的渗漏。尽管该技术使用了一些昂贵的材料，但用量极少，与生产传统的半导体电池所使用的硅原料相比，该技术生产的产品价格十分便宜。例如，二氧化钛（TiO_2）是一种廉价的材料，被广泛用于白色涂料的基料。

当日光透过透明的 SnO_2F 照射在 TiO_2 表面的染料上，电池开始工作。高能量的光子撞击染料后被吸收，在染料中形成激发态，之后反过来将电子注入 TiO_2 的导带中（化学扩散梯度将导致它移向顶部的阳极）。在此期间，染料分子失去一个电子，如果不提供另一个电子的话就可能导致该物质的分解。在这个过程中，染料从 TiO_2 下方电解液的碘中获取一个电子，将其氧化成一种被称为三碘化合物的物质。跟自由电子与氧化的染料分子再结合过程相比，该反应速率非常快，从而避免了由再结合反应造成的太阳能电池短路。三碘化合物将通过机械扩散作用移动到电池底部以补充失去的电子，底部的对电极通过外负载电路中的电流环路重新获得电子。图 1.21 给出了多结太阳能电池的外延层结构。

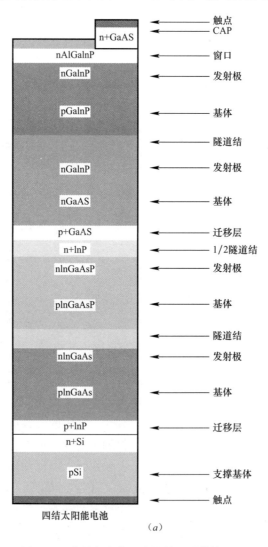

四结太阳能电池

（a）

图 1.21　多结太阳能电池的外延层结构（一）

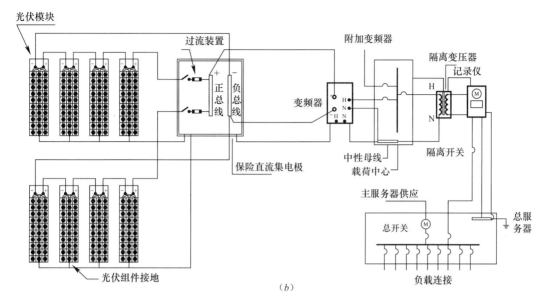

图 1.21 多结太阳能电池的外延层结构（二）

按该方法计算的发电功率为短路电流（I_{sc}）和开路电压（V_{oc}）的乘积。另一种太阳能效率的计算方法是入射太阳能的 1 个光子可产生 1 个电子的概率，定义为量子效率。

在量子效率方面，染料敏化太阳能电池（DSSc）的效率很高。因其纳米结构，光子被吸收的概率非常高。因此，这种太阳能电池通常被认为能十分有效地将太阳射线转化为电子。

在染料敏化太阳能电池技术中，大多数功率转化的损失都源于在 TiO_2 中传导的损失和清洁的电极，也有可能是在电极上光的损失。据估计，它们整体的量子效率约 90%。DSSc 产生的最大电压，即 TiO_2 的费米能级和染料电解质的势能之差，约为 0.7V（Voc）。这比半导体基的太阳能电池电压更高，后者最高大约只有 0.6V。

尽管 DSSc 将光子转化为电子的效率较高，但只有那些有足够能量穿越 TiO_2 带隙的电子才能产生电流。而且，由于 DSSc 的带隙比硅的略大，只有少数的光子能够用于太阳能发电。此外，DSSc 中的电解质限制了染料分子获得补偿电子从而开始新一轮的光子激发这一过程的速度。由于这些原因，DSSc 的电流输出密度上限为 20mA/cm²，而硅基太阳能电池的输出上限则为 35mA/cm²。DSSc 的转化效率为 11%，而半导体基太阳能电池的效率在 12%～15%。相比而言，柔性薄膜电池的最大效率为 8%。

提高 DSSc 效率的一种方法是将电子直接注入 TiO_2，电子在原有的晶体中被推动。相比之下，在 DSSc 中的注入过程并不会向 TiO_2 中引入空穴，而只有一个额外的电子。尽管当大量电子回到染料中的时候，与空穴重新复合的比率更高。但这种情况发生的概率非常的低，电子空穴重新复合的比率变得微不足道。

鉴于低损耗的这种特点，在多云的情况下效率会更高，而传统的设计在光线不足时将削减电力的生产。DSSc 的这种特性使得电池在室内应用中更加理想。

DSSc 技术的一个显著缺点是电解液的温度稳定性问题。在低温环境下，电解液容易凝固，停止发电并且可能导致机体的损伤。在高温时则可能引起液体的膨胀，使得极板的密封变得十分困难。

1.10.2　染料敏化太阳能电池研究进展

在早期实验研究中，DSSc 带隙窄，工作范围局限于紫外及蓝色频谱的高频段。随后，由于使用了改进的染料电解质，将 DSSc 响应范围拓展到了靠近红色以及红外的低频范围。目前，由于使用了一种深棕黑色的特殊染料（被称为黑色染料），光电转化效率得到了很大的提高，可以达到 90%。剩下 10% 的损失是由光学和顶端电极造成的。这种黑色染料的一个极为显著的特点是即使经历数百万次太阳辐射的受激暴露，其 DSSc 输出效率仍不会有明显的下降。在最近的测试中使用了这种改进后的电解液，太阳能电池可以在高达 60℃ 的温度下保持非常好的转化效率。

最近在新西兰进行的一项实验中使用了多种有机染料，例如卟啉（血红素中的天然血红蛋白）和叶绿素，可以达到 7.1% 的效率。

目前，染料敏化太阳能电池技术仍然处于其生产周期的初级阶段。据估计在不久的将来，随着新的染料电解质和量子点的使用，效率将得到显著的提升。

1.11　多结光伏电池

多结光伏电池最初是在卫星动力应用中得到发展和部署的，尽管其成本很高，但其效率也很高，成本的不利因素可由高效节能的优势抵消。

多结光伏电池是太阳能电池中特殊的一类，它是由多层薄膜半导体 PN 结叠加在一起而成的。其生产技术是分子束外延或有机金属气相沉积法。每一种半导体材料的带隙都可以设计在特定的范围，从而可以吸收具有相应带宽或者波段的太阳能电磁辐射。

在单层或者带隙太阳能电池中，由于 PN 结不能吸收较大波段范围的太阳能电磁辐射，价带效率受到很大的限制。在蓝色光谱带隙之下的光子或者直接透射过太阳能电池，或者由于分子激发而在材料内部转化。在红色光谱带隙之上的光子同样也不能被吸收，这是因为只有用来激发空穴-电子对的能量才能被利用，其余的能量都转化成了热能。多结光伏电池具有多层结构，PN 结也具有若干不同的带隙值，因此不同波段区域的太阳能可以被相应 PN 结以较高的效率吸收。

1.11.1　多结光伏电池结构

多结光伏电池使用了多层薄膜沉积和晶体生长技术。通过使用周期表中第八族的不同合金，每一层的带隙都可以吸收特定波段的太阳电磁辐射。因此，通过精确的调整可以使各层带隙覆盖较大或者整个频谱范围，从而提高多结光伏电池效率。

为了达到最大的输出效率，可以使各个外延层由上至下依次与各个光谱段相匹配。例如第一个结要吸收整个光谱，第一个结的带隙上面的光子在第一层就被吸收了（红色光谱光子）。穿过第一层的绿色和黄色的光子被第二层吸收，最后，第三层吸收高能量的蓝色光谱的光子。

市场上的大多数光伏电池都是用串联 PN 电路连接方式，这样可以通过正负极得到连续累积或者混合的电流输出。这种串联结构固有的设计局限是材料的欧姆电阻限制了各个通过 PN 结的电流。由于通过各个结点的电流有差异，电池的效率也被降低了。

1.11.2　多结太阳能电池材料

在一般情况下，大部分多结太阳能电池按电池制造的基体来分类。根据带隙的特点，多结太阳能电池由各种外延层构成，采用半导体、金属以及稀土合金的不同组合，如锗、砷化镓、磷化铟。

1.11.2.1　砷化镓基体

基于铟镓磷化物和砷化镓的双结电池是在砷化镓晶片上制造而成的。从组分位于 $In_{0.5}Ga_{0.5}P$ 到 $In_{0.53}Ga_{0.47}P$ 之间的合金，其带隙从 1.92eV 到 1.87eV，可用作高带隙合金材料。另一方面，砷化镓（GaAs）可以用于制作 1.42eV 的小带隙 PN 结。

由于太阳光谱中有相当比例的光子能量比 GaAs 带隙低，很大一部分的能量转化成热量损失掉了，该损失限制了基于 GaAs 基体的太阳能电池的效率。

1.11.2.2　锗基体

基于铟镓磷化物、砷化镓（或铟镓砷化物）以及锗的三结电池是在锗晶片上制造加工的。

与砷化镓类似，由于砷化镓（1.42eV）和锗（0.66eV）之间带隙差异比较大，其电流匹配很差，因此，电流限制了输出功率。目前 InGaP、GaAs 和 Ge 的效率在 25% ～ 32%。最近，在针对此类电池的实验中，在 GaAs 和 Ge 结中使用附加结，产生的效率超过 40%。

1.11.2.3　磷化铟基体

磷化铟基体可以用于制作带隙在 0.74～1.35eV 之间的太阳能电池。磷化铟的带隙是 1.35eV。磷化铟镓（In0.53Ga0.47As），与磷化铟的晶格匹配，具有 0.74eV 的带隙。由铟、砷化镓和磷 3 种成分组成的合金，具有光学匹配的晶格，进而具有更高的效率。

最近，通过使用聚光镜片，多结太阳能电池的效率得到了提升。这使得太阳能的转化得到了显著的改善，降低了成本，使其可以跟硅平板阵列相媲美。

1.11.3　多结太阳能电池技术

该工艺使用 2 层太阳能电池，例如将硅（Si）或砷化镓组件置于另外一个之上，可以具有较高的太阳能转化效率。将两层电池层叠可以捕获较宽波段的太阳辐射，从而提高太阳能电池的转化效率，如图 1.21 所示。

尽管与现有的基于薄膜和固态半导体技术的电池相比，这些类型的太阳能电池的转化效率仍比较低，但是在不久的将来有望达到足够高的性价比，替代相当数量的由化石燃料产生的电力（因为原料和生产成本较低）。

1.12　聚合物太阳能电池

聚合物太阳能电池，也被称为塑料电池，是一项较为新颖的利用聚合物材料完成太阳能到电能转换的技术。与前面所述的光伏发电系统技术中的传统半导体太阳能电池不同，它的制备既不使用硅也不使用其他的合金材料。

目前，世界范围内，有多所大学、国家实验室以及公司都在研制聚合物太阳能电池。和硅基器件相比，聚合物太阳能电池更轻，且可降解，制造成本较低。高分子材料的使用使得此种太阳能电池具有可弯曲性，同时增加了设计的多样性并拓展了应用领域。因为富勒烯（一种塑基材料）价格低廉而且容易获得，所以聚合物太阳能电池非常容易实现大规模生产，同时成本只有传统硅基太阳能电池的 1/3。聚合物太阳能电池在很多商品中都有应用潜力，例如小型电视机、手机、玩具等。

1.13　对比分析

为了比较固态半导体太阳能电池和染料敏化太阳能电池之间的不同，我们有必要对这两种太阳能电池的构成和工作机理进行介绍。

正如在前几个章节中所讨论的，常规固态半导体太阳能电池由两个掺杂的晶体组成，其中一个经掺杂后呈负电性（称之为 N 型半导体并且有一个自由电子），另一个经掺杂后呈正电性（称之为 P 型半导体并缺少一个电子）。当形成 PN 结时，N 型半导体中的一些电子会进入到 P 型半导体中，以填补空位或电子空穴。

最终，当足够多的电子穿过边界从 N 型半导体流到 P 型半导体，就会使两种材料的费米能级相等。由此 PN 结产生了在各自界面上使载流子耗尽或积累的位置。这种电子的转移形成了电子流动的潜在势垒，通常这种势垒电压为 0.6～0.7V。

当 PN 结暴露在日光之下的时候，太阳光中的光子会激发 P 型半导体中的束缚电子，使其能量提高，这一过程被称为光致激发。

在高能导带中的电子可以自由移动，从而形成电流。当电子从 P 型半导体进入到 N 型半导体中时，随着外电路的循环，能量会有损失。最终，电子流回 P 型半导体，并与价带中的空穴再复合（在较低的电位），从而完成将太阳能转化为电能的过程。

传统半导体太阳能电池的一大缺陷为价带与导带间的禁带宽度很大。由此造成只有能量足够高的光子才能克服此禁带宽度，提供形成电流的可能。

传统的半导体基太阳能发电技术的另一个缺点是高能光子，在太阳光谱的蓝色和紫色两端，有足够的能量越过带隙。虽然这种能量的一小部分被转移给电子，但由于电阻电压降，绝大部分能量都以热能的形式被浪费，进而降低了太阳能电池效率。

除此之外，为了提高太阳能电池捕获光子的能力，通常需要增加 P 型半导体的厚度。但与此同时，在 P 形半导体中，电子与空穴复合的比率也会增大。此种现象导致硅太阳能电池的效率存在一个上限值。现阶段，此上限值对于生产型太阳能电池大约为 12%-15%，而对于在理想实验室环境下的太阳能电池可接近 40%。

除了这些内在的缺陷，半导体太阳能电池最大的缺点是其成本问题。因为为了获得足够强的捕捉光子的能力，太阳能电池需要比较厚的硅层。这种特殊规格的硅材料十分稀少且价格昂贵。

薄膜太阳能电池是降低半导体太阳能电池生产成本的途径之一。在其生产工艺中，PN 型半导体粘贴剂被应用到光刻过程中。时至今日，由于薄膜太阳能电池具有电子损失、分子分解等缺陷，其推广一直受到限制。

另一种能够显著提升效率的方法是采用多结法。这一过程涉及到叠加几层太阳能电池结，因此具有吸收太阳光谱中更宽波长区域能量的能力。但是，这种电池的生产成本很高，将主要应用于大型项目中的商业化应用。

1.14　生物—纳米发电机

生物—纳米发电机是一种生物电池，它的功能类似于纳米尺度分子级的燃料电池。生物—纳米电池在本质上是一种功能类似于原电池的电化学设备。它使用从活体细胞中提取的血糖作为反应物或燃料，这就像人从食物中获取能量一样。生物—纳米发电过程由特殊的酶实现，这些酶从葡萄糖中分离电子，释放它们产生电流，就像在燃料电池中一样。

据估计，使用生物—纳米发电机，一般的人可以产生 100W 的电。这些由生物—纳米过程产生的电，或许有一天可以驱动植入人体内的装置，如起搏器和血液循环泵。预计未来生物—纳米机器人可以以葡萄糖中的糖为燃料，植入人体内，实现多种人体功能。目前生物—纳米发电机技术还处在研制的阶段，但是该领域的发展具有广泛的前景。

1.15　聚光型光伏系统

本节将探究聚光型太阳能发电系统的原理。本书第 8 章提供了对不同聚光型太阳能电池技术的详细描述。

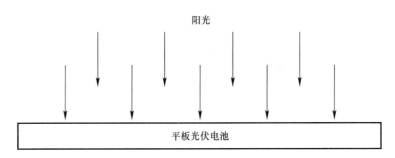

图 1.22　太阳光照射在平板光伏电池组件表面示意图

光伏太阳能系统是一种运用特殊透镜或反射镜将阳光聚集到太阳能电池的技术。通常，聚光镜聚光率为 10～500，多由廉价的塑料或玻璃材料制成。同时，聚光透镜设计成有折射特性，可将阳光折射到电池表面窄小的 PN 结区域。大多数前面提到的光伏电池组件的效率为 10%～18%，而聚光型太阳能电池的效率可以超过 30%。

1.15.1　聚光器光学原理

如图 1.22 和图 1.23 所示，聚光器利用光学折射原理将太阳辐射光聚集到太阳能电池上（第 8 章会进一步讨论）。图 1.23 中，一块具有圆形切割面的正方形菲涅尔透镜将太阳光聚集到中心焦点，太阳能电池被安装在这个焦点上，即可将太阳能转化成电能。大量菲涅尔透镜被加工成独立或者拼接而成的透镜。

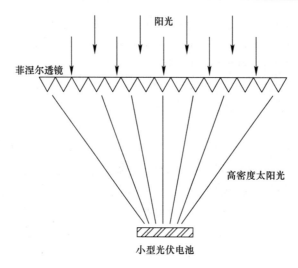

图 1.23 菲涅尔透镜的聚光原理图

太阳能电池安装在平板上,放置在每块菲涅尔透镜的焦点处。一种 C 形的钢制通道结构被用于保证透镜和电池板的排列位置。

1.15.2 聚光的作用

在光伏系统的发电量能满足人类大部分的电能需求之前,仍需大量削减它的成本。美国能源部(DOE)、电力研究所(EPRI)和其他部门进行的研究显示,与传统的光伏发电系统相比,聚光太阳能发电系统最终能够获得更低的成本,这主要来源于材料便宜。由于太阳能电池的半导体材料是整个光伏系统的主要成本因素,因此降低成本的方法之一是将相对大面积的太阳辐射聚集至一块相对小的太阳能电池上,从而减少电池的面积。

1.16 太阳能发电系统应用概述

以下是关于太阳能发电系统利用方法的基本类型和分类。后面的章节涵盖了设计大型太阳能发电系统较为全面的指南。

太阳能发电系统包括以下配置:

(1) 直连式直流太阳能发电系统;

(2) 带备用电池的独立供电直流太阳能电池系统;

(3) 带发电机和备用电池的独立供电混合太阳能发电系统;

(4) 并网的太阳能发电系统。

1. 直连式直流太阳能发电系统

图 1.24 展示的是通过一个双刀单掷开关,正、负极连接直流水泵电机。这种太阳能发电系统常用于缺乏电网设施或架设电网十分昂贵的农业灌溉场合。直流潜水泵与光伏阵列相连,将井水不断地蓄到水库中,用于农业养殖或灌溉。

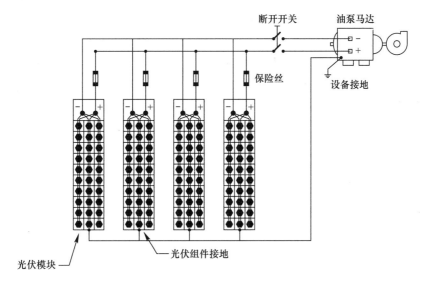

图 1.24   直连式太阳能发电直流泵流程图

2. 带备用电池的独立供电直流太阳能电池系统

图 1.25 展示的是一种带有备用电池的独立式直流太阳能发电系统的光伏阵列配置图。光伏阵列，以串联方式连接从而获得需要的直流电压，如 12V、24V 或 48V。输出端依次与一个直流集电板相连，该集电板配有专门标定过的电流过载元件，如陶瓷保险丝。

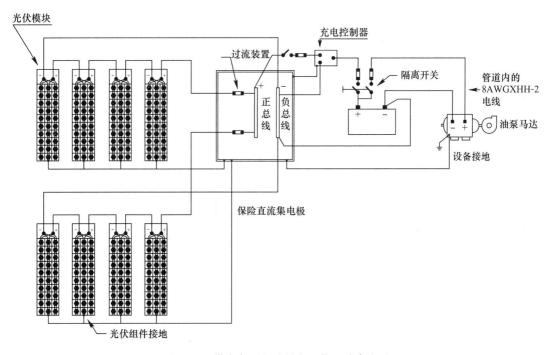

图 1.25   带有备用电池的太阳能驱动直流泵

每个光伏阵列导体的正极连接到一个专用的保险丝，负极则被连接到一个公共的中性母线上。同时，所有的保险也被连接到公共的正母线上。直流集电板的输出，即收集的所有光伏阵列组的电流和电压，与一个直流充电控制器相连。控制器用于控制电流输出，防止电压值超过电池充电电压的最大值。

电池组的充电控制器的输出端通过一个直流双刀双掷开关连接到蓄电池组。当因安全问题需将其切断，它将同时断开负载和光伏阵列。当白天有足够的太阳日晒时，直流电源在给负载提供能量的同时对电池进行充电。在设计太阳能发电系统的尺寸时，光伏阵列的直流输出需要考虑在内，以确保它足以维持所连接的负载和电池的涓流充电要求。

电池存储容量的大小取决于多个因素，比如说在夜晚或阴雨天，太阳能发电系统失效的时候，电池可以向负载不间断提供电能。应当指出的是由于工作时自身发热，会造成电池组 20%～30% 的能量损失。当设计一个带备用电池的太阳能发电系统，设计者必须考虑合适的电池架安放位置和房屋的通风，以排放充电过程中产生的氢气。密封式的电池则不需要专门的通风。所有直流布线的设计时都需要考虑如下的损失，如太阳暴晒，电池电缆的电流降额，以及设备电流、电阻参数的要求，正如 NEC 690 条款的规定。

3. 带发电机的独立供电混合太阳能发电系统

如图 1.26 所示，除了带有额外 2 个设备外，带备用发电机和电池的混合式太阳能发电系统本质上与前面讨论的直流发电系统相同。第一个设备是逆变器，是一种用于把直流转变为交流电的电力设备，第二个是备用的应急直流发电机。逆变器的主要功能是通过将直流电分割成方波电流，然后通过滤波和整流，将直流电转化为正弦交流电。

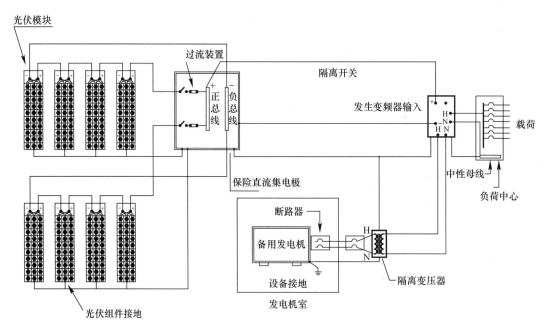

图 1.26　带备用发电机的独立混合式太阳能发电系统

通常，直流—交流的逆变器是复杂的电力转换设备，用于将直流电流转换为单相或者三相电流，正如美国公用事业公司提供的常规电力服务。除了将直流电转换为交流电，逆变器内还具有专门的电子设备，用于调节在指定负载条件下的输出电压、频率和电流。这里讨论的逆变器当然还包含特殊的电子器件，使它们在并行连接时能够自动与其他逆变器同步进行。大多数的逆变器，除了光伏组件的电力外，也可同时利用附属的电力输入，以形成一个备用发电机。当电池电压降低到最低值时，它可用来继续提供电力。

特别设计的逆变器，即并网式逆变器，采用同步电路，可产生跟电网一致的正弦波输出。当与电网相连时，这种逆变器将有效地充当附属的交流发电源。电网式逆变器的设计和性能参数需要满足特殊的国际标准，并且受到公用事业机构的严格管理。如前所述，一些逆变器采用内部交流转换开关，能够从辅助交流电机连接到备用交流发电机上。

4. 并网的太阳能热电联动系统

图 1.27 展示的是一个典型的并网的太阳能热电联动系统的原理图。其中，热电联动系统与前文提到的混合系统相似。电网连接系统的本质是电量净计量。标准电表是里程计式的计数轮，它通过利用计数机制的转轮来记录用户的用电量。旋转轮盘的电学原理称之为涡流，由感应线圈测量电流和电压，从而产生比例功率。

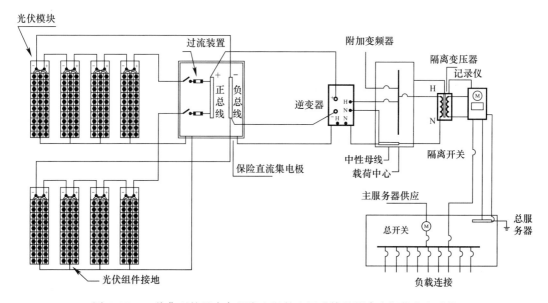

图 1.27　一种典型的具有备用发电机的电网连接的混合太阳能发电系统

采用数字电子技术的新型电表。通过固态电流和电压传感器测量功率，把模拟测量值转化为二进制数值。这些数值通过液晶显示器（LCD）显示在仪表盘上。通常，传统的电表仅能显示耗电量，也就是说仪器记录的是单向数据。

5. 净计量技术

并网系统和独立供电系统的不同在于，连接到主要电气设备上的逆变器必须具备一个能够将多余电力传输到电网上的固有频率。跟传统电表不同，净计量电表能用特有的格式来统计消耗和产生的电量。也就是说，统计的电量是总耗电量减去太阳能发电联动系统产电量的净额。净计量电表由并入相应电网的电力公司提供和安装。带有净计量的太阳能发电用户应服从特定的合约协议，并且由州和市政府提供部分补助。

6. 并网的隔离变压器

为了防止噪声从电网传输到太阳能发电系统的电子设备，主电网开关设备和逆变器之间设置 Δ/Y 隔离变压器。隔离变压器的三角形绕组跟电网母线相连，传播噪声谐波并将能量耗散为热量。同时，隔离变压器将逆变器输出电压调整至与电网一致。作转换或匹配电网上的输出电压。在商用设备中，逆变器输出电压范围为 208～230V（三相电压），它必须被连接到 277/480V 的电网上。一些逆变器制造商将输出隔离变压器集成为逆变器系统的一部分，这样可省去外部改造并确保对噪声的隔离。

第2章　太阳能发电系统受物理及环境参数变化的影响

2.1　引言

为了能够较为专业地设计太阳能发电系统，工程师或设计师必须熟悉大气、气候和环境等因素对太阳能电池和光伏组件输出功率性能的影响。本章将着重介绍一些基础理论，包括太阳能电池、太阳物理学以及气候和大气环境变化对光伏电池和光伏组件性能的影响。

2.2　太阳能电池的物理背景：光子

研究太阳能电池的物理特性，首先需要对光子有一个基本了解。光子是物理学中的基本粒子之一，是电磁交互的量子，是光或者其他电磁辐射的基本单位。它也是电磁力的载体，电磁力的影响可以在微观层次和宏观层次上观察到。由于光子没有静止质量，因而可以实现长距离的交互作用。像其他所有基本粒子一样，光子遵从量子力学原理，并且表现出波粒二象性，换句话说，光子既表现波的性质也表现粒子的性质。

1900 年，马克斯·普朗克在研究黑体辐射时提出电磁波只能以"能量包"的形式释放。1901 年，他在物理学年鉴上发表文章，称这些能量包为"能量元素"。"量子"一词在 1900 年之前就已经出现，意味着粒子团或不同数量的粒子总量，也包括电。1905 年，爱因斯坦又向前迈进了一步，他指出电磁波只能以量子或者离散的波包的形式存在。爱因斯坦称这些波包为光量子（或德语，光子）。光子的概念起源于希腊语中的光，φως译音为磷，1926 年，物理化学家吉尔伯特·刘易斯首先提出了这个概念。并且他提出了一个理论：光子是"不能被创造且不可被破坏"的。虽然这个理论与众多实验结果相违背，但是物理学家们最终接受了这个概念，在物理学中一个光子通常用希腊字母 γ 表示。

光子的物理性质　光子是无质量的能量粒子，它不带电荷，在真空中传播时能量不会衰减。光子有两个偏振态，通常用它们的波矢量的分量来描述，分别确定它们的波长 λ，以及传播方向。

光子是在物理过程中被发射出来的。例如，一个电荷在加速过程中会产生同步辐射，一个分子、原子或者粒子的电子跃迁到较低的能级时也会发射光子。在理想的真空空间，光子以光速（c）运动。光子的能量和动量之间的关系用方程式 $E = pc$ 表示，在这个方程式中，p 表示动量 P 的大小。这个方程源于相对论，其中质量 $m = 0$。

$$E^2 = p^2 c^2 + m^2 c^4$$

光子的能量和动量与其频率（ν）成正比，与其波长（λ）成反比：

$$E = \hbar\omega = h\nu = \frac{hc}{\lambda}$$

$$p = \hbar k$$

在上面的公式中，K 代表波矢，波数 $k=|K|=2\pi/\lambda$，$\omega=2\upsilon$ 代表角频率。$\hbar=\dfrac{h}{2\pi}$ 称为简化的普朗克常数。

动量 P 的方向定义为光子的传播方向。动量的大小被定义为：

$$p = \hbar k = = \frac{h\nu}{c} = \frac{h}{\lambda}$$

光子也有角频率，并且角频率与频率没有关系。上述方程描述的是光子的能量和动量之间的经典关系，这是电磁辐射的基础。必须指出的是，电磁辐射在物体上的压力使光子的动量转移到物体上，导致这部分碰撞区域的电子产生位移。这个电磁力就是光电效应的基础，会引起在光伏 PN 结的电子迁移或置换，此问题将在本章后面进一步讨论。

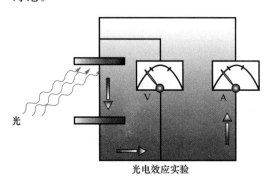

光电效应实验

图 2.1　光电效应

在 19 世纪的后期，物理学家发现了一个新的现象。当光入射到液体或者金属表面，电子就被释放出来。然而，没人能对这个奇异的现象进行解释。在世纪之交，爱因斯坦为此提出了一个理论，这个理论使他获得了诺贝尔物理学奖并且奠定了光电效应的理论基础。图 2.1 是光电效应实验的示意图。当光照射到金属上时，电子被释放出来。这些电子被带正电荷的平板吸引，从而引起光电电流。

爱因斯坦运用能量量子化的现代物理学理论解释了这个现象，该理论最初是马克斯·普朗克提出，认为光是由能量微乎其微的光子组成的光束。光子撞击到金属或者半导体表面会把电子从原子中撞击出来。在 20 世纪 30 年代，这些理论导致在物理学界产生了一个新的学科叫做量子力学，人们应用量子力学在 20 世纪 50 年代发明了晶体管，并且推动了半导体电子学的发展[1]。

太阳能电池以及光伏组件的工作原理被认为是光生载流子引起的一种物理现象。事实上，太阳的能量是通过太阳光中的光子，被太阳能电池板上的半导体材料（例如硅）吸收而被利用的。

当半导体材料例如硅中的电子（带负电荷）被光子撞击后，将摆脱原子的束缚。这就使得它们可以在材料中流动，从而产生电力。由于太阳能电池特殊的结构和组成（这章将会讨论），电子会沿着一个方向移动，形成直流电流。事实上，太阳能电池结是将太阳能转变成电能的设备。图 2.2（a），2.2（b），2.2（c）和 2.2（d）描述了 PN 结的结构和结势垒处的电荷转移。

当光子撞击硅片时，低能量的光子直接透过硅片，一部分光子与半导体碰撞后从表面反射，其余的光子被半导体吸收。在有些情况下，当光子的能量比硅的吸收能力高时，高出的能量就会通过转化为热能的形式释放掉。

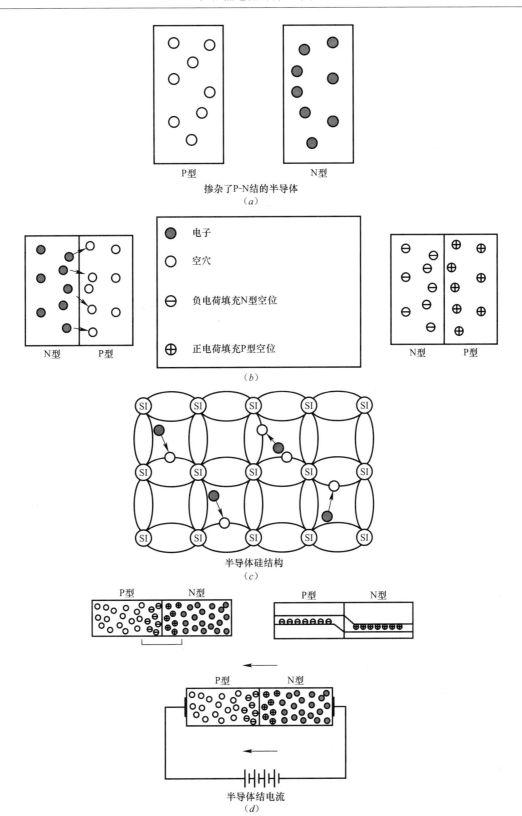

图 2.2 （a）半导体 PN 结掺杂；（b）PN 结电子跨越；（c）半导体电子空穴转移；（d）半导体结电流

当一个光子被吸收后，其能量就会被晶格的价带中的电子吸收。价带中的电子与它周围的原子紧紧的以共价键的形式结合，在正常情况下是不能自由移动的。当被光子撞击以后，电子被激发跃迁到导带。在导带中，电子可以在半导体中自由移动。失去电子的共价键被称作是空穴。对于失去电子的共价键，周围原子的共价键电子可以移动到空穴中，留下了另外一个空穴（通过这种方式空穴可以在晶格中移动）。因此可以这么说，被吸收的光子在半导体中制造了移动的电子—空穴对。

从物理的角度，为了能够激发电子—空穴对，光子的能量要高于带隙的宽度。然而，太阳射线频谱接近黑体，在 6000K 左右。因此，大部分到达地球的太阳射线是由能量远远高于硅带隙宽度的光子组成的。这些高能量的光子，简称光子，被太阳能电池吸收，但是那部分不属于此带隙宽度的光子能量被转变成热，并最终以热振动（晶格振动）的形式释放掉了。

2.3 光伏组件的性能特征

为了设计光伏太阳能发电系统，设计者必须对光伏组件在不同环境条件下的性能特征有一个完全的理解。

光伏电池可以被看作是小型的虚拟发电机或者光电二极管，在本章后面会讨论这个问题。图 2.3（a）是太阳能电池的等效电路图，图 2.3（b）是电流源。等效电路图中包括一个分流（并联）二极管、一个并联电阻和一个串联电阻。作为一个电流源，基本的电特性由它们的电流和电压（I-V）特性定义。图 2.4 表示的是 I-V 特性曲线，它表示的是在不同环境和辐照条件下，太阳能电池的电压和电流的输出曲线。同样，太阳能电池在 I-V 曲线上每个点的能量输出被定义为 $P = IV$。

定义太阳能电池 I-V 特性曲线的参数是开路电压（V_{oc}）、短路电流（I_{sc}）、最大工作电压（V_{max}）、最大工作电流（I_{max}）以及最大功率（P_{max}）。如前所述，太阳辐照、环境温度和大气质量不断地影响着光伏电池的 I-V 曲线形状。因此，光伏组件的输出功率特性是很主观的，对于每一个太阳能发电系统，只有在这些参数被定义的条件下结果才具有有效性。

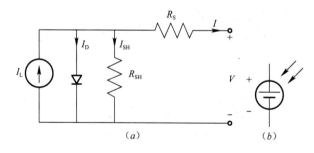

图 2.3 （a）太阳能电池等效电路；（b）太阳能电池的示意符号

2.3.1 开路电压（V_{oc}）

光伏组件或者光伏电池的开路电压（V_{oc}）是在没有负载以及零电流的情况下，在输

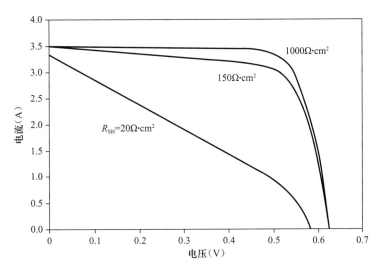

图 2.4　串联电阻与太阳能电池伏安特性的影响关系曲线

出端测得的最大电压。V_{oc} 的测量用于确立设计太阳电池组件时的最大电路电压。在太阳光照射条件下，通过在输出端正极（＋）和负极（－）之间接一个直流电压表来测量太阳能电池板的 V_{oc}。

太阳能电池的 V_{oc} 与构成 PN 结半导体材料的特性以及与之相关的温度系数有关。如，在晶体硅 cSi 半导体材料中，温度升高会导致 V_{oc} 降低。在 25℃（77F°）时，晶体硅电池 PN 结的 V_{oc} 是直流 0～0.6V。但在薄膜太阳能电池中，测得的 PN 结 V_{oc} 大约是直流 1.0V。

由于平板光伏组件是由一系列相互关联的电池板构成的，其开路电压值是直接与串接的电池数量成正比的。

2.3.2　短路电流（I_{sc}）

太阳能电池的短路电流（I_{sc}）定义为在无负载、零电压的条件下，当输出电路短路时的最大电流。短路电流表征一个太阳能电池阵列的最大设计电流。I_{sc} 和太阳辐照度成正比，并随着 PN 结温度的上升而降低。

在现场，短路电流的数值可以通过在太阳能电池阵列的短路电缆环路上连上钳形电流表，再连接到正极（＋）和负极（－）接线端子进行测量。同样，也可以用一个万用表来做，通过连接太阳能电池阵列终端的正极（＋）和负极（－）接线端来输入到电流计。典型的平板型光伏组件短路电流测量可以从 1 到 10VA。由于太阳能阵列或组列是由多个独立的光伏组件互相串联形成的，所以输出电流同单个光伏组件的 I_{sc} 是一样的。

光伏组件的规格通常是以摄氏温度标注记录的，可以通过公式（2-1）、公式（2-2）将摄氏温度转变成华氏温度：

$$F = (9/5 \cdot C) + 32 \tag{2-1}$$

$$C = 5/9 \cdot (F - 32) \tag{2-2}$$

式中　F——华氏温度，F°；

　　　C——摄氏温度，℃。

2.4　载流子分离

电荷激发并且与原子结构分离的过程被称为是载流子分离。在太阳能电池中有两种载流子的分离机制，分别是漂移和扩散。在漂移机制中，电子的流动或位移是通过加在整个器件上的静电场推动的。而在扩散机制中，电子是从低载流子浓度的区域扩散到高载流子浓度的区域。

基于 PN 结的太阳能电池技术，其载流子的分离是通过漂移机制。然而，对于那些没有 PN 结的太阳电池，例如染料敏化太阳电池或者有机太阳电池，载流子的分离是通过扩散机制。

2.5　PN 结太阳能电池技术

大多数平板太阳能电池技术是基于晶体硅形成的半导体 PN 结。简言之，这种太阳能电池可以被看做是一层 N 型硅跟一层 P 型硅进行接触形成的。然而，太阳能电池 PN 结的制备过程还涉及 N 型和 P 型材料的掺杂物向相邻硅片的扩散。

在实际中，一块 P 型硅材料与一块 N 型硅材料进行接触，电子就会从高电子浓度的 N 型硅一侧向低电子浓度的 P 型硅区域扩散。当电子扩散穿过 PN 结时，电子与 P 型硅一侧的空穴复合。

载流子的扩散使得 PN 结的两侧电荷积累，从而导致内部电场的产生。内部电场的建立将产生二极管效应，它使得载流子进行漂移运动，漂移运动与扩散运动方向相反，最终达到平衡。由于电子和空穴扩散经过的区域不再含有任何移动的载流子，故而叫做耗尽区或者空间电荷区。

2.6　太阳能电池的等效电路

用二极管可以很好地描述 PN 结太阳能电池的性能特点。一个理想的太阳能电池，从电气工程的角度来看，可通过一个电流源并联一个二极管、一个分流电阻和一个串联电阻 s 来等效，如图 2.3 (a)、(b) 所示。

2.6.1　特征方程

由等效电路可知，通过太阳能电池产生的电流等于电流源电流，减去流经二极管的电流和流经分流电阻的电流，公式如式（2-3）所示：

$$I = I_L - I_D - I_{SH} \tag{2-3}$$

式中　I——输出电流的安培数；

$\quad\quad I_L$——光生电流的安培数；

$\quad\quad I_D$——流经二极管的电流安培数；

$\quad\quad I_{SH}$——流经分流电阻的电流安培数。

电压与电路中的元件决定电流，如图（2-4）所示：

$$V_{\mathrm{J}} = V + IR_{\mathrm{S}} \qquad\qquad (2\text{-}4)$$

式中　V_{J}——通过二极管和电阻 R_{SH} 的电压伏特数；

　　　V——通过输出端子的电压伏特数；

　　　R_{S}——串联电阻欧姆数。

2.6.2　串联电阻

当太阳能电池的串联电阻增加，由于电流会流经串联电阻，这就使得结电压与端电压之间的电势差增大，导致电流控制部分的 I-V 曲线下垂，进而使得端电压显著下降，且短路电流 I_{sc} 有轻微的下降。同样的，高的串联电阻 R_{S} 值也会导致短路电流 I_{sc} 显著下降。因此说，串联电阻显著影响太阳电池的输出特性。图 2.4 表示的是串联电阻的增大对晶体硅太阳能电池的影响。

因串联电阻造成的损失可以通过二次方程：$P_{\mathrm{Loss}} = V_{\mathrm{RS}} \times I = I^2 R_{\mathrm{S}}$ 计算，这与太阳能电池的输出功率相当。

2.6.3　并联电阻

对于一定的结电压，并联电阻增大，会导致流经并联电阻的电流减少，最终的结果是电压控制部分的 I-V 特性曲线下降，这将导致端电流的显著下降和开路电压 V_{oc} 的轻微下降。较低的并联电阻会导致 V_{oc} 的显著下降。图 2.5 表示的并联电阻的增大对太阳电池伏安特性的影响。

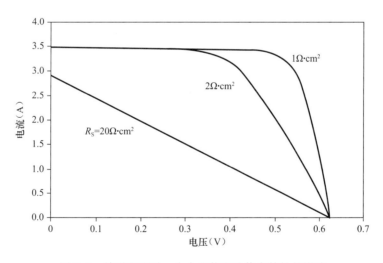

图 2.5　并联电阻对一个太阳能电池伏安特性的影响

2.6.4　反向饱和电流

当一个太阳能电池的输出电流（I_0）增大，开路电压 V_{oc} 会降低，这一现象是由 PN 结的反向饱和电流引起的，反向饱和电流导致 PN 结的温度升高。反向饱和电流是在 PN 结两端的中性端的载流子复合造成的"漏电流"。图 2.6 表示了反向饱和电流对太阳能电池的伏安特性的影响。

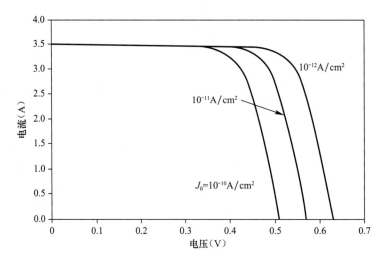

图 2.6　反向饱和电流对一个太阳能电池伏安特性的影响

2.6.5　理想因子

理想因子，也被称为发射因子，是电池性能参数的乘积，它表示的是太阳能电池 PN 结二极管的特性与前面提到的等效二极管的接近程度。理想条件下，理想因子 $n=1$。实际情况下，由于晶体硅太阳能电池空间电荷区的复合，图 2.7 所示的测量的 $I\text{-}V$ 特性曲线会有所差别，导致 n 值大于一。

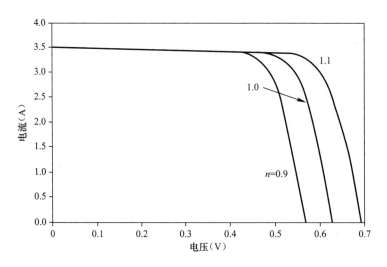

图 2.7　理想因子对一个太阳能电池伏安特性的影响

2.7　能量转换效率

太阳能电池的能量转换效率是当与负载相连时，吸收的太阳辐照转换成电能的百分比，用希腊字母 η 来表示。这个效率是在标准测试条件下（Standard Test Condition，简称 STC），以最大功率值 P_{m} 除以太阳辐射的强度 E（以 W/m² 为单位），以及光伏组件表

面面积 $A_c(m^2)$ 的比率计算，见式（2-5）

$$\eta = \frac{P_m}{E \times A_c} \qquad (2-5)$$

标准测试条件是光伏组件制造商在特定的 25℃ 及 1000W/m² 的辐射强度，以及标准光谱 AM1.5 条件下进行的，这在本章的前边已经提到。在美国，STC 测试是在晴天，太阳入射光谱与光伏组件的水平线成 41.81° 角，入射光谱与光伏组件的夹角是 37° 的条件下进行的。此测试条件大致代表了在美国大陆近春分和秋分时的太阳正午直接照射电池表面的情况。在 STC 条件下，一个 16% 效率的电池在每 100cm² 的面积上将产生 1.6W 的电量。

太阳能电池效率是反射效率、热效率、载流子分离效率以及导电效率的综合反映。正因为如此，太阳能电池的整体效率是上面几个效率的乘积。

2.8 电池温度

图 2.8 表示的是电池温度对太阳能电池输出特性的影响。如图 2.8 所示，电池的输出电压和输出电流与环境温度成反比。换言之，随着环境温度的提高，输出电压降低。从实际操作的角度讲，温度上升对输出电流的影响较小。然而，输出电流的降低最终可以转换成输出电压的降低。同样，环境温度的降低则会提高输出电压。

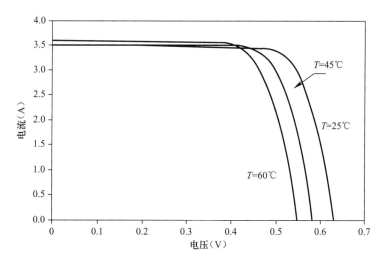

图 2.8 温度对太阳能电池伏安特性的影响

对大多数晶体硅太阳能电池，每升高 1℃ 输出功率将降低 0.5%。然而，对于高效的晶体硅太阳能电池，每升高 1℃ 输出功率将降低 0.35%。对于非晶硅太阳电池，根据电池的不同，这个数字在 0.2%/℃ 和 0.3%/℃ 之间。然而，由于温度的升高，致载流子增加，光生电流 I_L 会略有增加。这个效果是很微弱的，对于晶体硅太阳能电池，效率将增加 0.065%/℃，对于非晶硅太阳电池效率将增加 0.09%/℃。

温度对太阳能电池效率的整体影响，可以通过这些因素与特征方程结合计算而得。然而，由于电压的变化比电流的变化明显的多，因此效率的变化趋势整体上与电压的变化趋势相当。多数晶体硅太阳能电池的效率降低 0.5%/℃，非晶硅太阳电池的效率降低

$(0.15\% \sim 0.25\%)/℃$。图 2.8 表示的是晶体硅太阳能电池在不同温度下的 I-V 特性曲线。当进行太阳能电池系统设计时，必须考虑温度变化的极限，例如在极地赤道地区。

2.8.1　光伏组件的温度响应

几乎所有的光伏组件，在高温下工作时都会表现出电压显著降低，同时电流略微上升，总体的效果是输出性能下降。长期暴露在热环境中，光伏组件的封装会逐渐的恶化，这可能会导致光伏组件性能的永久性衰退。一般来讲，电池温度指的是 PN 结附近的温度。风速、太阳辐射、湿度和光伏叠层的热特性都会影响电池温度。

当设计太阳能系统时，为了补偿不同温度条件下的太阳辐射，通常电池温度要乘以一个温度系数。公式（2-6）用来估计温度补偿：

$$T_{CELL} = T_{AMB} + (T_{RISE} \times E) \tag{2-6}$$

式中　T_{CELL}——电池温度（℃）；

　　　T_{AMB}——环境温度（℃）；

　　　T_{RISE}——温升系数（℃）；

　　　E——太阳辐照度（kW/m^2）。

为了降低温度的影响，光伏阵列必须放置在能够自然对流的环境中。实际上，光伏阵列的背面应该面向风向，应避免组件平放和靠近地表面。

公式（2-7）给出了周围环境温度在 32℃时电池的温度变化，其中电池温度系数为 $26℃/(kW \cdot m^{-2})$，太阳辐射为 $1.1kW/m^2$。

$$T_{CELL} = 32℃ + (26℃/(kW \cdot m^{-2}) \times 1.1kW/m^2) = 60.6℃ \tag{2-7}$$

电池温度 T_{RISE} 上升，同样可以通过公式（2-7）计算：

$$T_{RISE} = (T_{CELL} - T_{AMB})/E \tag{2-8}$$

需要注意的是，为了在估计电池温升时达到一定准确度，有必要根据不同的环境温度条件来计算其值。温升系数用来预测各种环境条件下光伏组件的输出功率性能。

温度系数被定义为因温度变化而引起的电压和电流的变化率。温度系数为负意味着该参数随着温度上升而减小，温度系数为正则表示该参数随着电池温度上升而增大。温度系数可被表述成温度每变化一度的电流或电压的变化量，或者温度每变化一度的电流或电压变化的百分比。

温度系数对于不同的光伏组件是不一样的，并且不同的设备之间也是不一样的。硅太阳能电池的典型的温度系数如下：

$$电压 = -0.00225V/℃ + (-0.10\%)/℃$$
$$电流 = 0.0000037A/℃ + (-0.0010\%)/℃$$

太阳能电池组件的温度系数可用公式（2-8）、公式（2-9）进行计算：

电压的温度系数计算：

$$C_v = C_{Vcell} \times N_s \tag{2-9}$$

式中　C_v——光伏组件电压的绝对温度系数（V/℃）；

　　　C_{vcell}——单个电池电压的绝对温度系数（V/℃）；

　　　N_s——光伏组件串联的电池数量。

电流的温度系数的计算：$C_I = C_{Icell} \times N_p \times A \tag{2-10}$

式中　C_I——光伏组件电流的绝对温度系数（A/℃）；

　　　C_{Icell}——单个电池电流的绝对温度系数（A/℃/cm^2）；

　　　N_P——光伏组件并行连接的电池组列数量；

　　　A——电池面积（cm^2）。

下面举例说明电压和电流温度系数的计算，以具有 72 个电池的单晶硅型光伏组件为例，每个电池的表面积为 144cm^2，排成 4 组列，每组列 18 个电池。

$$C_v = C_{Vcell} \times N_s$$

$$C_v = -0.00225V/℃ \times 18 = -0.0405V/℃$$

$$C_I = C_{Icell} \times N_p \times A$$

$$C_I = 0.0000037A/℃ \times 4 \times 144 = 0.00022A/℃$$

在实践中，当某个地区的温度变化范围是$-30\sim45℃$，计算安装在这一地区的太阳能发电组列的 V_{oc} 时，下列针对开路电压的调整是必须的：

光伏组件 $V_{OC} = 55.2V$，在标准测试条件下，25℃

光伏组列＝10 组件

光伏组列开路电压＝55.2V×10＝552V

$C_v = -0.0405V/℃$

最低环境温度＝$-35℃$

温度与标准条件的偏差＝$-60℃$

电压调整＝$(-0.0405V/℃) \times (-60℃) = 2.43V$

光伏组列开路电压调整值＝552V＋2.43V＝554.43V

对于晶体硅（cSi）太阳能电池而言，温度系数的百分比变化是相对比较标准的。一般而言，上面提到的温度系数的百分比值被用于公式（2-11）～公式（2-13）中，计算不同温度条件下光伏组件的 V_{oc}。

$$C_v = V_{TEF} \times C_{\%V} \tag{2-11}$$

$$CI = I_{REF} \times C_{\%I} \tag{2-12}$$

$$CP = P_{REF} \times C_{\%P} \tag{2-13}$$

式中　C_V——绝对温度系数（V/℃）；

　　　V_{REF}——额定或参考电压（V）；

　　　$C_{\%V}$——电压的温度系数（℃）。

例如，一个多晶硅光伏组件的 $V_{oc} = 50.9V$，它的温度系数为：$C_v = 50.9 \times (-0.00405) = -0.206V/℃$

2.8.2　热力学效率极限

从物理学的角度看，太阳能电池是特殊的量子能量转换器件，并且它们有"热力学效率极限"。热力学效率是由于能量低于 PN 结带隙的光子不能够产生电子—空穴对引起的。因此，吸收的能量不能全部转变成为有用的直流电流输出，其中有一部分以热的形式释放掉。对于能量高于带隙宽度的光子，一小部分能量转变成有用的能量输出。另外一部分能量高于带隙宽度的光子能量转变成动能，造成载流子复合。如前所述，这些动能通过声子的相互作用而转变成热量，同时动能减小也会降低载流子的平衡速度。

在多结太阳能电池中，由于其具有多个带隙，因此能够拓展电池的光谱响应，同时提高电池效率。

2.8.3　填充因子

填充因子是定义太阳能电池整体功率性能的一个参数。这个参数被定义为太阳能电池的最大功率与开路电压和短路电流乘积的比值，如公式（2-14）所示：

$$FF = \frac{P_{\mathrm{m}}}{V_{\mathrm{oc}} \times I_{\mathrm{SC}}} = \frac{\eta \times A_{\mathrm{c}} \times E}{V_{\mathrm{oc}} \times I_{\mathrm{SC}}} \tag{2-14}$$

正如以上公式所示，光伏组件或者太阳能电池的填充因子是受电池的串并联电阻值影响的。增加并联电阻（R_{SH}）和降低串联电阻（R_{S}），将使填充因子增加，效率提高。

2.9　太阳能电池能量转换效率的比较分析

如前面所讨论的那样，太阳能电池的能量转换效率取决于很多因素，例如太阳辐射光谱、环境温度和大气因素。缩写为 IEC 61215 标准的国际太阳能测试条件，常被用于比较设计于温和气象条件下的太阳能电池性能。其规定的标准测试工况 STC 为：太阳辐射为 1kW/m²，接近 AM1.5 的太阳光谱分布，电池温度 25℃。在此测试条件下，连接到光伏组件或者太阳能电池上的电阻负载是变化的，直到达到峰值或最大功率点（Maximum Power Point，简称 MPP），该点功率即为功率峰瓦（Wp）。

如前所述，大气质量对功率输出有影响。在太空中，由于没有大气层，太阳光谱没有被过滤；然而，在地球表面，太阳光谱是被减弱的。为了解释光谱的差异，可对光谱的过滤效果进行计算，计算结果表明，硅太阳能电池的效率在空气质量（AM）1.5 下的效率相当于 AM 0 的 2/3 左右。

目前，多结硅基太阳能电池的实验室效率最高可达 42.8%，非晶硅电池的效率一般在 6%～8% 之间，多晶硅商业太阳电池的效率在 14%～19% 之间。

需要指出的是制造转换效率在 30% 左右的太阳能电池，需要使用特殊的材料如砷化镓、硒化铟，或者制造成多结电池，但是这都会显著增加电池的成本。

2.10　大气和气候对光伏组件的影响

2.10.1　太阳的能量

太阳的组成主要是气态氢和少量的氦。在重力和电磁场涡旋的影响下，气态云形成热核，造成氢原子核聚变。在核内，强烈的引力使得氢原子聚变成氦原子，从而释放向外辐射的巨大能量。辐射的能量主要是以波和粒子的形式，穿过太阳的可见表面，最后以光和热辐射的形式逃逸到太空。

太阳和地球之间的距离大约为 9300 万英里。这个距离被定义为一个天文单位（AU）并作为星际计量单位使用。由于光以每秒 186000 英里的速度传播，来自于太阳的辐射只需 8min 即可到达地球表面。除了辐射能量，太阳核心的氢聚变反应也释放出高能量的光子。一个光子，即一个能量基本单位，需要经过千百万年才能到达太阳表面，并且以可见光的形式逃逸。

在任何时刻，地球会吸收大约 170GW 的能量。只要我们能利用这些太阳辐射能量的很小一部分，那就可以满足人类现在或者将来的能源需求。

2.10.2 太阳辐射

在太阳核心的聚变过程，使氢原子和氦原子之间的质量差转变成能量，从太阳表面向各个方向辐射出去。由于受各种大气和环境因素的影响，太阳辐射到地球的传播过程中会失去部分能量，最终一部分被光伏器件吸收转变成电能。

地球大气层之外的太阳辐射被称为宇宙辐射，也被叫做大气层顶辐射（TOA），在设计用于轨道卫星的太阳能供电系统时会用到。

2.10.3 太阳辐照度

太阳辐照度是太阳能作用于一个虚拟的单位面积的强度。太阳辐射照度以 W/m² 或 kW/m² 的单位表示。太阳辐照度是一个能量的瞬时值，并不代表一段时间的累积能量。太阳辐照度用于衡量太阳能发电设备或光伏组件的瞬时峰值功率输出性能。

太阳辐照度随太阳循环的上升和下降而不断上下波动，但更是因为地球和太阳之间轨道距离的变化。由于距离增大而辐照度减少可以用物理学平方反比定律解释，它表明辐射量（Ra）是和距辐照源（Rs）距离的倒数成正比的，表示为 $R_a = R_s/d^2$。图 2.9 描绘了太阳辐照度的吸收和反射。

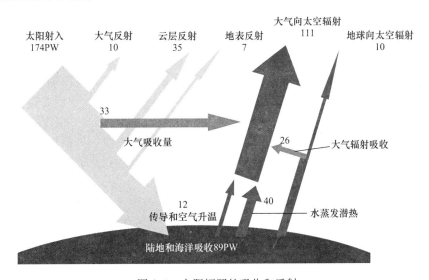

图 2.9 太阳辐照的吸收和反射

太阳能，通常称为太阳辐照度，是一段时期内积累的太阳能总额。这段时间可以是一个小时、一天、一个月、一年甚至是太阳能系统的一个生命周期。太阳辐照度以 J 或 kJ 表示。因此，辐照度决定了太阳能发电的产能量或光伏系统的功率输出特性。

地球表面太阳辐照度在早上开始上升，中午达到峰值，黄昏之后下降到零。太阳辐射度通常是由公式（2-15）计算：

$$H = E \times t \tag{2-15}$$

式中　H——太阳辐射（Wh/m^2）；

　　　E——太阳辐射强度（W/m^2）；

　　　t——时间（h）。

例如，在平均太阳辐射强度 800W/m^2 下照射 8h，将产生以下辐射量：

$$H = 800(\text{W/m}^2) \times 8(\text{h}) = 6400(\text{Wh/m}^2) \text{ 或 } 6.4(\text{kWh/m}^2)$$

2.10.4　太阳常数

地球大气层外的空间中，由于有大气污染物、云朵以及水粒子相对稀少，散射以及吸收太阳能量的作用减弱，因此地球大气之外的太阳辐射会比到达地球表面的太阳辐射能量高。在 AU1（1 天文单位）条件下测得的太阳能量或者太阳辐照度大约是 1366W/m^2。这个辐照值是相对恒定的，在相当长的时间内变化不大。这个数字仅能用于轨道卫星，并不能应用在地球表面。在地球表面海平面上，太阳辐射量通常是 1000W/m^2。

2.10.5　太阳能光谱

从太阳发出的能量是具有不同波长的电磁辐射，具有电磁特性。波形长度定义了太阳光谱的内容，波长范围从百万分之一米（伽马射线）到几千米（无线电波）。太阳电磁谱包括很长的波长范围，其中有紫外线、红外线和可见光。

2.10.6　大气对太阳辐射的影响

太阳辐射进入地球大气层时，部分被臭氧、水蒸气、二氧化碳、尘埃粒子以及其他的气体吸收和散射。此外，云朵、尘暴、大气污染以及火山喷发也会降低太阳辐射。

太阳辐射通常通过两种方式影响地球表面：直接辐射和扩散辐射，其和被称为总辐射量。扩散辐射的另一个来源，称为反照辐射或反射辐射，在太阳的直接辐射被反射到大气中时开始起作用。

直接辐射是不被阻挡的太阳辐射，从太阳直接传播，在没有散射下影响地球表面。直接辐射的射线平行传播，当被物体遮挡之后产生影子。另一方面，扩散的太阳辐射被扩散和散射，被地球表面从不同的方向接收。总辐射，是直接辐射和扩散辐射的累计，白天的总辐射从 10%~100% 不等。

一般来说，平板光伏器件吸收全部的辐射，而聚光型光伏组件（HCPV）以及太阳能热吸收系统只吸收直接辐射。

2.10.7　大气质量

如前所述，辐射到达地球表面的太阳能是与被大气散射的能量直接相关的。当太阳在它的顶点，或天顶时，大气质量最小并且传播距离最短。天顶角（θ_z）是太阳和天顶之间的角度。

随着天顶角的增加，太阳射线经过大气团时，射线强度将随着大气质量增加成比例降低。

当太阳在海平面正上方时，大气质量被定义为 1（AM1.0）。在外层大气，由于没有辐射障碍，因此大气质量是 AM0。在地球表面上的任何位置，大气质量用公式（2-16）计算：

$$AM = 1/\cos\theta_z \tag{2-16}$$

式中　AM——大气质量值；

　　　θ_z——天顶角的度数。

例如，在天顶角 $\theta_z=60°$，$\cos60°=0.5$，因此 $AM_{LOCA}L=1/0.5=AM_2$。

请注意，大气质量值取决于一天中的不同时刻、不同年份以及特定位置的海拔高度。大气质量在海平面的大气压值是 101.3kPa。在地球表面上的任何位置的大气质量是由公式（2-17）计算：

$$AM_{LOCAL} = AM \times (P_{LOCAL}/101.3) \tag{2-17}$$

式中　AM_{LOCAL}——当地大气质量；

　　　AM——海平面大气质量；

　　　P_{LOCAL}——当地大气压力（kPa）；

　　　101.3——海平面的大气压力（kPa）。

在实践中，在地球表面的任何部分的大气质量可以通过以下步骤计算：

（1）在垂直方向上设定一个测量高度（Lr，mm）；

（2）以规则基数测量阴影的长度（L_S，mm）；

（3）计算天顶角 $\theta z=Arctan$（L_S/L_R）。

例如，对大气质量值在天顶角度为 50°和大气压 80kPa 计算，将产生以下的大气质量值：

$$AM = 1/\cos30° = 1/0.866 = 1.155$$

$$AM_{LOCAL} = AM \times (P_{LOCAL}/101.3) = 1.55 \times (80/101.3) = 1.22$$

在美国的平均大气质量为 1.5。必须指出的是在地球表面任何一点的太阳辐照值是通过划分地球辐照常数 AU（1366W/m²）以及通过 AM_{LOCAL} 值获得的。

2.10.8　日峰值时数

如前所述，当太阳辐射到达地球表面时，它失去了相当一部分的能量，太阳常数值 1366W/m² 减少约 1/3，在海平面的测量值是 1000W/m²。标准的辐射水平在晴天、不被污染时会有所提高，例如高海拔地区。图 2.10 描绘的是日常太阳辐射量直观图像。

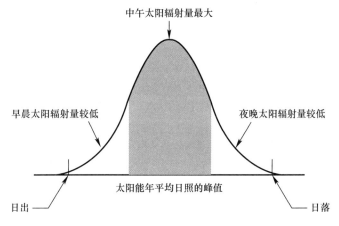

图 2.10　日常太阳辐射量直观图像

峰值太阳小时数是太阳能发电系统在峰值太阳条件下积累能量一天所需的小时数。例如，在一个特定的位置，超过 7h 测量的太阳辐射度为 $800 \mathrm{W/m^2}$，可以通过公式（2-18）、公式（2-19）将总累积辐射转变成峰值太阳小时：

$$积累的能量＝800 \mathrm{W/m^2} \times 7 \mathrm{hrs}＝5600 \mathrm{Wh/m^2} \tag{2-18}$$

$$峰值小时＝5600 \mathrm{Wh/m^2}/1000 \mathrm{W/m^2}＝5.6 \mathrm{h} \tag{2-19}$$

2.10.9　日照

日照是一天中到达地球表面的太阳能量，用 $\mathrm{kW/(m^2 \cdot d)}$ 表示，日照等同于峰值太阳小时所产生的能量。

2.11　太阳辐射测量设备

由于太阳辐射每时每刻都是变化的，太阳能测试一般都是在长时间内进行的。因此，为了得到一个准确的能量输出性能，建立太阳辐射的数据库是很有必要的。能量测试的数据库对于确定光伏系统长时间的性能是很重要的。在太阳能发电系统的集成和竣工验收调试过程中，这种太阳能辐射测量是必不可少的。

2.11.1　总日射计

总日射计是用于测量在一个孔径或视场内太阳总日照的仪器。它放置在平板光伏组件上，测量直接辐射和扩散辐射。一般来说，总日射计安装在支架上，这个支架跟太阳能电池阵列在同一平面上。太阳辐射在预定的间隔内被记录并且存储在远程数据采集和监控系统上，以便于进一步的信息处理。

高精度的总日射计使用热电偶传感器，测试热量并且产生与太阳辐射成正比的电流。便宜的总日射计使用晶硅电池或者二极管测量太阳辐射。

2.11.2　日射强度计

日射强度计是测量视场内直接太阳辐射的仪器。该仪器不测量散射辐射部分，它对直接指向太阳的太阳跟踪装置总是可靠的。该设备用于太阳能发电双轴跟踪系统和太阳能热利用技术。

2.11.3　参比电池

参比电池是封装在覆盖有光学玻璃的铝制外壳内的太阳能电池。当暴露在太阳光线下时，参比电池产生与太阳辐照成线性正比的电流。这个毫安级的电流用 $\mathrm{mA/(kW \cdot m^2)}$ 或者 $\mathrm{A/(kW \cdot m^2)}$ 表示。参比电池壳内也包括一个热电偶，它连接到太阳电池的背面进行温度测试，以校准补偿因温度变化引起的输出变化。

2.12　太阳能电池阵列方位

如前所述，太阳辐射的季节性、太阳能平台的地理位置、气候和大气条件显著地影响在地球表面接收到的太阳辐射。同样的，太阳能电池阵列以及它们的倾斜角和方位角度决定了太阳辐射的入射角，这是获得最大太阳能发电量需要考虑的主要因素。图 2.11 说明的是世界可再生能源的生产情况。

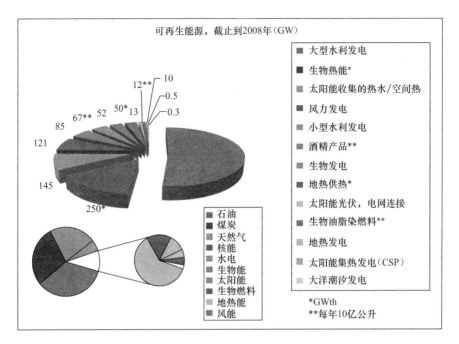

图 2.11 世界可再生能源产品

一般而言，获得最大太阳能发电量的最佳光学角度是当地的纬度。未按纬度安装，则将会造成输出功率的降低。

受太阳能电池光伏系统的位置以及电力低峰和高峰值功率电力价格（通常夏天更高）的影响，在某些情况下，适当的降低几度太阳能阵列的倾斜角更为可取。太阳辐射的路径以及天顶角（在北半球五月到十月间更高）决定了较小的太阳能阵列倾斜角是最佳的辐射角度，在电价高峰时有时这样会得到更多的电力能源。

需要指出的是，在低纬度地区，为了获得最大的太阳能，电池阵列的倾斜角必须很小，然而在高纬度地区，例如接近北极，太阳能电池阵列宜垂直布置。

2.13 太阳能强度的物理学

辐射到太阳能电池板上的光的强度是由 Lambert 余弦定理 $I = K \times \cos A$ 决定的，如图 2.12 所示。Lambert 余弦定理指出，照射到平板上的光的强度，跟光的入射方向与平面的法线方向的夹角的余弦值是成正比的。换句话说，当夏季，太阳在头顶正上方时，此时强度是最高的，因为夹角是零，$\cos 0 = 1$。这表示 $I = K$ 或者 Lambert 常数。图 2.12 表示基本的太阳强度物理方程示意图。

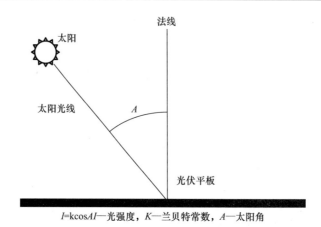

$I=k\cos A I$—光强度，K—兰贝特常数，A—太阳角

图 2.12　太阳能强度方程图的基本物理图

2.14　阵列方位角

观察北半球太阳的季节性移动规律，太阳电池最佳的方位角是正南方。因此，为了获得尽可能多的太阳能，光伏器件必须安装在向南的方向上（太阳能电池阵列的表面朝南）。有些情况下屋顶的倾斜角不是南北方向，这时太阳能电池阵列的方位角可能只能是东西方向。在这些设施上，45°到—45°方位角度的变化，将会降低 10% 左右的发电量。

2.15　日射量

如前所述，太阳辐射照射到我们地球表面被收集的能量叫做日射量（I）。到达地球表面的能量很大程度上受气候条件的影响，例如季节性的温度变化、多云条件以及太阳射线入射地面的角度。

由于地球大约以倾斜 23.5°的轴线，绕太阳旋转，太阳赤角 I（见图 2.13），绕着椭圆形轨道不停的旋转变化，从 6 月 21/22 号的+23.5°（此时地轴向太阳倾斜），到 12 月 21/22 号的—23.5°（此时地轴远离太阳），在夏至和冬至间地轴保持不变。

太阳赤纬 ［如图 2.13（a）、2.13（b）、2.13（c）和 2.13（d）所示］导致太阳日照的季节性循环变化。为了便于讨论，如果我们把地球看成 360°的球，在 24h 内，它将绕其轴线每隔 1h 旋转 15°（俗称为小时角）。地球的这种自转运动造成日出日落的现象。

时角 H（见图 2.14），是地球从中午或太阳正午起已经旋转的角度。在正午，当太阳正好在我们的头顶上，对垂直物体不能投下任何影子，小时角等于 0°。

我们知道了太阳赤纬角与时角，可以应用几何学，找到观测顶峰点指向太阳的角度，这被称为天顶角 Z（如图 2.15 所示）。图 2.14 是太阳角。

到达地球表面的平均太阳能能量，是通过测量垂直入射到 $1m^2$ 的面积的太阳能量衡量的，称为太阳常数（S）。地球大气层顶部的能量，由卫星仪器测量，是 $1366W/m^2$。由于太阳射线进入到大气时会受到散射和反射的影响，太阳能量失去了 30% 的能量。因此，在晴天，地球表面接收到的能量是 $1000W/m^2$。地球表面接收到的能量也会受到多云条件以及入射角的影响。图 2.15 表示的是太阳天顶角。

日射量通过以下公式计算：

$$I = S \times \cos Z \qquad (2-20)$$

$$Z = (1/\text{Cosine}) \times (\text{Sine L} \times \text{Sine i} + \text{Cosine L} \times \text{Cosine I} \times \text{Cosine H})$$

式中　　　S——1000W/m^2；

　　　　　L——纬度；

　H（时角）——$15° \times (t-12)$；

上述公式中的时间 t 是从午夜开始的小时数。

图 2.16 是加利福尼亚州洛杉矶市太阳能电池阵列倾斜角对应的年日射量表。图 2.17
$(a) \sim 2.17(f)$ 为日射量相应的日射量曲线，它表明了一年中的某一段时间内，每天影响
平板光伏器件性能的小时数。图 2.18 是美国国家再生能可源实验室给出的美国地区的光
伏太阳能资源图。

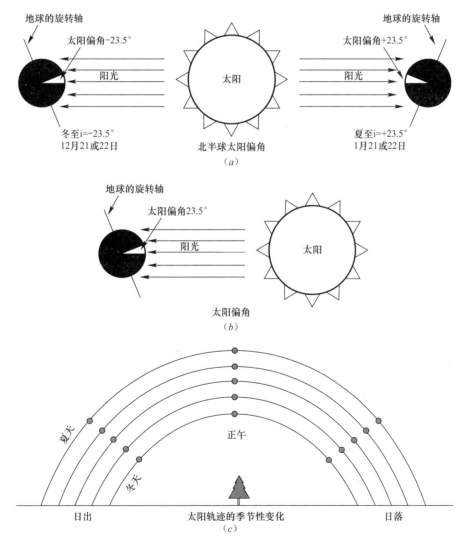

图 2.13 (a) 北半球太阳偏角；(b) 太阳偏角；(c) 太阳轨迹，由 Solmetric 提供（一）

45

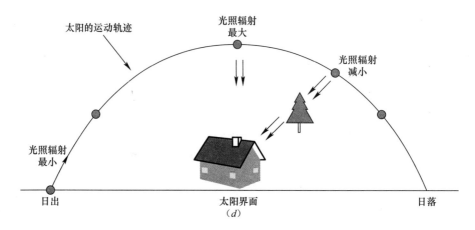

图 2.13　（d）太阳界面，由 Solmetric 提供（二）

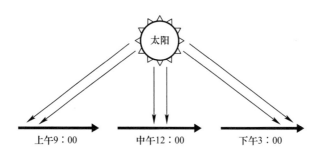

图 2.14　太阳时角

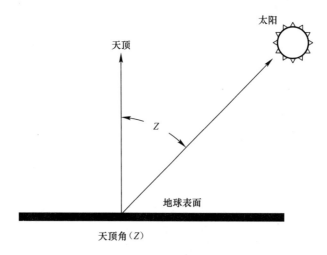

图 2.15　太阳天顶角

洛杉矶纬度LAT：33.93，经度

倾角		1月	2月	3月	4月	5月	6月	7月	8月	9月	10月	11月	12月	年平均值
0	平均值	2.80	3.60	4.80	6.10	6.40	6.60	7.10	6.50	5.30	4.20	3.20	2.60	4.93
	最小值	2.30	3.00	4.00	5.50	5.70	5.60	6.40	6.10	4.40	3.80	2.10	4.70	4.47
	最大值	3.30	4.40	5.60	6.80	7.20	7.70	8.00	7.00	5.80	4.50	3.00	5.10	5.70
LAT.-15	平均值	3.80	4.50	5.50	6.40	6.40	6.40	7.10	6.80	5.90	5.00	4.20	3.60	5.47
	最小值	2.90	3.60	4.50	5.80	5.70	5.40	6.30	6.30	4.70	4.40	3.40	2.70	4.64
	最大值	4.60	5.70	6.40	7.30	7.30	7.30	7.90	7.20	6.60	5.60	4.90	4.30	6.26
LAT.	平均值	4.40	5.00	5.70	6.40	6.10	6.00	6.60	6.60	6.00	5.40	4.70	4.20	5.58
	最小值	3.30	3.80	4.70	5.60	5.40	5.00	5.90	6.10	4.80	4.70	3.70	3.00	4.67
	最大值	5.40	6.40	6.70	7.20	6.80	6.70	7.00	7.00	6.70	6.00	5.60	5.00	6.40
LAT.+15	平均值	4.70	5.10	5.60	5.90	5.40	5.20	5.80	6.00	5.70	5.50	5.00	4.50	5.37
	最小值	3.40	3.80	4.50	5.20	4.80	4.40	5.50	5.50	4.50	4.70	3.90	3.10	4.42
	最大值	5.90	6.60	6.60	6.70	6.10	5.80	6.30	6.40	6.50	6.10	6.00	5.40	6.20
90	平均值	4.10	4.10	3.80	3.30	2.50	2.20	2.40	3.00	3.60	4.20	4.30	4.10	3.47
	最小值	2.90	3.00	3.10	2.90	2.30	2.10	2.30	2.80	2.90	3.50	3.20	3.30	2.86
	最大值	5.20	5.40	4.50	3.60	2.70	2.30	2.50	3.20	4.10	4.70	5.20	3.70	3.93

南向固定安装倾角下平板收集器的日射量 [kWh/(m² · d)]

图 2.16 加利福尼亚州洛杉矶市太阳能电池阵列倾斜角年日射量表

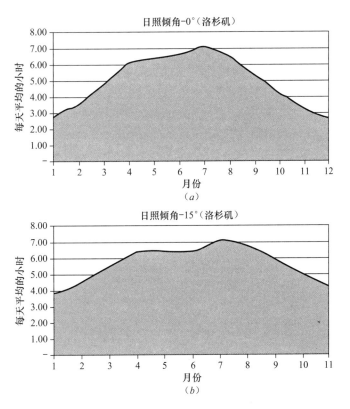

图 2.17 （a）0°倾斜角年日射量曲线；（b）15°倾斜角年日射量曲线

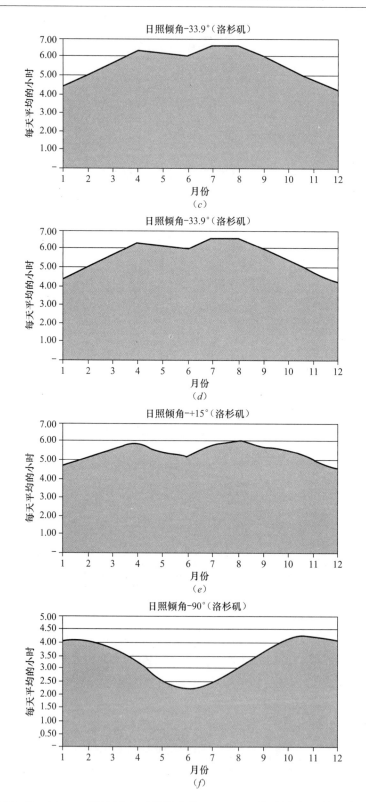

图 2.17　(c) 33.9°倾斜角年日射量曲线；(d) ＋15°倾斜角年日射量曲线；
(e) ＋90°倾斜角年日射量曲线

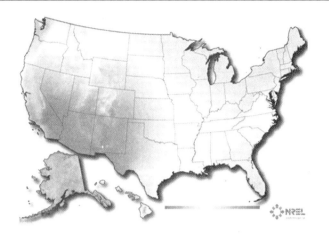

图 2.18　美国光伏太阳能资源图，NREL 提供

第3章 太阳能光伏发电系统组件

3.1 引言

第1章中所讨论的光伏组件仅仅是太阳能发电系统的基本组件之一。与其协同工作的其他组件在太阳能发电系统的能量转换过程中也是必不可少的，如逆变器、太阳跟踪隔离变压器、配电板和蓄电池系统等，本章将讨论这些组件。

3.2 逆变器

如前所述，光伏电池板产生的直流电只能直接供给有限的设备使用，而大多数民用、商业和工业设备都采用交流电源。逆变器是将直流电转换成交流电的设备。虽然逆变器通常是为特定需求而设计的，但其基本转换原理相同。从本质上讲，逆变过程包含以下步骤。

3.2.1 方波形成

方波形成是用一个具有正负参考（或偏置）量的连续电压来替代直流电的过程。其实质是将直流电分成等时长的多个段，通过电路实现分时段交替切换正负电压，最后形成方波。图 3.1 为逆变器的线路图。

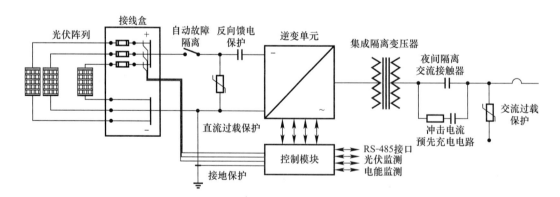

图 3.1 逆变器的线路图（图片由 SatCon Canada 提供）

3.2.2 整形或滤波过程

用傅立叶级数对方波进行数学分析可知：方波由许多称为谐波的正弦波线性组合而成，不同谐波具有不同的频率。

方波经扼流圈（电磁线圈）滤波形成 60Hz 的正弦波。固态逆变器采用一种称为包络构建的高效转换技术，将直流分成许多片段，每一片段再转换为逐级上升（正）和下降（负）的 60Hz 正弦波形模式。这种斩波的正弦波通过一系列的电子滤波器滤波可产生具有平滑正弦曲率的输出电流。[1]

3.2.3 继电保护系统

大多数用于光伏应用的逆变器通常是由灵敏的固态电子器件构成，非常容易受到外部浪涌尖峰、负载短路、过载电压和电流的影响。为了保护设备免受损害，逆变器应包括以下电路：

(1) 同步继电器；

(2) 欠压继电器；

(3) 过流继电器；

(4) 接地断路或过流继电器；

(5) 过电压继电器；

(6) 超频继电器；

(7) 低频继电器。

大多数为光伏应用设计的逆变器可允许多个单元并联。例如，为了驱动一个 60kW 的负载，可将 3 个 20kW 逆变器并联输出。根据电力系统的要求，逆变器能提供任何所需电压或电流容量的单相电或三相电。现有的标准输出是单相 120V 交流电和三相 120/208V、277/480V 交流电。在某些情况下，可用升压变压器将 120/208VAC 逆变器的输出电压变换为更高的电压。

3.2.4 输入和输出功率分配

为了保护光伏阵列不受浪涌尖峰、雷击或其他尖峰高能量的损害，来自光伏阵列的直流输入用靠近逆变器的接线盒中的熔断器加以保护。此外，逆变器的直流输入端口还会用能滤除雷电高压的各种半导体器件加以保护。

为了防止电压反相造成的损害，每个连接光伏单元正极（＋）的输出均连接一个单向（正向偏置）整流器。逆变器的交流输出通过电子断路器或磁式断路器连接到负载。这些设备可防止逆变器出现过流或短路的情况。[2]

3.2.5 光伏逆变系统的类型

光伏逆变系统一般分为两类：独立型（或称为离网型）和联网型（或称为并网型）。由分类名称可知，它们之间的主要区别是逆变器连接到蓄电池组还是连接到电网上。

独立型逆变器系统独立型逆变器通常与提供直流电的蓄电池组连接。光伏发电系统中的光伏组件提供可转换为交流电的直流电。在这类应用中，光伏组件通过电池充电控制器与逆变器联接。逆变器的容量必须满足交流负载的要求，同时光伏组件要根据为电池提供充足电能而设计大小。在独立型系统中，负载直接受蓄电池系统电能存储容量的影响。

联网型逆变器联网型逆变器是为直接并接入电网系统而设计的。在并网发电系统中，光伏组件提供直接连接到逆变器的直流电。由逆变器产生的交流电或被负载直接使用，或在剩余电力的情况下以同步方式供给电网。并网的交流功率输出与光伏直流电能容量成正比。

在并网发电应用中，光伏系统连接到公用服务点的供电或负载分配面板入口处。从本质上讲，电网可视为一个无限大的电能储存库，可以储存多余的能量，并在有需要时提供电能给网络用户。因而这种电能的存储和输出可通过电网计量系统实现，当使用电网电能时计量数增大，当为电网提供电能时计量数减小。

双模逆变器　双模逆变器含有允许逆变器在并网或独立模式运作的特殊电路。双模逆变器一般都被部署在太阳辐射条件下，光伏组件直接给逆变器提供直流电的应用环境中。在阳光照射期间，它为电池充电控制器提供足够的电荷，以保持蓄电池完全充电。在缺少太阳辐射时，由电池备份系统为交流负载供电。双模逆变器通常用于现场负载相对较小的系统。无论尺寸或类型，逆变器均采用了先进的电子和电力技术构建而成。大型联网逆变器中会使用复杂的设计功能，如防孤岛保护、最大功率点跟踪和正弦波输出发生电路等。

防孤岛保护特别设计了在电网停电时关闭逆变器的功能。此功能可以防止在停电期间电网操作工人发生意外触电的情况。

3.2.6　直流—交流转换装置

在大型逆变器中实现直流到交流的能量转换需要利用固态电子电路和开关设备。固态逆变器中使用的主要电子器件是晶闸管，也称为可控硅整流器（SCR），如图 3.2 所示。晶闸管本质上是电子式电流阀或开关，即只有在控制极施加一个控制信号，电流才能单向通过。类似壁挂灯开关，可控硅整流器 SCR 有开启和关闭两种状态。可控硅整流器 SCR 在本质上是能够控制数千安培电流流动的重载荷电子电源开关。在一般情况下，所有设计容量超过 10kW 的大容量逆变器均使用可控硅整流器 SCR 开关器件，例如 120/208V 或 277/480V 三相系统。

另一方面，小型逆变器使用金属氧化物半导体场效应管（MOSFET）或绝缘栅型双极晶体管（IGBT）做功率开关或换流。MOS 场效应管开关器件特别适合用作生成纯交流正弦波输出的高速开关。MOS 场效应管逆变器的输出功率容量通常是有限的，最高 10kW。然而，双极型晶体管开关器件（在较低的换流速度）可用于容量超过 100kW 的高压逆变器设计。

在所介绍的各种直流转交流逆变器的开关器件中，控制电路实现连续换流或开关作用。在某些情况下，开关是通过一个来自电网的外部信号控制，称为线换流同步（Line Commutation Synchronization），而在另一些情况下，由逆变器内部微处理器产生定时信号控制开关过程，称为自换流（SelfCommutation）。

3.2.7　线换流逆变器

在线换流类逆变器中通断由外部信号（如电网）自动控制。这一类逆变器利用电网电压正弦波的正负半周期控制开关交替打开或闭合实现换流，它会根据电网自动同步逆变器输出信号的波形和频率。线换流逆变器的主要缺点是只能在联网模式下工作，而不能在单机模式下工作。图 3.3 给出了线换流逆变器使用外部线电压包络触发开关元件的网络同步。

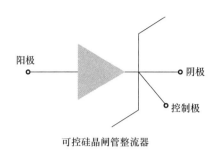

阳极

阴极

控制极

可控硅晶闸管整流器

图 3.2　可控硅整流器

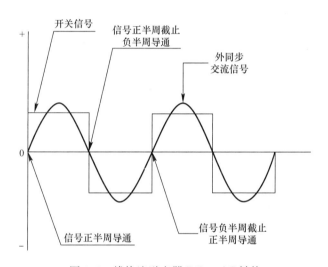

开关信号

信号正半周截止
负半周导通

外同步
交流信号

+

0

−

信号正半周导通

信号负半周截止
正半周导通

图 3.3　线换流逆变器 DC-to-AC 转换

3.2.8　自换流逆变器

　　自换流逆变器使用专用时序控制电路来控制开关元件的通断。这种类型逆变器的主要优点是无论有没有外部电网同步信号都能够工作。如前所述，除外部线同步外，换流功能可由内部微处理器定时控制电路完成，还可使逆变器具有控制输出波形的优先权，以及其他附加功能，如功率因数校正和谐波抑制等。

　　自换流逆变器也可分为电压源或电流源输出。电压源逆变器利用输入的直流电压产生一个电压源，该电压源的输出为频率可调、幅值恒定的交流电压。而电流源逆变器可产生一个振幅恒定和频率可调的交流电流源。独立型和双模型逆变器一般输出为电压源。

3.2.9　方波逆变器

　　方波逆变器是利用通断过程的多个阶段将直流输入转换成正弦交流电的一类设备。方波波形转换效率相当低；它们含有大量谐波，这对负载非常有害。为将方波转换为正弦波，逆变器使用复杂的波形整形电路和滤波电路将方波转换为正弦波。

　　波形整形控制电路使用特定的定时机制，对称地顺序控制开关器件的通断，将直流输入转换成具有正负半波的交流输出。方波转换和滤波技术有 H 桥系统和推挽式系统。

　　H 桥逆变电路 H 桥逆变器电路在功能上近似于全波整流电路，但在工作流程上完全不同。一个 H 桥逆变器使用如前所述的一套控制开关将直流输入转换为方波交流输出。如图 3.4 所示，一对开关打开而另一对开关闭合，如此交替通断即可实现直流电到交流电的变换。

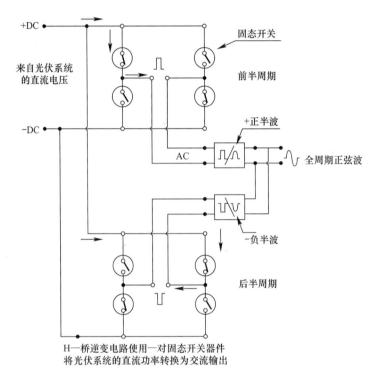

图 3.4　H 桥逆变器系统框图

　　推挽式逆变电路如图 3.5 所示，在推挽式逆变系统中，直流到交流的转换是通过中间抽头变压器中的电流通断实现。转换开始时，顶部开关闭合，允许直流电源的电流通过变压器的上半部分产生正半周期，电流通过变压器下半部分产生负半周期，从而产生全周期的交流电源。

3.2.10　高频和低频波形转换

　　为了产生正弦波，通过一个称为改进正弦近似的过程去除掉多余的谐波实现逆变器方波输出的细化。近似过程是通过调整方波脉冲宽度实现，这种调整方波脉冲宽度跟踪正弦波包络的过程称为方波修正，输出电压的大小则通过配置升压变压器来控制。为了产生一个多级方波，如图 3.6（a），3.6（b）和 3.6（c）所示，通过多个方波互相叠加，形成一个近似的正弦波形，产生 50Hz 或 60Hz 频率正弦波的逆变器称为低频逆变器。另一类正弦波生成方法称为脉冲宽度调制（pulse-width modulation，PWM）控制技术。这种类型逆变器生成正弦波是通过改变脉冲时间宽度控制换向开关的通断来实现的（图 3.6a-c）。

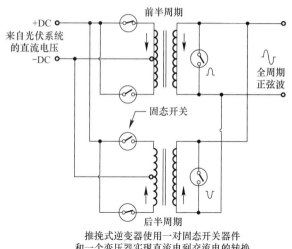

图 3.5 推挽式逆变器系统框图

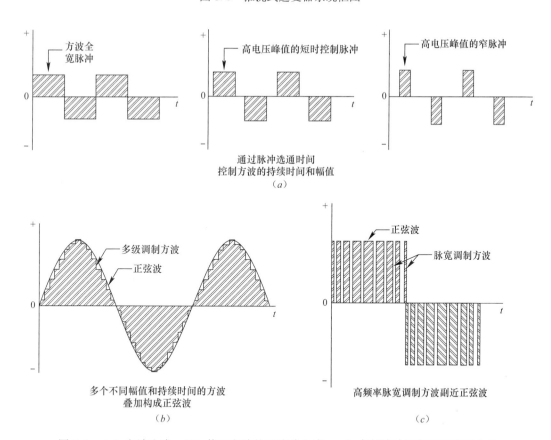

图 3.6 (a) 方波生成;(b) 修正方波的正弦波生成;(c) 高频脉冲调制的正弦波生成

高频脉宽调制逆变器的优势在于换能中电流谐波数量最少。此外,由于变压器的尺寸较小,所以这类逆变器的重量更轻、效率更高。这类逆变器同时使用直流-直流转换器将输入直流电压幅值升至 1000V,因而可在不需要太多材料和人工的情况下,将更多的光伏电路串联起来。

3.2.11　逆变器接地系统

这里讨论不接地直流光伏系统在美国的应用，并依据国家电气规范（NEC）对不接地系统的应用进行介绍。

传统上，美国只使用直流接地系统，而欧洲和日本一直使用不接地系统。欧洲人已经证明，不接地系统效率更高。现在美国有一种趋势，即为了利用高效的优势而开始使用不接地系统。本书将重点探讨系统效率是从何处改善的、使用不接地系统需要的条件以及国家电气规范（NEC）对不接地系统的相关规定。

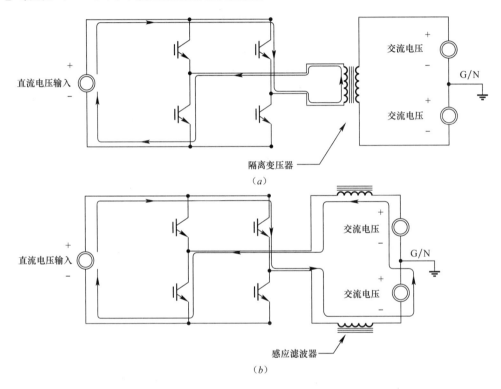

图 3.7　（a）接地系统逆变器；（b）不接地系统

地面绝缘逆变器的拓扑结构决定系统是否接地。在美国（接地系统），逆变器拓扑结构中含有一个隔离变压器。图 3.7（a）和 3.7（b）展示了在美国（光伏发电）应用的典型单相并网逆变器。隔离变压器是逆变器的整体体积和成本的重要组成部分。隔离变压器为逆变器提供以下两个功能：

（1）输出滤波

变压器作为感性元件，有助于对逆变器的脉冲宽度调制信号进行滤波。变压器通常不是滤波设计中唯一的感性元件。一个电感和一个电容提供额外的滤波功能，以便使逆变器的交流输出产生一个纯正弦波。

（2）电压升压

逆变器的最大输出电压比系统直流侧输入端产生的最大电压低大约10%。在线性隔离系统（LIS）中，典型最大直流电压为600V，实际工作电压低至330V。

此外，逆变器的输出电压必须与电网的最大电压匹配。例如，一个 240V 交流装置，电网电压峰值可高达 373V。对于 480V 的三相交流电网系统，最大电压峰值可高达 747V。对于给定的输入直流电压，可以通过隔离变压器升压使逆变器输出与电网电压匹配。

如图 3.7（a）和 3.7（b）所示，当逆变器的交流和直流用接地系统解耦时，逆变器系统的直流部分需要与交流系统隔离，使每个系统地线不会通过电源电路耦合。

隔离变压器通常造成系统损失约为 1%～2%，同时使系统整体效率降低相同比例。为了提高逆变器的效率，隔离变压器应该被淘汰。淘汰隔离变压器，需要提供如前所述相同功能的特殊补偿电路，实现这些功能所需的电路包括：

1）输出滤波。输出滤波器电路的设计包含滤波元件，例如增加一个电感或电容。

2）输出电压放大。通过提高输入直流电压来实现输出电压放大。对于小型单相逆变器，逆变器直流输入电压范围从 330～600V。另一方面，对于 480V 的三相交流系统，逆变器输入直流电压变化带宽扩展到 1000V。

3）接地系统。图 3.7 展示了（作为输入和输出电流源）带隔离变压器和不带隔离变压器的逆变器原理图。图 3.7（a）和 3.7（b）的直流系统均接地。图 3.7（a）右边为一个直流地线和交流地线没有通路的隔离变压器。而图（b）右边，用线性电感取代隔离变压器为耦合地提供了一个通路。

为了避免地线耦合的问题，无论是交流还是直流地线都必须去除。移除交流地线是不可能的，因为美国国家电气规程（National Electrical Code，NEC）不允许。目前 NEC 对去除直流地线（即非接地系统）提供了解决方案。

提高逆变器效率的一个简单方法是去除隔离变压器。在一般情况下，没有隔离变压器的不接地逆变器允许输入更高的直流电压。

为了与欧洲标准（IEC）一致，NEC 最近颁布的标准允许使用不接地直流系统。为了使用不接地系统，美国产品安全认证机构（Underwriters Laboratories，UL）的标准规定使用与欧洲相同规格的双层绝缘线（称为光伏线）。

NEC 对于安装不接地光伏系统的要求 在 NEC 690.32 节介绍了太阳能发电组件互联。这些需求包括以下内容：

1）断开连接。所有光伏电源和输出电路应遵守 690 第三部分的断开连接规定。

2）过流保护。所有光伏电源和输出电路应遵守 690.9 的过流保护规定。

3）接地故障保护。所有光伏电源和输出电路应提供符合以下功能的接地保护装置或系统：检测接地故障；接地故障发生时有指示；自动断开与故障逆变器或故障充电控制器相连的所有导线，从而自动对故障电路停止供电。

4）电源电路导线。光伏电源电路导线应为非金属夹套的多芯电缆；导线安装在电缆管线（或电缆槽）中；或与外露单电缆线的安装一样排列并标识光伏线。

UL 标准 为了产品安全，美国工业界已经同 UL 合作开发了用于独立发电系统的静态逆变器和充电控制器 UL1741 标准。这个标准已成为美国现行的逆变器安全标准。UL1741 标准涵盖了逆变器设计的许多方面，包括外壳，印刷电路板配置，网络互联的要求（如逆变器注入电网的直流电量），输出电流的总谐波失真（THD），对于公网电压尖峰和变化的逆变器保护，异常情况的复位和恢复，和当公网断电时孤岛情况的保护等。

孤岛是指当公网停电时逆变器持续提供电能的一种情况。在这种情况下，光伏系统所产生的电力将成为安全隐患，电网工作人员可能在不经意间暴露在危险的电流下。正因为如此，逆变器需要包括反孤岛控制来切断逆变器电源，使逆变器与电网断开。防孤岛保护也可以在自动安全继流器重新将逆变器接入电网时，防止逆变器输出与电网电压不同步（高电压尖峰可能会导致逆变器和公网设备损坏）。图 3.8 和图 3.9 给出一个 SOLECTRIA 可再生能源逆变器和其典型安装。

美国电气和电子工程师协会（The Institute of Electrical and Electronics Engineers, IEEE） 在其 IEEE 929 建议（非标准）中为用户和公网提供了关于谐波功率和公网总线上常常发生的电压频闪的控制建议——太阳能光伏系统公网接口的操作规程。来自公网总线的大量谐波功率流和电能扰动会损害用户设备。因此，包括加利福尼亚、特拉华、纽约和俄亥俄等一些州明确要求设计的逆变器应能在公网异常情况下工作。

3.2.12　功率限制条件

一个光伏发电系统的最大发电量需要服从不同州各自的限制。从本质上讲，多数公用电网公司会关注大量的私人并网发电，因为大多数分布式系统是为单向功率传输设计的。当在电网中加入大量的发电系统时会形成双向电流流动条件，在某些情况下这会降低公用电网的可靠性。然而，众所周知，少量的并网发电系统通常不会产生一个足以引起人们关注的电网干扰。为了规范发电系统的最大规模，一些州已经对功率超过 100kW 的系统设置了各种限制和规模上限。

图 3.8　逆变器设备。图片由
SolectriaRenewables 提供

图 3.9　SATCON 500kW 逆变器。
图片由 Solectria Renewables 提供

3.2.13　公网侧分离与隔离变压器

在加利福尼亚、特拉华、佛罗里达、新罕布什尔、俄亥俄和弗吉尼亚州，电力公司要求可见可触的隔离开关要安装在网络之外以确保与电网服务隔离。需注意：包括加利福尼亚州在内的几个州要求用户每 4 年断开隔离开关一次，对逆变器进行所需的防孤岛功能检查。在其他州，如新墨西哥州和纽约州，要求使用电网隔离变压器以减少由私人用户发电而引入电网的噪声。不过，这并不是 UL 或美国联邦通讯委员会（FCC）要求强制执行的规定。

3.2.14 太阳能光伏发电能力

为了保证电网公司的规范运作，一些州设定了光伏发电系统可生产的最大功率上限。例如，新罕布什尔州限制最大容量为每月电网需求峰值的 0.05%，科罗拉多州为 1%。

3.2.15 逆变器的浪涌承受能力

在大多数情况下，电力分配是通过架空线网络实现的，这个网络经常受到雷电等气候干扰，从而引发电压浪涌。切换用于功率因数校正的电容器组、切换电能转换设备，或在减少和交换负载的过程中也会造成附加的电压浪涌。由此产生的电涌，如果不加以限制，可能会损坏导线绝缘或破坏电子设备，进而严重损毁逆变器。

为了防止电网尖峰的损害，IEEE 已经为逆变器制造商制定了提供适当浪涌保护的全国性指导建议。作为设备审批的一部分，UL 设计了一系列测试以验证 IEEE 建议的浪涌抗扰度。

3.2.16 光伏发电系统的测试和维护日志

各州包括加利福尼亚州、佛蒙特州和德克萨斯州要求光伏系统集成商对系统进行全面的测试，验证该系统能够按照预期的设计和性能运行。值得注意的是，光伏系统如果安装在德克萨斯州，所有维护操作都必须记录。

3.2.17 UL1741 逆变器的实例

下面是加拿大 SatCon 公司制造的一个 UL1741 认证的逆变器。包含特殊陶瓷过流保护熔断器的可选合流箱（optional combiner box），为逆变器提供累积的直流输出。在其直流输入端，逆变器配备了自动电流故障隔离电路、直流浪涌保护器和直流反馈保护断路器。除了前面所述，逆变器还具有特殊的电子电路，能够不间断监视接地故障并提供瞬时故障隔离。直流转交流时，逆变器内部的电子元件提供精确电压和电网频率同步。

逆变器内部集成的隔离变压器对交流输出提供了完整的噪声隔离和滤波。夜间隔离交流接触器在夜间或阴云条件下会将变频器断开。逆变器输出还包括一个交流电涌隔离器和能够从电网断开设备的手动断路器。在逆变器内部，基于微处理器的控制系统包含了波形包络形成和滤波算法，以及一些实现如防孤岛、电压和频率控制的子程序。

作为可选功能，逆变器也可以通过 RS-485 接口提供数据通信。RS-485 接口可以传输设备的运行情况和光伏测量参数，例如太阳能光伏发电输出功率、电压、电流、累计千瓦小时等计量数据，并可进行远程监控和显示。

3.3 蓄电池技术

电池备份系统是太阳能发电系统最重要的组件之一。该系统常常用于存储光伏系统获取的电能并在无阳光（如夜晚和在阴云状况下）时供设备使用。因为蓄电池系统的重要性，且该组件是整个系统安装成本的重要部分，所以对设计工程师来说对蓄电池技术有一个完整的理解是非常重要的。更为重要的是,设计者必须注意蓄电池使用、安装和维护中的相关危险。本节将提供蓄电池技术的深入知识,包括蓄电池的物理和化学原理、制造、设计应用和维护流程。本节中还尝试分析和讨论不同类型商业太阳能蓄电池的优、缺点及其具体使用特性。

蓄电池是一个电能存储设备。在物理术语中,它可被描述为能够为未来使用保存动态或静态能量的一个设备或装置。例如:一个转动的飞轮在它的轮子中能够存储动态转动能量,并释放能量做原动力,如电动机带动连杆。与此类似,在高处的物质重量中存储有静态能量,当物体跌落时它的静态能量被释放,两者都是能量存储设备的例子。

能量存储设备有各种各样形式的,如化学反应器,动能和热能存储设备等。需要注意的是每一种能量存储设备都有具体的名字。然而,电池这个名词,仅仅用于能够通过电化反应过程将化学能量转换为电流的电化学设备。一个电化电池(原电池)是由两个电极(阴极、阳极)和电解质溶液构成的设备,蓄电池由一个或多个电化电池组成。

要说明的是,蓄电池是一个电能存储器而不是一个电能生产设备。蓄电池中电荷产生是化学反应的结果,这个过程使得存在于电解质中的电荷在阴极和阳极间流动。可以重复很多次的再充电过程激发电化过程,最终导致阴极和阳极板的损耗。当传递存储的能量时,蓄电池造成能量损耗,如当放电时或充电时化学反应过程中会发热。

3.3.1 主要电池类型

太阳能蓄电池依据它们的用途和构成可分为两类。蓄电池作为能量储备系统主要应用在汽车系统、海洋生态系统和深循环放电系统。

蓄电池的主要加工工艺包括:浸没或潮湿结构,胶体电解质和吸收玻璃垫(AGM)类型。AGM 电池也称为"饥饿的电解质"或"干"型电池,因为虽不含湿硫酸溶液,但电池中含有饱含硫酸(且无多余液体)的玻璃纤维垫,图 3.10 为蓄电池的工作原理图。

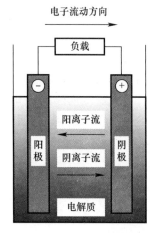

图 3.10 蓄电池工作原理

普通浸没型电池通常配有可拆卸的帽,可用于免维护操作。凝胶型电池是密封的并配有一个小排气阀保持一个最小的正压力。吸收玻璃垫电池也配备一个常规密封阀用于控制舱压在 27580Pa 以内。

如前所述,普通汽车蓄电池内置含有铅氧化物的金属铅网板制成的电极,其在充电和放电过程中成分会有所变化,电解液是稀硫酸。铅酸蓄电池,虽然发明了近一个世纪,仍然是太阳能和备用电源系统的首选电池。随着制造业的进步,蓄电池寿命可以维持长达 20 年。

镍镉或碱性蓄电池,其中正极活性物质是氧化镍,负极材料含有镉。因为含镉,它通常被认为是非常危险的。碱性电池的效率为 $65\%\sim80\%$,而铅酸蓄电池是 $85\%\sim90\%$。它们的非标准电压和充电电流使它们很难使用。

应用于太阳能能量储存的深放电蓄电池通常具有较低的充电和放电率特性,所以更高效。在一般情况下,所有光伏系统中使用的蓄电池都是铅酸型蓄电池。碱性电池仅用于低于 $-15℃$ 的异常低温条件下。碱性电池由于其内部有害物质的处置费用非常昂贵,所以购买比较昂贵。

3.3.2 电池寿命（生命周期）

电池的寿命会有很大的不同，主要取决于如何使用、如何维护以及充电、温度和其他因素。在极端情况下，若过度充电，可使其在 10～12 个月内损坏。但如果保持正确维护，电池寿命可以延长至 25 年以上。另一个缩短电池平均寿命的重要因素是在高温环境下不带电存放。即使是干蓄电池，长期不使用时的最高寿命约为 18 个月；因而，大部分蓄电池从工厂发货时都用湿布包裹。作为规则，深循环电池可用于船用发动机的启动和运行。发动机启动时，需要一个很短时间非常大的电流浪涌。常规汽车启动蓄电池有大量的薄板以获得最大表面积。如前所述，薄板由表面看似非常细腻的海绵浸铅膏网板构成。这种结构提供了一个非常大的表面积，深循环时，网板迅速消耗并以沉积物形式沉入单元格底部。如果确实是深度放电，汽车电池一般会经历 30～150 次深循环周期后失效；但在正常启动放电条件下它可持续上千次循环，深循环电池设计为可不断放电，并使用较厚极板。

一个真正的深循环电池和普通电池之间的主要区别是，深循环电池板是由固态铅板而不是氧化铅胶质浸渍的网板。图 3.11 是一个电池供电的太阳能发电系统框图，图 3.12 给出了一个典型的太阳能电池组系统。

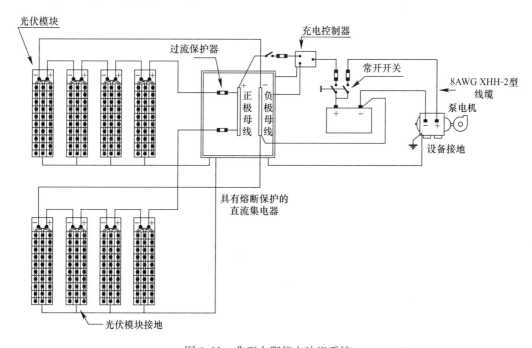

图 3.11　典型太阳能电池组系统

在一般情况下，储存在电池中的能量会迅速释放。例如，在一个寒冷的早晨启动汽车时需要短时能量释放，从而导致大电流从电池流入发动机。能量的标准单位是焦耳（J），即 1 瓦秒（W-s）定义为由 1 牛顿（N）的力或 0.227 磅（lb）推动物体移动 1m 距离所做的机械功。由于 1h 有 3600 秒，1 瓦时（Wh）等于 3600 焦耳（J）。蓄电池中的储能也可用毫安（mA）小时或安培时（Ah）计算。如果平均电压在放电过程中已知，那么电池额定值可转换为能量。换句话说，电池平均电压在放电周期中保持相对不变。

图 3.12　深循环电池包. 图片由 Solar Integrated Techologies 提供

3.3.3　电池功率输出

在使用过程中，当电池输出功率时，电池的能量耗尽。释放的总能量等于发出功率乘以功率释放时间。电池存储能量被耗尽时，电压和电流输出将不能达到电池的额定水平。储存的能量耗尽后，蓄电池反复充电直到不能使用必须更换为止。高性能电池一般有以下几个显著特点：首先，必须能够满足所连接负载的功率需求，提供所需的电流，同时保持一个恒定的电压；其次，必须有足够的能量存储容量，以满足负载任何时候的功率需求；最后，必须尽可能廉价和经济，容易更换和充电。

3.3.4　电池安装和维护

与许多电器设备不同，备用蓄电池具有特定的性质，需要特殊的安装和维修程序。如果没有遵循正确的方法，会影响电池的性能。如前所述，目前大多数的应急电源系统使用两类电池：铅酸电池和镍镉（NiCd）电池。在铅酸系列电池中，有两个不同类型，即浸没型或漏孔型（充满液体酸）和阀控密封铅酸（VRLA）。铅酸电池和镍镉电池在任何时候都必须保持干燥，阴凉（最好低于 21℃），且不能长期在高温环境下放置。一些材料，如管线、电缆盘和工具必须远离电池存放。

3.3.5　电池安装安全

对于蓄电池技术，外行和专业人员的区别就在于对直流电源的安全意识和水平。电池中储存的能量是相当高的，硫酸（铅酸电池）或氢氧化钾（镍镉电池中用的基质）的电解质如果处理不专业，会非常有害。在处理这些电池单元时，应该始终保持小心谨慎的态度。强烈建议使用耐化学腐蚀手套、护目镜、面罩和防护套。

电池室必须配备足够的淋浴或水槽，以便在与电解质意外接触的情况下可以冲洗手和眼睛。存储在一个容量为 100Ah 的镍镉电池单元中的能量可在接线柱之间产生约 3000A 的短路电流。铅酸蓄电池的接线故障会造成碎片和接线柱材料四处飞溅，破坏电池单元并危及工作人员的人身安全[2]。

3.3.6 机柜安装

固定电池组必须安装在钢制或玻璃纤维制的开放式机架或机柜中。机架的安装应保持水平，并固定在地板上，而且必须有至少 0.9m 的出入和维护空间。开放式机架比机柜更好，因为它更便于对电解质水平和着色板进行观察，维护更为容易。对于多级或阶梯型机架，电池应该总是被放置在上方或后方的机柜中，以避免任何人接触到电池单元。应始终使用制造商提供的接线图，以确保充电时连接正确的正极和负极。如果可能的话，在安装调度延误的情况下应延后交付。

3.3.7 电池系统电缆

附录 A 提供与各种电池电压和容量匹配的直流电缆标号表。表中提供了美国线径标准（AWG）的导线标准和最多下降 2% 的压降计算。每当允许较大的压降时，工程师必须参考 NEC 表进行具体压降计算。

3.3.8 电池充电控制器

一个充电控制器实质上是一个放置在太阳能电池板阵列输出和电池之间的电流调节装置。这些设备用于保持电池以峰值功率充电且不会过充。大多数充电控制器采用特殊的电子设备，自动均衡充电过程。

3.3.9 直流熔断器

作为过流保护器件，且提供了一个光伏阵列和集电箱之间的连接点，所有熔断器必须是直流级。直流电路熔断器等级取决于电线载流容量，通常分级从 $15\sim100A$。目前直流额定熔断器通常是由 Bussman、Littlefuse 和 Gould 公司制造的。这些熔断器可以从电力供应商处购买。各厂商用特定的大写字母识别标记熔断器电压。

通常，光伏输出必须由快速熔断器保护。相同熔断器在太阳能发电控制设备和集电箱内使用。一些快速熔断器也由是上述公司制造。

接线盒和设备外壳用于连接电缆管道和护线管的所有接线箱必须进行防水施工和室外安装设计。所有设备外壳，如直流集电器，必须选用 MENA 3R 或 NEMA 4X（户外使用机箱）。

3.4 雷电保护

在一些地方，如佛罗里达州，雷电经常发生，整个光伏发电系统和室外安装设备必须用适当的避雷设备和专用接地装置加以保护。这里将介绍一些实际应用中的保护、缓解设备损坏烧毁的措施。

雷电浪涌由两个要素组成：雷电引入的电压和电荷量。雷电浪涌引起的高电压会破坏隔离电路元件和设备机箱的绝缘，导致严重的设备损坏，损坏的性质和程度与电荷产生的电流量成正比。

在大多数情况下，电路可以在短时间内承受一定的高压，但是时间阈值很小，如果电荷不及时去除或隔离，电路将出现不可挽回的绝缘击穿。因此，电涌避雷设备的主要目的是导出最大量电荷，并减小瞬时电压。减小电压浪涌称为电压限幅，如图 13.13（a）～13.13（c）所示。通常，限幅电压取决于设备的特性，如内部电阻，避雷器响应速度和限幅电压测量的时间点。

当选定一个避雷器时，要说明限幅电压和限幅电流（例如 500V 和 1000A）。让我们考虑一个现实生活中的情况，在 5ns 内有一个从 0 上升至 50000V 的浪涌。在浪涌期间的任何时间（假设在 100ns），对于不同的经历时间（设为 20ns），限幅电压会有所不同，此时电压可能已达 25000V。通过大额定电流电导率器件将电涌电流从电路中快速消除，实现电压限幅，因此能提供更好的保护。图 3.14 展示了雷电浪涌避雷器在整流电路的应用。

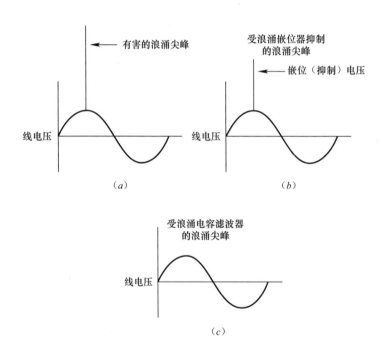

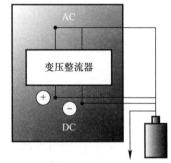

图 3.13　(a) 雷电浪涌尖峰效果；(b) 雷电浪涌尖峰嵌位效果；
(c) 雷电浪涌尖峰抑制效果

图 3.14　整流电路中雷电浪涌避雷器的应用

3.5　中央监控和记录系统

在大型商业太阳能发电系统中，光伏阵列的电力生产由中央监控系统监控，并提供记录运行性能参数的日志。中央监控站由 PC 型计算机组成，它通过 RS-232 接口、电力载波线或无线通信系统从逆变器中获取运行参数。收到性能参数后，监管软件处理这些信息，并提供数据显示或格式打印。从文件中获得的监测数据也可以通过 Web 网络进行远程访问。

主要监测数据如下：

（1）天气监测数据；

（2）温度；

（3）风速和风向；

（4）太阳能输出功率；

（5）逆变器输出；

（6）总的系统性能和故障；

（7）直流生产功率；

（8）交流电量产能，累积日产，月产，年产。

下面介绍的太阳能发电监测系统，是一个集成数据采集系统的例子，该系统设计为实时采集并显示电力性能和大气数据的性能参数。

数据采集系统的系统硬件配置包括一个台式计算机和数据记录软件（处理和显示来自以下传感器和设备的测量参数）：

（1）风速计（用于测量气象数据）

周围空气温度传感器

风速

室外空气温度传感器

（2）用于测量太阳辐射的温度计

（3）光伏功率输出性能测量传感器

交流电流和电压传感器

直流电流和电压传感器

电量仪传感器

光隔离 RS-422 或 RS-232C 调制解调器

显示和 SUN 服务监控软件每秒实时提供数据的采集和显示，同时在各种显示器上显示以下内容：

（1）直流电流；

（2）直流电压；

（3）交流电流；

（4）交流电压；

（5）交流电能量；

（6）太阳能板的阵列辐射照度；

（7）环境温度；

（8）风速。

计算显示的参数包括：

（1）交流输出功率；

（2）太阳能转交流电的转换效率；

（3）太阳能转直流电的转换效率；

（4）直流转交流逆变器的能量转换效率；

（5）避免二氧化碳，硫氧化物和氮氧化物等气体污染物的排放量。

上述信息及计算参数在监视器上显示并且每秒更新 1 次。这些数据每 15min 计算一次，并在本地数据库中存储。该软件包括一个"虚拟阵列漫游"（Virtual Array Tour）的功能，为用户提供光伏阵列和监测系统的构成分析。该软件还提供可选的门户网站功能，可通过互联网实现显示数据的远程监测。

监测和显示软件也可以定制，以加入描述性文字、照片、示意图和用户特定的数据。一些系统的图形功能包括以下内容：

（1）绘制平均辐射照度，环境温度，组件温度（每隔 15min 更新一次，每天计算均值 1 次）；

（2）日电能生产量，每日电量峰值，每日组件温度峰值，和指定月份的日辐射峰值；

（3）月电能生产量，太阳辐射，并绘制指定年份中，二氧化碳、硫氧化物和氮氧化物等减排量。

显示信息标准显示通常包括来自网站的环状背景图片，每座建筑的以瓦和瓦时为单位的发电量的混叠图，以及太阳能系统对环境的影响。显示信息中还展示当前的气象条件。一般显示数据应包括下列项目的组合：

（1）项目位置（全球坐标，可放大和缩小）；

（2）当前和历史的天气条件；

（3）当前太阳和月亮的位置、日期和时间；

（4）整个系统和（或）单独太阳能阵列的发电量；

（5）历史发电记录；

（6）太阳能系统对环境的影响；

（7）环状背景的太阳能系统的照片和视频；

（8）演示用 PowerPoint 文稿；

（9）安装太阳能电力概述。

可再生能源系统的环境影响统计显示

显示还需要编程，定期显示更多的建筑能源管理信息或项目相关的维修时间表。

从气象监测站发送的数据应包括：空气温度，太阳能电池温度，风速，风向，和太阳辐射强度。

逆变器监控传输数据应包括：瓦-时传感器测量的电压（直流和交流），电流（直流和交流），功率（直流和交流），交流频率，电能累积量，以及逆变器的错误和操作代码。

中央监控系统必须配置足够的 CPU 处理器和存储容量以备未来的软件和硬件升级。操作系统最好基于 Windows XP 或等效操作系统软件平台。

数据通信系统的硬件应包括可开关选取 RS-232/422/485 通信传输协议。它也应具有可软件设置的数据传输速度。该系统还应具有 FM 频段从 902～928MHz 的跳频带宽，并能够提供多个透明落频点。

动画视频和交互编程要求一个图形界面程序的制造商具备动画视频和交互编程开发的能力，能为上述测量值提供一个可自定义的交互式的动画显示功能。该系统还应能够显示各种定制图表属性，如标签，线条颜色和宽度，轴的刻度比例、范围和标记。

3.6　光伏组件安装和支撑结构

安装于地面的户外光伏阵列安装可以有很多种不同的方式。在安装太阳能组件时最重要的因素是光伏组件的方向和面板倾角。

在一般情况下，当太阳光线与光伏板表面垂直（即 90°角）直接照射时，光伏组件能获得最大功率。由于太阳光线的角度在一年中随季节变化，为获得最大输出功率的最佳平均倾斜角度大约是当地纬度减去 9°或 10°。在北半球，光伏组件安装为北向南倾斜（北端高），并在南半球为南向北倾斜。

为了达到所需的角度，太阳能电池板一般用防锈管件（如镀锌焊件，及市场有售的铝制或不锈钢制角架等），和紧固件（如螺母，螺栓和垫圈），固定在倾斜的预制或现场搭建的框架上。UniRac 和其他一些制造商提供预制的太阳能发电支持系统。

安装太阳能的支撑基座，又称为支柱（Stanchions），必须注意结构设计要求。太阳能发电的支柱和底座必须由有资格的专业注册工程师进行设计。太阳能支撑结构必须考虑到当地的地理和气象条件，如最大风力、洪水条件和土壤侵蚀。

典型地面安装太阳能发电装置的应用场所包括农场，公园等户外娱乐场所，车库和大型商业太阳能发电厂等。大多数太阳能发电厂是由电能生产的实体单位拥有和经营。在安装太阳能发电系统之前，经当地的电气服务机构，如建设和安全部门，审查系统安装结构和电气规划。

3.7 屋顶安装装置

屋顶安装的太阳能发电装置具有倾斜的或平面的屋顶支撑结构（或两者相结合的结构）。太阳能发电装置安装的五金材料和方法由所在建筑的新旧程度决定。屋顶附件五金材料对于木质和混凝土结构屋顶也各不相同。图 3.15 给出一个用于屋顶安装的预制光伏组件支撑系统。

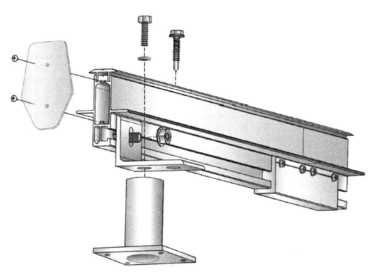

图 3.15 屋顶安装系统的预制光伏组件支撑导轨（图片由 UniRac 提供）

3.7.1 木质屋顶

在新建建筑中，光伏组件支撑系统的安装相对简单。这是因为太阳能电池阵列框架吊舱通常固定在屋顶橡木上，很容易确定。预制屋顶安装机架包括导轨和相关五金件（如紧固件），在市场中有很多厂家销售。太阳能发电支撑平台是专门设计以满足不同类型光伏组件制造商的物理配置要求。图 3.16 给出一个典型的太阳能支撑导轨安装的详细装配图。

一些类型的光伏组件，如图 3.16（a）～3.16（c）所示，已在屋顶框架橡木上设计了安装位置，可直接安装，无需使用专用导轨或五金支撑件。在屋顶安装太阳能电池板时，需要注意满足正确倾斜方向的要求。要考虑的另一个重要因素是无论在地面或屋顶安装的太阳能发电装置，应位于没有相邻的建筑物、树木或空调设备造成阴影的地方。在无法避免阴影的情况下，应分析太阳能光伏组件的位置、倾斜角度和支柱间隔以防止发生交叉遮挡。

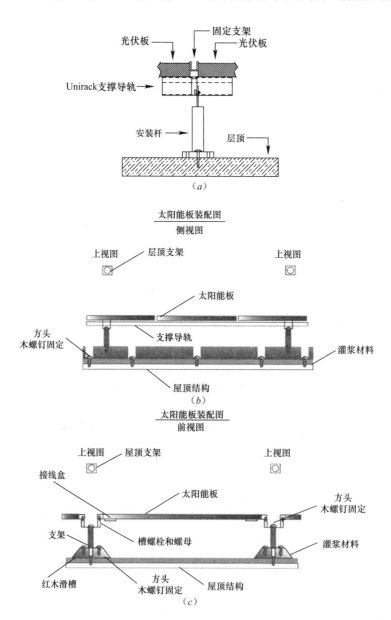

图 3.16　(a) 典型屋顶安装的太阳能发电装置的装配图；(b) 导轨的装配前视图；
(c) 导轨的装配侧视图

3.7.2 轻质混凝土屋面

同木质屋顶结构类似，混凝土屋顶的太阳能光伏组件支撑系统由预制支撑框架和导轨系统构成。支柱用抗锈膨胀螺栓和紧固件固定在屋顶上。为了防止渗透造成屋顶漏水、木质和混凝土顶的管状支撑都用防水化合物彻底密封。每个支撑件与热塑性材料对接，而热塑性材料热焊接在屋顶覆盖材料如单层 PVC 上。

3.7.3 支柱和支撑结构的倾斜角

如前所述，为获得最大输出的太阳能发电系统，光伏组件或阵列必须有一个最佳的倾斜角度，以确保其能够垂直暴露于太阳光线下。在安装太阳能电池阵列时，支柱之间的间距必须确保没有任何交叉阴影。太阳能发电系统的设计，可用屋顶面积被划分成一个模板的格式以划分光伏阵列的行或列。图 3.17 是 UNISTRUT 导轨支撑系统的照片。

图 3.17 使用双侧 UNISTRUT 导轨组装的混凝土屋顶安装结构的
太阳能导轨系统（照片由 Vector Delta 设计有限公司提供）

3.8 太阳跟踪系统

跟踪系统是能够实现太阳能光伏组件定位的支撑平台，它能使光伏组件从黎明到日落始终跟踪太阳运动轨迹，从而最大限度地提高太阳能发电效率。跟踪系统可分为被动式或主动式，或根据结构分为单轴或双轴跟踪器。单轴跟踪器通常是单轴倾斜运动，而双轴跟踪系统通过定期调整角位移实现太阳跟踪定位。

通常，与固定倾斜角度的光伏板支撑系统相比，单轴跟踪器约能增加太阳能采集的 20%～25%。而双轴跟踪器可以提高太阳能电力生产的 30%～40%。太阳能聚光器，使用菲涅尔透镜将光线聚焦在一个太阳能电池单元中，需要高的跟踪精度以确保太阳光线聚焦在光伏电池上。

固定轴系统在有限时间段内通过对光伏组件的定位跟踪来优化电能生产，因而一般年发电量相对较低。另一方面，单轴跟踪器，虽然比双轴跟踪器的跟踪精度低，但在下午时间能产生较强的电能，通常应用在如联网太阳能发电场等，能在早晨和午后时间增强电力生产的场所。与光伏系统的整体成本相比，跟踪器是相对便宜且能大大提高光伏电池板功率输出效率的设备。尽管一些跟踪系统以一定可靠度运行，但它们通常需要季节性的位置调整、检查和定期润滑。

3.8.1　极轴跟踪器

极轴跟踪器设计为一个与地球运动相同转动模式的轴旋转。从本质上讲，极轴追踪器与一个代表太阳数学轨迹的虚拟黄道盘垂直固定。为保持相对精度，这些类型跟踪器可以手动调整，以弥补春夏秋冬不同季节的黄道变化。极轴跟踪器通常用于太阳能跟踪的天文望远镜架，高精度是一个必要的要求。

3.8.2　水平轴跟踪器

水平轴跟踪器是通过被动或主动机构来进行水平轴的定位。从本质上讲，长管状轴由几个固定在木质、金属或混凝土塔式结构框架上的轴承支撑。管状轴安装在南北方向，而光伏电池板固定在管状轴上，整个白天在东西轴方向上旋转跟踪太阳的运动。需要说明的是，单轴跟踪器不向赤道倾斜，因而它的能量跟踪效率在冬季显著减少。然而，在春季和夏季，当太阳路经天空正上方，跟踪效率会大幅增加。水平轴的单轴跟踪器，由于机械结构简单，被认为是非常可靠，易于清洁和维护，且不受自遮光的影响。

3.8.3　垂直轴跟踪器

垂直轴跟踪器的结构使得固定在垂直轴上的光伏电池板可以旋转运动。这些类型的跟踪器使用比较有限，通常在高纬度地区应用，因为这些区域太阳的运行路径是一个长弧。安装在垂直轴系统上的光伏电池板适合在长夏天的北部地区运行。图 3.18 和图 3.19 分别展示了双轴太阳能发电跟踪装置。

图 3.18　自控式双轴太阳能发电跟踪系统（照片由 MARTIFER 提供）

图 3.19 T20 单轴太阳能发电跟踪系统（照片由 SunPower 公司提供）

第4章　光伏发电系统可行性研究

4.1　引言

太阳能光伏发电系统工程设计包括以下几个必要的步骤：选址评估、可行性分析、现场阴影分析、光伏板的布置或布局分析、直流变交流计算、光伏组件和逆变器系统的选择及太阳能光伏阵列（Solar Power Array）总功率的计算。

为了对太阳能光伏发电系统有一个整体理解，系统设计者必须要了解日照、阴影分析和影响整个系统效率和输出特性的各种设计参数。需要记住的是，专业的太阳能电站设计者的责任是保证工程设计能够使系统获得最大限度的性能和效率。

一般来说，所有的太阳能发电系统工程都要经过几个阶段的实施过程，每一阶段都需要格外小心（从工程的开始到结束）。以下是太阳能发电系统生命周期的不同阶段：

（1）项目前期评估；

（2）项目选址勘察；

（3）可行性研究或初步设计；

（4）可行性研究报告；

（5）项目方案；

（6）合同谈判；

（7）最终设计；

（8）项目集成；

（9）系统集成；

（10）系统测试和验证；

（11）最终测试和验收或性能验证；

（12）系统维护。

4.2　可行性研究

毫无疑问，在规划和评估各种太阳能发电系统时，可行性研究是最基本的工程需要。可行性研究是太阳发电系统设计的基石，可以为太阳能工程平台的发电潜力提供深入和有益的评价，无论是屋顶型、车棚型或地面安装型太阳能发电系统。

可行性研究对太阳能发电系统的投资至关重要，可为太阳能产品的市场潜力提供详细的评价，同时也为将来的工程设计建立一个基础平台。

以下是一些基础工作，包括太阳能发电系统的选址和产能潜力的评价：

（1）屋顶型、车棚型和地面安装型系统的拓扑研究；

（2）阴影分析；

（3）当地的电力系统和并网配置研究与评价；

（4）当地电能需求的载荷分析。

太阳能发电系统拓扑构成图设计及基础设施研究包括：

（1）太阳能发电系统拓扑关系图的准备；

（2）适合太阳能发电技术的优选研究；

（3）不同光伏组件支撑结构的研究，包括车棚型结构；

（4）地下管线和太阳能互联互通的前期研究；

（5）太阳能发电工程的经济分析，包括各种太阳能发电系统的工程造价分析用到的软件建模方法；

（6）包含所有上面提到的工程研究成果的可行性分析研究报告。

在做太阳能可行性研究时，客户需要为工程师或设计者提供下列文件：

（1）完整的电力工程文档，包括既有工程的单线图、开关设备的立管示意图、控制面板程序以及所有电力配电室和附属设施的位置；

（2）最近 12 个月的电费账单；

（3）总平面图；

（4）屋面布置图（最好能显示给出屋顶安装机械设备及孔洞情况）；

（5）地下管路的位置情况；

（6）所有最新的能源审计报告及文件；

太阳能发电的可行性研究通常还包括一些现场走访以及各客户的密切合作。

4.3 现场勘察

大中型太阳能光伏系统基本上可分成三个主要类型：屋顶型（也包括太阳能光伏—建筑一体化系统 BIPV）、车棚型和地面安装型。大多数商业项目经常包括以上三种类型的太阳能发电系统的组合。

表 4.1～表 4.3 提供了每一种太阳能发电系统现场勘察的具体信息。（见附表）

类型 A—屋顶型（BIPV）系统现场勘察	表 4.1

1 业主信息记录
主要联系人、电话号码、E-mail 地址
2 项目名称
3 项目地址
4 项目类型
私人/市政/公共机构/联邦政府/州属/公立机构/其他
5 工程项目需求类型
太阳能发电系统可行性研究/市政的可行性研究与工程建设监理/设计监理/设计监理及工程协调/工程设计/工程设计与建设监理/设计、施工（design build）/设计施工总承包（Turnkey design build）
6 建筑类型
7 用于太阳能平台的建筑数量
8 既有建筑_____ 新建建筑_____
9 当地坐标
经度、纬度、海拔高度

10 当地气象参数

最低温度、最高温度、最大湿度、年降雨量、污染指数、最大风力、当地大气压

11 太阳能信息

太阳辐照度_____ W/m^2、平均每天名义日射小时数

12 屋顶类型

木制/轻质混凝土/结构混凝土/波纹钢板

13 其他

14 屋顶覆盖材料

沥青_____年代_____/单层 PVC _____年代_____

沥青岩_____年代_____/复合瓦_____年代_____

其他_____年代_____

15 屋顶形状

平顶_____/坡屋顶_____倾角_____/曲面型

16 屋顶支撑结构

17 屋顶承载力

光伏支撑支架系统/穿透型/非穿透型压载/栏栅型/其他

18 屋顶女儿墙类型及高度

19 屋面的方向角和方位角

20 可见的遮挡物

21 屋顶安装的装置及物体

22 屋顶照片

23 屋顶简图

24 屋顶建设和机械设备安装方案

25 屋顶遮挡物

高层建筑/树木/设备

26 Pathfinder 或 Solamatric 软件做的阴影评价

27 屋顶型设施的有效性

屋面排水/供电

28 主电气设备位置（Main electrical service）

29 馈线槽相对主电气设备的位置

30 中间截面和屋顶边角距馈线槽的大概距离

31 电气文档

服务提供商/供电电压_____相_____线制/电力需求侧计算的公称电力峰值/电气单线图/电气设备/配电室布局规划/电计量、开关设备母线载流容量/母线短路有效电流 Isc＝_____/12 个连续月的电费账单/太阳能发电并网备用断路器的有效性/备用电力母线负载容量/未来的电力需求

32 当前的电费和收费分类

33 最近的能源审计数据

34 馈线槽距配电室的距离

35 配电室装配逆变器、AC 合路器（combiner box）、AC 断路器及太阳能计量装置的有效空间

36 屋顶无遮挡的净面积

37 屋顶通道的位置与类型

楼梯井/室外挂壁式爬梯/室内梯和外门/其他

38 屋顶距离地面的高度

39 建筑数量

40 材料库面积

41 特定观测区（special observations）

42 太阳能发电系统发电潜力研究

有效的无遮挡的净表面积_____/可利用表面积百分比_____（%）/光伏技术推荐类型/光伏产品生产商_____型号_____/物理尺寸/长_____宽_____高_____/光伏支撑平台类型/光伏组件说明书/标准工况（STC）下的输出功率____ W/实际工况（PTC）下的输出功率____ W/短路电流 Isc ____ A/开路电压 Voc _____ V/表面积_____/光伏组件数量/PV Watts V. 2 光伏并网计算器 V. 2 版或美国加州太阳能初始计算器（CSI）计算的供电输出概述/逆变器系统构成/集中式/分布式/逆变器功率要求/逆变器制造商/模式/数量/逆变器和 DC/AC 合路器平台构建策略/逆变器护垫结构/馈线管结构

财务情况包括：

个人投资/个人有购买权的租约/市政租赁/设计、开发、建造资金/购电协议//合同生命周期/质保/光伏组件/逆变器/人力资源

43 维护

个人维护/合同约定维护/生命周期内合同维护

44 财政补贴

联邦政府补贴比例/州、省补贴比例/市政补贴比例

45 计量经济分析

太阳能发电系统工程设计/设计图档/现场系统工程设计（土木，现场勘察，土地，环境）/硬件材料价格表

46 数据采集系统

集成系统/第三方

47 现场准备

系统安装、集成、调试/后勤保障/验收与试运行/备用部件/系统生命周期维护/搬运及租赁费用/其他

48 州和联邦政府补贴

州_____补贴比例_____ 市_____补贴比例_____

在执行已建的太阳能发电系统场地勘察时，应特别注意保证没有机械设备、建筑物或自然构件投影到太阳能电池板上。树木和植物的阴影能够产生不必要的产能损失。太阳能光伏组件是整个系统的链条之一，一旦有阴影存在，这部分就会变成电阻元件，改变整个光伏阵列电流和电压的输出。

太阳能发电系统的工程师和设计师还应该向建筑师咨询，确保太阳能电池板的安装不会妨碍天窗、通风口和空调通风管道。作为建筑师还必须考虑屋顶渗漏、承重、锚固等问题。此外，系统必须满足防震的要求。

类型 B—车棚型太阳能发电系统的现场勘察　　　　　　　　　　　　　　　　表 4.2

1 业主信息

主要联系人、电话号码、E-mail 地址

2 项目名称

3 项目地址

4 项目类型

私人/市政/公共机构/联邦政府/州属/公立机构/其他

5 工程服务类型

太阳能发电系统可行性研究/市政的可行性研究与工程建设监理/设计监理/设计监理及工程协调/工程设计/工程设计与建设监理/设计、施工（design build）/设计施工总包（Turnkey design build）

6 财务情况

个人投资/个人有优先购买权的租约/市政租赁/设计、开发、建造资金/购电协议（Power purchase agreement，PPA）/合同生命周期（contract lifecycle）

7 建筑类型

8 用作太阳能发电平台的建筑数量

9 既有建筑_____ 新建建筑_____

10 当地坐标

经度、纬度、海拔高度

11 当地气象参数

最低温度、最高温度、最大湿度、年降水量、污染指数、最大风力、当地大气压

12 太阳能信息

太阳辐照度_____ W/m^2、平均名义日照小时数

13 标称车位尺寸

宽_____、长_____

14 停车棚限高

15 地面覆盖材料

沥青/混凝土/铺路材料

16 文档

停车计划/现场公用设施使用计划/现场排水和水位线

17 建筑物限制条件

18 太阳能顶棚设计构想，车棚式太阳能发电产品潜力

19 可用的无遮挡车棚净面积_____

20 可用的泊车面积百分比_____%

21 推荐的光伏技术类型

22 光伏产品生产商_____组件型号_____

23 物理尺寸

长、宽、深度（高）

24 光伏车棚支撑平台类型

25 光伏组件规格

标准工况（STC）下的输出功率＿＿＿ W/实际工况（PTC）下的输出功率＿＿＿ W

短路电流 Isc＿＿＿ A/开路电压 Voc＿＿＿ V/表面积＿＿＿＿＿

26 光伏组件数量＿＿＿＿

27 光伏并网计算器 V.2 版（PV Watts V.2）计算的功率输出

28 逆变器系统配置

集中式/分布式

29 逆变器功率要求

逆变器制造商/模式/数量

30 逆变器和 DC/AC 和合路器平台配置策略

31 逆变器护垫结构（pad configuration）

32 馈线管结构

33 主电力服务器位置

34 馈线槽相对主服务器的位置（Feeder-chase）

35 中间截面和屋顶边角距离馈线槽的大概距离

36 电气文档

服务提供商/服务电压＿＿＿＿＿相＿＿＿＿＿线制＿＿＿＿＿/母线载流容量/电气单线图/电气设备/配电室布局规划/电计量/开关设备母线载流容量/母线短路有效电流 Isc＝＿＿＿＿＿＿＿＿/12 个连续月的用电账单/太阳能发电并网备用断路器的有效性/备用电力母线负载容量/未来的电力需求要求

37 当前每度电的电费＿＿＿＿＿

收费分类

38 最近的能源审计数据

39 线槽距离配电室 de 距离

40 配电室装配逆变器、AC 合路器（combiner box）、AC 断路器及太阳能计量装置的有效空间

41 财务情况

个人投资/有购买权的租约/市政租借/设计、开发、建造资金/购电协议（Power purchase agreement，PPA）/合同生命周期周期

42 质保

光伏组件、逆变器、劳动力

43 维护

个人维护/合同约定维护/生命周期内合同维护

44 财政补贴

联邦政府补贴比例/州、省补贴比例/市政补贴比例

45 计量经济分析

太阳能发电系统工程设计/设计图档/现场系统工程设计（土木，现场勘察，土地，环境）/硬件材料价格表

46 数据采集系统

47 集成系统

48 第三方

49 现场准备

系统安装、集成、调试/工程后勤保障/验收与试运行/备用部件/系统生命周期维护/搬运及租赁费用/其他

类型 C—地面安装型太阳能发电系统现场勘察 表 4.3

1 业主信息

主要联系人、电话号码、E-mail 地址

2 项目名称

3 地址及位置

4 项目类型

私人/市政/公共机构/联邦政府/州属/公立机构/其他

5 工程服务类型

太阳能发电系统可行性研究/市政的可行性研究与工程建设监理/设计监理/设计监理及工程协调/工程设计/工程设计与建设监理/设计/施工（design build）/设计施工总包（Turnkey design build）

6 财务情况

个人投资/个人有优先购买权的租约/市政租赁/设计、开发、建造资金/购电协议（Power purchase agreement，PPA）/合同生命周期（contract lifecycle）

7 区域坐标

经度/纬度/海拔高度

8 现场拓扑图

9 现场勘测图

10 当地气象参数

最低温度、最高温度、最大湿度、年降水量、污染指数、最大风力、当地大气压

11 太阳能信息

太阳辐照度＿＿＿＿＿ W/m^2、平均名义日射小时数

12 地面类型

天然土壤/岩石/沙地/膨胀土/农田/草地/侵蚀土壤/地下水位/天然地上排水/地上排水要求（Ground drainage requirement）

13 土壤分析要求

14 土地的地理描述

15 环境影响报告要求

16 地面安装高度限制

17 无障碍场地面积

18 现场勘察文件

19 现场分级要求（Site-grading requirement）

20 太阳能发电平台类型

固定角度/单轴太阳能跟踪系统/双轴跟踪平板式光伏系统/大功率双轴太阳能聚光器（CPV）

21 现场基础和土木工程技术要求

22 现场可见阴影评价研究要求

23 电网并网系统

既有的引线、既有的传输线

24 电网规格

电网电压、电网负载、预计未来电网负载情况，超过传输线路设计生命周期

25 太阳能发电配置

可用作耕地或其他用途的土地百分率/专用太阳能收集和转换平台要求/初步的太阳能发电量＿＿＿＿＿ MW

26 设备平台位置的限制条件

27 既有的地下设施系统，例如电力、燃气、水或污排水

28 太阳能发电场地设计要素

太阳能支撑系统配置/DC 合路器位置/逆变器系统设计方式—集中式或分布式/装配平台设计要求/逆变器/交流蓄电池/太阳能电流切断/计量系统/数据采集和通信系统/现场设备系统/现场安全报警系统/现场绝缘防护系统/现场照明系统/设备平台遮盖/地下馈线管道系统/现场接地和防雷系统/升压变压器防护/并网设备平台

29 现场设备存储计划

30 运输物流

31 发电/太阳能系统工程设计

32 土木结构工程

33 现场安装施工图

34 设计与综合工程管理

35 现场协调与管理

36 现场变更

37 客户培训

38 财务情况

个人投资/有购买权的租约/市政租借/设计、开发、建造资金/购电协议（Power purchase agreement，PPA）/合同生命周期周期

39 质保

光伏组件/逆变器/劳动力

40 维护

个人维护/合同约定维护/生命周期内合同维护

41 财政补贴

联邦政府补贴比例/州/省补贴比例/市政补贴比例

42 计量经济分析

43 太阳能发电系统工程设计

44 设计图档

45 现场系统工程设计（土木，现场勘察，土地，环境）

46 现场综合监理及工程管理

47 硬件材料价格表

48 数据采集系统

集成系统/第三方

49 现场准备要求

50 系统安装、集成、调试

51 工程后勤与材料仓储运输
52 验收与试运行
53 客户培训
54 备用部件
55 系统生命周期维护
56 搬运及租赁费用

4.4　太阳能发电系统初步设计的注意事项

在确定了建立太阳能发电站的场地后，太阳能发电系统设计师必须准备一套代表标准组件阵列配置的设备模板。太阳能光伏阵列模板可用来建立一个理想的直流电能输出。当铺设成批的光伏阵列时，必须考虑合适的倾斜角度，避免交叉阴影。在某些情况下，设计者还必须考虑到太阳能发电的输出效率，最大限度地提高输出功率。作为一个经验法则，对于角度固定的太阳能光伏发电装置，其最佳的安装倾角是当地纬度的倾斜角度减去（一）10°，可以得到最大的日射量。

例如，纽约当地的最优倾斜角度为 39°，而洛杉矶大约是 25°～27°。为了避免交叉阴影，相邻的两行太阳能阵列的轮廓可以由简单的三角原理来确定。可以通过计算支架结构斜面的相关正弦（阴影高度）和余弦（串联阵列的间隙）来确定其倾斜的几何形状。应该指出，水平铺设的太阳能光伏阵列可能会产生约 9%～11% 的功率损耗，但是可以在相同的安装空间得到超过 30%～40% 的光伏板安装数量。

铺设太阳能电池阵列时，一个重要的设计标准是对光伏组件进行正确的数量分组。而这将关系到能否为逆变器提供符合其规格要求的串联电压和电流。根据不同的制造单元和型号，大多数逆变器允许一定幅度变化的直流输入。逆变器的功率容量可能会有所不同，变化范围从几百瓦到几千瓦。当进行太阳能发电系统设计时，设计者应提前确定好具体的光伏板和逆变器的品牌与型号，从而为系统的整体配置奠定基础。

安装方式相同时，也可以有不同尺寸的太阳能光伏阵列和配套的逆变器，且这样的情况并不少见。在某些情况下，由于不可避免的阴影影响，设计师可能会尽量减少光伏阵列的尺寸。受到阵列中光伏单元数量的限制，可能一个小型功率容量的逆变器就能满足要求。必须考虑的最基本的因素是确保所有在太阳能发电系统中使用的逆变器是完全兼容的。

铺设光伏阵列时，应特别注意对阵列集群的维护和清洁。为了避免输出功率的下降，必须保持太阳能电池阵列的洁净，并需要定期冲洗。在屋顶上，一定间隔内应该安装冲洗软管，以便于在晚间输出功率低于触电危险的下限值时，对光伏电池阵列进行冲洗。

在完成光伏板布局设计的基础上，设计者应对太阳能发电系统部件的总数量进行计算。根据经验法则，设计者必须得出某一成本估算值，如元/瓦，这样做可能会更好地估算出项目的总成本。一般情况下，当将光伏阵列的净输出功率转换成交流电时会受到一些因素的影响，系统的输出效率也会降低。

美国加州能源委员会（CEC）对标准环境温度条件下，每个厂家的光伏组件输出功率的性能进行了评估。一个专门的实验室测试被称为"光伏美国"（"PV USA"），也被称为功率测试条件（PTC），用来确定所有在美国销售的光伏组件（特别是那些得到联邦或州退税的产品）的标准输出功率。从本质上讲，PTC 是一种可用于所有太阳能发电输出功率性能计算的图表。

当设计太阳能发电系统时，工程师或设计师必须考虑数量众多的环境参数，可参见本书第 2 章。其中至少包括以下内容：

(1) 太阳能系统的遮挡；

(2) 纬度和经度；

(3) 环境温度；

(4) 年平均日晒量；

(5) 温度变化；

(6) 太阳能平台的方位角和方向角；

(7) 屋顶或支持结构的倾角；

(8) 逆变器的效率；

(9) 隔离变压器的效率；

(10) DC 和 AC 的线损；

(11) 太阳能发电的受光量的降低；

(12) 供电电缆及电线的电压下降百分比；

4.4.1 太阳能阴影分析与太阳能特性乘数

在设计太阳能发电系统之前，一个最重要的步骤是确定工程的安装地点，也就是太阳能光伏阵列所在的位置。为了获得最多的太阳能，所有的电池板，除了被安装在最佳倾斜角度的电池板外，必须完全暴露在太阳光之下，并且没有周围的建筑、物体、树木或植物带来的阴影。

为了实现上述目标，确定太阳能发电安装场地时必须做全年的阴影分析。需要注意的是太阳角的季节性上升和下降对阴影投射的方向和表面积会有显著的影响。

当确定太阳能光伏电池板的安装位置时，必须考虑一些影响因素。每一个因素都可能会影响太阳能系统的发电效率。除了决定太阳光线路径特点的经度和纬度外，光伏板的方位（倾角和方位角）决定了一个光伏阵列接收阳光照射的尺寸。树木、邻近的山丘、建筑物或其他障碍物所带来的阴影可导致太阳直接辐射的显著减少，并使产能降低。此外，当地的气候和气象条件会导致太阳辐射每小时和每天都产生波动。

上述因素相互影响，干扰太阳能光伏发电效果，并最终影响电力生产和投资回报。因此，现场阴影评估及所采用方法的重点在于阴影分析和对太阳能入射通道的优化。

要充分进行现场阴影的测量，测量人员必须充分考虑所有可能产生阴影的障碍物。值得注意的是，建筑物或树木投下的阴影的长度、宽度以及形状会逐月改变。为了对太阳能发电工程的逐年阴影进行分析，太阳能发电设计和系统集成人员需要使用一些商业的阴影分析工具，如 Solar Pathfinder™（见图 4.1）和 Solmetric SunEye。对于这两个软件，我们将在下文中做进一步的讨论。

4.4.2 Solar Pathfinder™

Solar Pathfinder™是一种阴影面积分析设备，可以对树木、建筑物以及其他能够对指定太阳能发电系统投下阴影的物体进行阴影面积分析。

该设备主要是由一个半球形的塑料穹顶、特定纬度的插入式一次性太阳阴影图板（显

图 4.1　Solar Pathfinder™及阴影分析图（由 SolarPathfinder 提供）

示在图 4.1 和图 4.3）构成。

　　如图 4.2 所示，在一次性半圆形图板上，标有 12 个月的曲线表示每天从日出（5 时左右）到日落（晚上 7 点左右）时间段内太阳能入射量的百分比。从 1 月～12 月每个月的太阳能入射量曲线再由垂直纬线划分成每天不同的时刻（按半个小时划分）。位于相邻小时纬线之间标有一个从 1％～8％不等的百分数。百分比值从日到日落发生变化。从日出的 1％开始升高到中午时刻的最高值 8％，然后在降到日落时的 1％。

图 4.2　太阳阴影插入图（由 SolarPathfinder 提供）

　　根据太阳的倾斜角度，将太阳能的百分比值标记在每月的曲线图上。举例来说，11 月、12 月和 1 月的最大百分比值是 8％，出现在中午（12：00）。而在这一年剩下的月份，从 2 月到 10 月的最大百分比值是 7%。

每个月的太阳能曲线上标记的百分数总和表示平台上最大的太阳辐射百分比，均为 100%，可理解为没有遮挡的情况下，可利用的太阳能为 100%。例如 12 月、1 月或其他任何一个月的有效乘数（不同时刻的太阳能百分数）百分比的总和为 100%。

根据北纬 31°到 43°的图表，如图 4.2 所示，有效乘数为不同月份、不同时间间隔内的数字。例如，12 月份的有效乘数为图 4.2 最上面的曲线，将该曲线上垂直纬线间的数字加在一起，得到该月份有效乘数的总和：

有效乘数 %＝2＋2＋3＋4＋6＋7＋7＋8＋8＋8＋8＋7＋7＋6＋5＋4＋3＋2＋2＋1
$\qquad\qquad$＝100%

6 月份的有效乘数总和为：

有效乘数 %＝1＋1＋1＋2＋2＋3＋4＋5＋5＋6＋6＋7＋7＋7＋7＋7＋6＋6＋5＋5＋4＋3＋2＋2＋1＋1＋1＝100%

注意到，日射角度会因纬度的不同而增加和减小。因此在对每块图板进行设计时，都考虑了南北半球特定的纬度带。

当我们将之前提到的塑料穹顶放到平台顶部时，保持住弯曲的太阳能成形图，周围的树木、建筑物和能够投射阴影的物体被反映在塑料圆顶上。这清楚地显示了各种不同的阴影形式。反射出来的锯齿状太阳阴影图形清楚的表明了 1 年 12 个月的阴影覆盖情况。

在穹顶下侧有一个 180 度的开口，观察者可以通过一只可擦写的笔来对太阳阴影图案进行标记，即沿黑色阴影的边缘划线，如图 4.2 所示的白色曲线，称为太阳路径曲线。要确定总的年百分比遮光乘数，就要对一年 12 个月没有处在阴影下的月太阳路径曲线进行求和。例如，对于图 4.2 所示的太阳路经曲线，曲线外侧表示被阴影遮挡。12 月份，整月都处在阴影内，有效乘数为 0，相当于整个 12 月，太阳能的可利用率为 0；对于 1 月，有效乘数为 8＋8＋7＝23%。

当对 12 个月的有效乘数（百分比值）总和求平均值时，可得到有一个具有代表性的太阳能遮光乘数。它可应用于 DC 与 AC 转换的计算，将在本章作进一步讨论。

Solar Pathfinder™ 的穹顶和阴影图案要安装在三脚架上，如图 4.3 所示。为使其保持水平，有一个固定的水平气泡在其中心，其作用为对平台位置进行水平方向的定位。在平台的底部（固定图板的），有一个固定的罗盘指示该单元的地理方位（在图 4.4 所示）。而反过来，图板又通过一个凸起的三角形缺口来固定到平台上。

为了对阴影进行记录，该平台是放在水平地面上的，将 Pathfinder 调整到正确的磁偏角，使装置对准正确的磁极。当向下拉那个黄色铜杆时，可使中心的三角支点朝着正确的磁偏角旋转，从而得到正确的阴影图。磁偏角是指与罗盘针与真正的磁极偏差的角度。全球磁偏角图表都可以通过访问各国的磁偏角网站得到。

4.4.3 Solmetric SunEye

SunEye 是一个用来测量阴影和太阳光特定入射位置的装置。通过一个配有校准鱼眼镜头的数码相机来捕获"天际线"。可以使用车载计算机对图像进行处理，自动检测阴影和障碍物。如图 4.5 所示的 SunEye 使得这些测量工作变得简便快捷，从而得到广泛应用。

图 4.3　Pathfinder 半球圆顶显示的周边建筑的倒影（图片由 SolarPathfinder 提供）

图 4.4　一个 Pathfinder 平台显示的可移动阴影图，中心水平气泡、三脚架和罗盘
（图片由 SolarPathfinder 提供）

1. SunEye 在太阳能电池板设计与安装中的应用

SunEye 是一种用于太阳能发电阴影评价和分析的仪器。该仪器除了可以对太阳能发电平台的阴影区进行描绘外，还能够将收集的阴影信息转换到计算机软件里，太阳能发电设计者可以通过操作计算机来进行发电的优化计算。

图 4.5　Solmetric SunEye™阴影测量仪（图片由 Solmetric 提供）

2. SunEye 与被动式太阳房的设计及绿色建筑

SunEye 是一种用于精确阴影测量和分析的便携式工具。SunEye 通过识别太阳照射的时间与地点来对一个装置的方位进行优化。SunEye 为一些问题的解决提供了分析方法，如：在冬季有阴影遮挡的情况下，是否有足够的阳光能为房屋提供被动加热量？如何消除位于西南角的树木对建筑加热与冷却的影响？此外，通过收集现有装置的内部数据，用户可以识别透过窗户或天窗进入的太阳光直射量，还可以确定一个新窗户或天窗的最佳位置。

3. SunEye 与家庭财产检查

SunEye 可以提供专业太阳能信息。该信息可用于：

（1）识别太阳能电池板、花园或新窗户的潜在位置；

（2）确定一栋独特建筑可用的被动式太阳能供热量或供冷量；

（3）确定进入一个特定窗户或天窗的太阳光直射量。

SunEye 集成了数码相机和 360°全视野图像捕捉的鱼眼镜头技术。车载电子设备附加了基于经纬度识别的全年太阳入射路径，可以用来检测造成阴影的障碍物并计算出每年、每月、每天甚至每小时的太阳入射量。

SunEye 的用途有了这些太阳能阴影数据，太阳能系统的设计者可以对太阳能板的最佳位置进行决策。例如，设计者能够发现屋顶的那个区域最适合安装太阳能产品。一天中同一个时间被遮挡的电池板应以相同的组件串组合在一起，由其他的组件串来维持电能生产。内置的编辑工具可用来模拟树木移除或修剪引起阴影。图 4.11 所示的是编辑模式下的屏幕截图实例，此方法可以实现用可靠的数据代替猜测和大概的估计。

SunEye 可以存储超过 100 个点的读数，转换数据到计算机作进一步分析，输出数据到打印的报告。SunEye 使用者还可以对多个景物轮廓线进行平均。例如，从阵列（或组件串）四角获得数据可以自动取平均而得到单一的太阳光入射数据集。相关专利 U. S. 2007/0150198 包括了详细的技术方法。

图 4.6 描述了一棵树的阴影作用，图 4.7 描述了没有阴影时光伏组件电压和电流的输出曲线，图 4.8 描述了有阴影时太阳能光伏组件电压和电流的输出曲线。

4. SunEye 的数据显示

SunEye 能显示年、季节和月的太阳入射百分数和障碍物的详细信息，例如造成遮挡物体的高度角与方位角的比值。SunEye 可以输出数据到 SunEye 桌面软件来产生太阳入射和阴影的报告。一个特定的 GPS 选项可以使文件用 Google Earth 输出。这样，使用者能够精确地看到 SunEye 数据被捕捉的位置。图 4.9 显示了阴影条件下太阳光路径图。

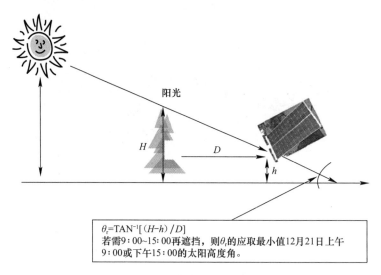

图 4.6　一棵树的阴影作用

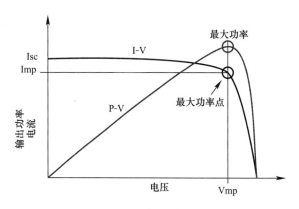

图 4.7　无阴影条件下太阳能光伏组件电压

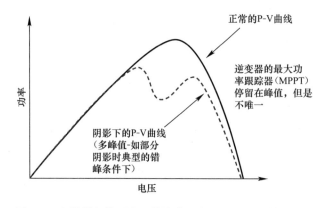

图 4.8　有阴影条件下太阳能光伏组件电压和电流输出曲线

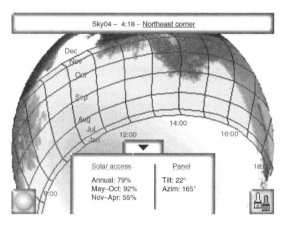

图 4.9 太阳光路径视图

图 4.9 显示了捕捉空中轮廓线绘制的年太阳光路径图。亮灰色的是开放的天空，暗灰色的是障碍物引起的阴影。

布置好仪表盘的方位和倾角可以显示代表能源生产水平的入射光百分比，如图 4.10 所示。

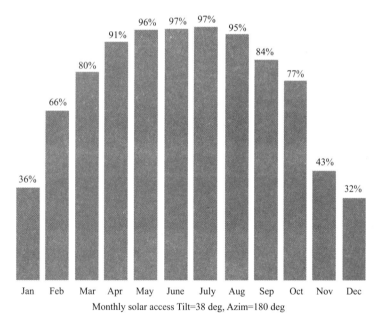

图 4.10 逐月太阳光入射图

太阳入射柱状图显示了数据捕捉地点每月的太阳入射量。柱高及标在柱顶端的数字表示了特定地点考虑阴影条件下每个月可利用太阳能的百分比。如果没有障碍物遮挡，所有的柱状图都显示 100%。如果该地点全年都处于阴影下，柱状图显示为 0。

5. SunEye 数据的使用

SunEye 数据可以被转换到其他的应用程序中，进而提高太阳能系统发电的计算。对于光伏系统，例如 Solmetric PV Designer 程序，可以读取 SunEye 的数据，集成天气、方位、设备规格和布局信息来计算并显示交流电输出（以 kWh 为单位）。图 4.11 显示了一个 SunEye 软件系统的监测输出信息。

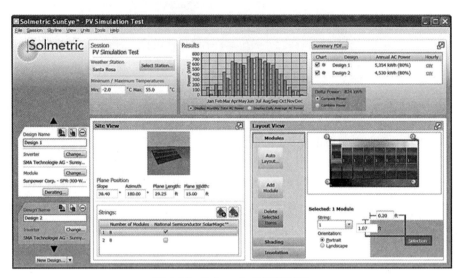

图 4.11　Solmetric 的监测显示

4.5　气象数据

当规划设计一个地面安装型太阳能发电系统时，设计者必须要做自然灾害的调查，如强风、周期性或季节性洪水和降雪。对于气象数据，可登陆美国宇航局（NASA）表面天气与太阳能数据集网站，网址：http：//eosweb. larc. nasa. gov/sse/。

如果在该网站搜索气象信息，调查者必须提供每个地理位置的经纬度。举例来说，要获取加利福尼亚州洛杉矶市纬度 34.09、经度 118.4 的气象数据，可以得到的过去 10 年每月的统计信息如下：

（1）水平面日均辐照度，（kW/m²/day）

（2）平均温度

（3）平均风速（m/s）

下面是一些北美气象区域的例子：

洛杉矶，美国加利福尼亚，34.09N/118.40W；

多伦多，加拿大，43.67N/-79.38W；

棕榈泉，美国加利福尼亚，33.70N/116.52W；

圣地亚哥，美国加利福尼亚，32.82N/117.10W。

对于美国当地的日照数据，太阳能发电设计者可以参考下面这网站，网址为 http://eosweb. lac. nasa. gov/sse。

4.6　结构设计要素

一般来说，工程设计师必须关心的问题之一是太阳能发电系统支撑平台的整合。无论是屋顶型的、车棚型的还是地面型的系统，确保所有的结构设计图由注册结构师设计或认证是非常重要的。

4.7 项目前期成本估算

完成现场勘察以后，设计者必须完成基本的太阳能发电系统设计图，给出太阳能阵列初步的拓扑轮廓。设计者要需给出设计图纸和相关文件，便于评估或预计太阳能发电输出性能和项目的经济性。除现场勘察资料外，设计者必须非常熟悉所有的材料、具有丰富的劳动力估算经验、掌握太阳能发电与材料集成成本分析方法。下面是典型的材料和劳动力的数据以及前期成本估算需要的信息：

（1）太阳能光伏组件说明书；

（2）相关安装形式的光伏支撑结构说明；

（3）逆变器；

（4）合路器；

（5）断路器、绝缘变压器、防雷装置、护线管、电缆及太阳能发电系统建造需要的其他部件；

（6）并网连接装置和配电装置；

（7）电力相关/太阳能发电工程；

（8）土木/结构工程；

（9）环境系统工程；

（10）材料运输和仓储；

（11）可能的联邦税或州营业税；

（12）人员工资（普通工资或特殊工资）和现场监理（项目管理）；

（13）施工图和底图；

（14）围栏；

（15）基础；

（16）许可费；

（17）维护培训手册和指导书；

（18）维护、意外险和担保；

（19）备用零部件；

（20）测试与试运行；

（21）客户培训；

（22）基建公债和责任险；

（23）搭建费、现场办公室及设施费；

（24）工程保险；

（25）工程故障及遗漏责任险；

（26）基建公债（以前面重复）；

（27）经常性开支和利润。

4.8　能源价格因素

完成前期工程研究和太阳能发电生产潜力分析以后，设计者必须估计当前的成本和太阳能发电系统整个生命周期内的电能成本。要确定一个已有建筑当前的电能价格，设计者必须计算过去两年实际的电费账单。需要注意配电服务商提供的每度电的价格包括的多种费用，例如试运行、停运、批量采购和其他杂费（一般会出现在电费账单上，但很少有用户会注意）。

最重要的费用是峰时电价，实质上是罚金。当用户的电能需求超过了合约既定的能源消耗边界值就会产生该费用。为了维持稳定的能源供应和单位能源（1kWh）价格，配电服务公司，如南加州电力（Southern California Electric，SCE）和其他供电实体一般都会商定一个长期的协议，电能供应商要保证分配一个固定数额的电量。因为能源的供给要受到产能的限制，所以要通过长期的合同限定一个电能分配的数额。服务商通过对服务区内各项用电需求的统计分析来确定该数额，进而形成购电协议的基准。当能源消耗超过预定的需求时，电价就变得十分昂贵，也就形成了常说的"峰时电价"。

4.9　太阳能发电系统规模的估计

太阳能发电系统的规模估计可以通过分析太阳能发电平台或使用太阳能发电评估软件来完成，此类软件是由大量的制造商和电器设施供应商提供的。

采用分析法来确定太阳能发电系统规模时，设计者必须确定太阳能发电系统的构型，使用特定的太阳能发电组件进行面积填充，通过计算来确定一年或生命周期内整个太阳能发电项目的功率输出特性。

确定完太阳能发电系统的部件和材料数量之后，工程师或设计者必须对功率降低因子做出解释，该因子对太阳能发电系统功率输出特性会产生有害影响。功率降低因子包括：光伏组件铭牌降低因子、逆变器铭牌降低因子、光伏组件阻抗不匹配、旁路二极管损耗（电流泄漏）、直流线损、交流线损、尘垢造成的污垢损失（将污渍改污垢）、阴影损失、太阳跟踪损失和老化损失。

功率降低百分比范围的给定带有一定的主观性，比如污垢、整个系统的可靠性、阴影损失、老化程度等。例如在干旱的城市或沙漠地带安装的系统，其污垢损失量会更大，因为这些地方的尘垢或灰尘会在光伏组件表面累积。在这种情况下，经常对太阳能发电系统进行冲洗会相应减少污垢损失。同样地，我们提到的降低因子也会受到光伏组件倾角的影响，还有年降水量，雨水会自动冲洗太阳能发电系统的污垢。整个系统的寿命会随太阳能发电系统规模的扩大而略有提高。

另一方面，全系统的可靠性需要有前瞻性的设计策略。举例来说，组件化的太阳能发电系统会在很大程度上减小失败的机会。我们可以通过 1MW 的太阳能发电系统设计策略来证明这一点。在这个设计中，我们可以考虑使用多个逆变器。可能的选择包括 1 个 1MW 的、2 个 500kW 的、4 个 250kW 或 10 个 100kW 的逆变器。由于逆变器的使用寿命（5 年）低于光伏组件的使用寿命（20 年），很明显，一个 1MW 的逆变器故障会使整个系统瘫痪。但是，10 个逆变器中一个损坏只会使太阳能发电系统的性能减少 10%。

因此，系统可靠性要求使用多个逆变器，但反过来会使材料和安装费用有所增加。当考虑长期的购电协议（PPA）时，系统的正常运行时间和可靠性就变得尤为重要了。

PVWatts II 是一个公共软件，用于太阳能发电系统规模的计算器，可以从 www. pv-watts. com 网站得到。PVWatts II 被认为是太阳能发电系统规模标准的计算方法。

该计算器是由美国可再生能源实验室（NREL）开发。太阳能发电系统规模的计算相对简单，只需花很少的时间就可以计算遍布美国及美国以外的太阳能发电系统规模。该软件包括了大量的资料库，涵盖了所有的 CEC 认可的光伏组件、逆变器、太阳能电力仪表、最新的全美电力公司的电能费率（electric utility rates）。

最新版的 PVWatts II 提供了一个美国地图的显示，允许用户放大到全国范围内安装的太阳能发电系统。用户还可以在地图窗口通过简单地输入邮政编码来选择地点。输入邮编以后，计算器指定一个唯一的区域，用户随后可以从 CEC 的标准设备列表中选择特定的太阳能发电硬件。同时，软件可给出当地的电能费率。

选完硬件设备以后，使用者可以输入期望的直流功率，可以参考前面功率折算因子的计算。当没有特定的功率损失乘数时，计算软件会赋一个 77% 的默认值，可以解释为可能的最小平均效率。

完成数据输入以后，计算器以表格的形式给出太阳能发电系统规模的计算结果，如图 4.12 所示。

 AC energy & cost savlngs

发电站识别信息	
电池编码	0175360
州	加利福亚州
纬度	34.4° N
经度	118.2° N
光伏系统规格	
直流额定功率	1000.0kW
直流变动交流功率因子	0.800
交流额定功率	800.0kW
光伏阵列类型	固定倾角
阵列倾角	34.4°
阵列方位角	180.0° N
能源标准	
发电成本	120.0ϕ/kWh

	结果		
月份	太阳辐射 [kWh/(m²·d)]	交流电流 (kWh)	发电计时 (s)
1	4.63	109310	13089.87
2	5.23	111571	13360.63
3	5.30	135623	16240.85
4	6.24	138452	16579.63
5	6.64	150613	18035.91
6	7.25	150735	18050.52
7	7.02	152632	18277.68
8	7.12	154825	18540.29
9	6.57	139328	16684.53
10	5.86	132329	15846.40
11	5.24	118187	14152.89
12	4.44	104508	12514.83
全年	5.99	1598112	191373.92

(a)

图 4.12 (a) PV Watts II 直流变交流能量和费用节约计算

组件折算因子	折算值	可接受范围
光伏模块铭牌直流功率	0.96	0.80-1.05
逆变器与变压器	0.96	0.88-0.98
不匹配系数	0.98	0.97-1.995
二极管及连接	0.95	0.99-0.997
直流接线	0.98	0.97-0.99
交流接线	0.99	0.98-0.993
污染物	0.96	0.30-0.995
系统有效性	0.98	0.00-0.994
阴影	0.98	0.00-1.00
太阳追踪	1.00	0.95-1.00
使用年限	1.00	0.70-1.00
交流变直流总折算因子	0.96	

(b)

图 4.12　(b) PV Watts Ⅱ直流变交流折算因子的计算

　　表格中列出了输入的数据参数，附加列给出了全年的（1 月～12 月的逐月值）太阳辐射值（单位为 kW/m²/day）、交流电输出（kWh）、能源价格（太阳辐射产品及公共设施费，\$/kWh）。表格还显示了年平均的太阳辐照度、年交流电输出总额、太阳能发电的年费用贡献值。计算器还可以有选择地输出计算折算因子列表。

　　注意到在美国，几乎所有的隶属某种折扣计划（包括联邦、州、公共代理机构、非营利组织和投资项目）的太阳能发电系统建议书都会授权使用 PVWatts Ⅱ计算软件。图 4.12 (a) 是 PVWatts Ⅱ直流转交流的能量计算和成本节约的计算，图 4.12 (b) 给出了 PVWatts Ⅱ直流转交流折算因子的计算。

　　定制 PVWatts 参数：如上讨论，PVWatts 计算器允许用户使用自己的输入值替换默认的输入参数。太阳能发电系统设计者和工程师可以改变的 PVWatts 参数是：

（1）直流功率；

（2）直流变交流的折算因子；

（3）光伏阵列类型；

（4）倾角；

（5）方位角；

（6）电费。

　　下面描述的是 PVWatts 网站给出的功率折算因子：

（1）直流功率

　　光伏系统的规模是其铭牌直流输出功率，是加到光伏组件列表中光伏组件铭牌瓦数总和除以 1000 换算成千瓦（kW）的数值。光伏组件功率是在太阳辐照度为 1000W/m²、光伏组件温度 25℃的标准测试条件（STC）下得出的。默认的光伏系统规模是 4kW，相应的光伏阵列面积大约是 35m²。

注意：要得到正确的结果，直流功率的输入必须是前面所说的铭牌直流功率而不能是其他条件下的功率，例如 PVUSA 测试条件（PTC）。PTC 定义的条件是光伏阵列水平面太阳辐照度为 1000W/m²，环境温度 20℃，风速 1m/s。如果用户使用了不正确的 PTC 条件下的直流功率，PVWatts 计算器计算出的能源产量会减少大约 12%。

（2）直流变交流折算因子

PV Watts 计算器把铭牌直流功率和所有 STC 条件下交流功率确定的直流变交流折算因子相乘。造成直流铭牌功率损失的直流转交流折算因子是光伏系统部件损失的数学乘积。PVWatts 计算器默认的部件折算因子及取值范围和典型的权重分配一样，如表 4.4 所示。

STC 条件下交流输出功率折算因子 表 4.4

部件折算因子	PVWatts 权重	取值范围
光伏组件铭牌直流输出	0.95	0.80~1.05
逆变器和变压器	0.92	0.88~0.98
匹配不当	0.98	0.97~0.995
二极管及连接	0.995	0.99~0.997
直流线损	0.98	0.97~0.99
交流线损	0.99	0.98~0.993
污垢	0.95	0.30~0.995
系统有效性	0.98	0.00~0.995
阴影	1.00	0.00~1.00
太阳跟踪	1.00	0.95~1.00
老化	1.00	0.70~1.00
直流变交流总的功率折算因子	0.77	0.09999~0.96001

全部的直流转交流折算因子的计算是各部件折算因子的乘积。采用默认的折算因子，PVWatts 的计算过程如下：

总的太阳能发电系统的直流变交流折算因子＝0.95×0.92×0.98×0.995×0.98×0.99×0.95×0.98×1.00×1.00×1.00＝0.77

0.77 的计算结果意味着 STC 条件下交流电的输出为铭牌直流功率的 77%。在绝大多数例子中，0.77 是一个合理的估值。但是，用户可以改变直流变交流折算因子。第一个选择是输入文本框提供的直流变交流折算因子。第二个选择是点击折算因子帮助（Derete factor help）按钮，会提供一个改变任何部件直流变交流的折算因子，折算因子计算器会计算出一个新的直流变交流折算因子。各部件折算因子的计算将在下面章节说明。

（3）光伏组件名牌直流功率因子

光伏组件的铭牌数值将取决于制造商铭牌上额定功率的精度。现场测量光伏组件可以显示出他们的铭牌额定功率差异或他们实际经受的光电感应的减少。STC 条件下现场测量的折算因子 0.95 表明输出功率要比制造商铭牌标识的功率少 5%。

（4）逆变器和变压器

该值反映逆变器和变压器在直流电变交流电时的组合效率，可以在客户的能源中心得到制造商的逆变器效率列表。当系统需要变压或制造商要求变压时，逆变器效率包括了变压器相关的损失。

（5）匹配不当

制造公差会造成光伏组件的电流—电压特性有微小的差别，这种不匹配会产生折算因子。因此，当他们连接在一起发电时，他们不能同时达到运行的最大效率。默认值 0.98 表示匹配不当会造成 2% 的损失。

（6）二极管和光伏组件连接损失

这个折算因子是由二极管压降带来的损失，该压降在电力连接时形成的电阻损失，用来阻止反向电流。

1）直流线损

直流线损引起的折算因子是由光伏阵列和逆变器接线及组件之间接线电阻引起的。

2）交流线损

交流线损引起的折算因子是由逆变器之间接线和当地服务设施连接电阻引起的。

3）污垢

污垢折算因子是由妨碍太阳辐射，到达太阳能电池的灰尘、降雪和其他落到光伏组件表面的杂质引起的。污垢的累积受地点和天气的影响。在车流量大、高污染及干旱少雨的地区，污垢折算因子较高（在加州的一些地区可以高达 25%）。对于北方地区，积雪会降低能源的生产，其严重程度是降雪量和降雪在光伏组件残存时间的函数。如果主导温度在冰点以下，积雪存留的时间会很长。小的光伏阵列倾角不利于积雪的滑落。光伏阵列与屋顶是紧密整合的，屋顶或附近设施支撑结构上的积雪也会落到组件上。在明尼苏达州，倾角 23° 的屋顶型光伏系统，冬季因降雪造成的产能损失可达 70%，一个倾角 40° 的近屋顶型光伏系统损失百分比为 40%。

（7）系统有效性

系统有效性功率折算因子是由系统因检修和逆变器或公共设施运行中断造成的停运时间决定的。默认值 0.98 说明系统一年中有 2% 的时间是停止运行的。

（8）阴影

阴影折算因子是由邻近建筑、物体或其他光伏组件阵列的阴影位置决定的。对于 1.00 的默认值，PVWatts 计算器假定光伏组件没有被遮挡。像 Solar Pathfinder 这样的工具可以确定建筑或物体的阴影造成的折算因子。对于多行布置的光伏组件或阵列，阴影折算因子可以根据某一行对邻近造成的损失来计算。

（9）阵列倾角损失

光伏组件的最佳倾角是特定地区的纬度。与本章前面讨论的一样，辐射到纬度角的太阳辐射与光伏阵列垂直。纬度角安装的光伏组件年能量输出是最优的。冬季，大于纬度角的倾角增加会增加能量输出；但是，夏季会减少。同样地，小于纬度角的倾角减少会增大夏季的能量输出。下面的表 4.5 表示了屋面坡度和倾斜角度之间的联系。

（10）太阳跟踪

太阳跟踪折算因子考虑了单轴和双轴跟踪系统，而跟踪机构不能保证光伏阵列处于最佳的方位。默认的折算因子为 1.00，PV Watts 计算器假定光伏阵列跟踪系统一直处于最佳方位，没有对性能不利的影响。

屋面坡度和倾斜角度的关系	表 4.5

屋面坡度	倾斜角度
4/12	18.4
5/12	22.6
6/12	26.6
7/12	30.3
8/12	33.7
9/12	36.9
10/12	39.8
11/12	42.5
12/12	45.0

（11）退化因子

退化折算因子考虑了由于光伏组件长期风化造成的性能退化。年性能退化的典型值为 1.00。对于默认值为 1.00，PV Watts 计算器假定光伏系统第一年运行时的默认值为 1.00，而第十一年时，适宜的折算因子为 0.90。

注意：由于 PV Watts 下所有的直流变交流折算因子都是在 STC 条件下确定的，没有考虑温度造成的组件折算因子。不过，PV Watts 计算器读入当地的气象数据计算时对光伏组件小时工作温度进行修正。晶体硅型光伏组件每摄氏度的功率修正值是 -0.5%。

（12）阵列类型

光伏阵列可以是固定的、单轴太阳跟踪或双轴太阳跟踪。默认值的光伏阵列是固定的。

（13）倾角

固定的光伏阵列，倾角是水平面与光伏阵列斜面的夹角（$0°=$水平，$90°=$垂直）。对于单轴太阳跟踪阵列，倾角是水平面与跟踪器轴线的夹角。倾角不适用于双轴太阳跟踪的光伏阵列。图 4.13 显示了光伏阵列系统的类型。

倾角的默认值等于当地纬度，通常年产能最大。增加倾角有利于冬季的产能，而减小倾角对夏季的能源生产有利。

在北半球的位置，方位角的默认值是 $180°$（朝南）；在南半球的位置，方位角的默认值是 $0°$（朝北）时，产能通常是最大的。对于北半球，增加方位角对下午的产能有利，而减小方位角对上午的产能有利。对于南半球则正好相反。

以下章节讨论两个版本的 PV Watts 计算器的差别：

（1）PV Watts 版本 1

对美国及其属地，电费默认值是 2004 年所在州居民电费的平均值。美国之外的地区，默认值是 2004 年或 2005 年所在国家居民电费的平均值。对有些国家，没有可用的电费信息时，默认值设为 0。对这些国家，用户可以根据他们所知道的信息输入一个值。电费是指当前执行的电价。

（2）PV Watts 版本 2

电费默认值是 2004 年 40km 范围内选定区域（太阳能电池）居民电费的平均值。如果区域内没有任何的公共设施服务，其电费参考最近的公共服务事业费。

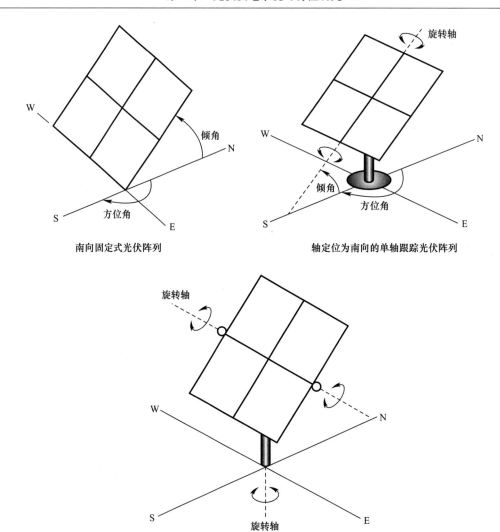

南向固定式光伏阵列　　　　　轴定位为南向的单轴跟踪光伏阵列

双轴跟踪光伏阵列

图 4.13　光伏阵列的类型

朝向方位角　　　　　　　　　　　　　　表 4.6

朝向	方位角（°）
N	0 或 360
NE	45
E	90
SE	135
S	180
SW	225
W	270
NW	315

表 4.7、表 4.8 是一个假想工程的 PV Watts Ⅱ 算例。

PV Watts Ⅱ 能量和费用节约的计算   表 4.7

项目：ACME		
邮编	92392	
基站定位—国家	177360	
州	加利福尼亚	
纬度	34.8-N	
经度	117.5-W	
光伏系统说明		
直流功率输出（kW）	87.4	
直流变交流转换率（kW）	0.80	
交流功率输出（kW）	69.6	
光伏阵列类型	固定型	
阵列倾角（°）	5	
能源成本		
折扣/损失因子	折扣值	取值范围
光伏组件铭牌折算因子	0.98	0.8-1.05
逆变器和变压器损失	0.97	0.88-0.98
光伏组串匹配不当	0.98	0.97-0.995
光伏电池组件二极管损失	0.995	0.97-0.997
直流线损	0.98	0.97-0.99
交流线损	0.99	0.98-0.993
污垢损失	0.95	0.3-0.995
系统有效性	0.98	0.00-0.995
阴影损失	0.98	0.00-1.00
太阳跟踪损失	0.97	0.95-1.00
系统老化折扣	1	0.7-1.00
集成损失	0.8	

计算结果   表 4.8

月份	太阳辐射 [kWh/(m² · d)]	交流输出（kW/h）	能源价值
1	3.56	7677	$928.89
2	4.3	8674	$1049.59
3	5.81	15138	$1831.69
4	7.02	16507	$1997.33
5	7.91	17984	$2176.11
6	8.34	17029	$2060.46
7	8.16	17596	$2129.14
8	7.64	15943	$1929.16

续表

月份	太阳辐射 [kWh/(m² · d)]	交流输出（kW/h）	能源价值
9	6.57	14168	$ 1714.27
10	5.31	11081	$ 1340.81
11	4.15	8660	$ 1047.90
12	3.35	7224	$ 874.10

　　软件还要求完成基于 PPA 和并网的太阳能发电工程累积的生命周期能源成本分析，例如：运行周期内能源收益汇总、预计系统残值后的现值、联邦税收奖励收入、州税收奖励收入、系统生命周期结束后的残值、维护费用所得、经常发生的年维护费用、经常发生的数据采集费用和超过生命周期运行的净收入

　　图 4.14 (a)～(c) 的柱状图表示的是年太阳辐照量、年输出交流电量、年能源价格。

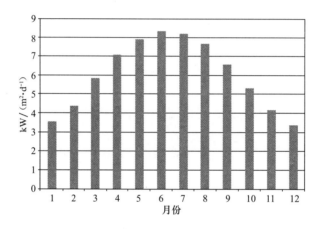

图 4.14 　(a) 年太阳辐照量

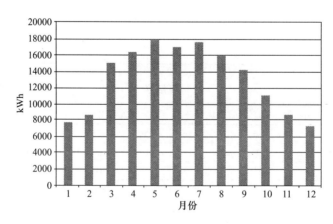

图 4.14 　(b) 年输出交流电量

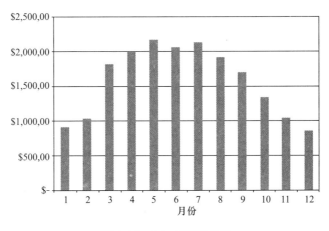

图 4.14 （c）年能源价格

4.10 可行性研究报告的准备

如本章前面所提到的，设计一个可行的太阳能发电系统的关键始于可行性研究报告的准备。可行性研究报告事实上是工程初步设计报告，目的是告诉最终用户项目的意义所在。因此，文档必须包括整个工程从材料到财务的全面定义。

一个完备的报告必须提醒和教育客户，提供所有关于工程和财务成本的符合实际的推测，使客户能够权衡从工程开始到结束的各个方面。报告必须对工程的各方面做综合的技术经济分析。包括当地气候条件的详述、太阳能发电系统安装的备选方案、并网要求、电力需求和经济成分预测分析。报告还需引入照片、图表和统计图等表现形式，为客户详细阐述计划中的太阳能发电或可再生能源系统的收益。

下面是可行性研究报告的典型内容。

4.10.1 实施要点

实施要点意在为项目可行性研究报告提供一个概述，包括：

（1）太阳能光伏系统工程的选址勘察

（2）初步的太阳能发电系统发电潜力评估

（3）推荐的技术和系统配置概述

（4）太阳能发电系统经济分析概述，也包括各种财务选择，如节能成效合同（ES-PC）、公共设施节能合同（UESC）、增强使用租赁合同（EUL）和直接融资（DFC）

4.10.2 报告格式

一般来说，可行性研究报告的格式和结构包括下面的内容：

（1）实施要点：是对全部研究形势、研究内容和结论的概述

（2）当地气象条件：概括了用于工程可行性研究计算的气象参数

（3）当地潜在技术分析：包括已经用于太阳能发电潜力计算的技术名册

（4）既有建筑的电能账单调查：包括用户几个月的用电账单分析并推算年平均的单位

电能费用（$/kWh）。

（5）设计标准和假设：概述设计方法和用来计算拟建工程太阳能发电潜力和经济性的假设条件。

（6）实例研究：展示每个平台的可行性研究

（7）附录：通常包括未来太阳能发电系统的典型安装图片，如屋顶型、地面安装型或车棚型太阳能发电系统。

4.11 太阳能发电可行性研究报告示例

下面是一个太阳能发电系统的可行性研究报告，项目位于南加利福尼亚州。该报告意在使读者熟悉一下典型报告的结构，包括本章所讨论方法的应用。客户名称和咨询公司都是虚构的。

报告的主要部分包括：验证已有和未来的电力、机械、结构和建筑图纸，综述和分析既有建筑设施账单，评估当地的供电服务计算，项目现场的阴影分析。可行性研究的主要目的是为客户提供太阳能发电项目的潜力和项目执行过程中相关经济性的综合评价。

需要注意的是，如果一个可行性研究实施得当，会形成未来太阳能发电工程设计的基本框架。下面给出的例子是可行性研究报告的核心内容。为了简单起见，下面例子中包括了八个发电系统中的三个平台的详细论述。

4.11.1 实施要点

该报告代表目前和将来的太阳能发电系统发电潜力的详细研究。文档中反映的研究内容是基于下面的规划，该文档由 Rainbow Diaposal（RD）公司提供，咨询公司为 VDDG：

（1）未来的发电场地；

（2）目前的发电场地；

（3）美国南加利福尼亚州 Edison（SCE）公司竣工的建设规划；

（4）最终的场地；

（5）从 2009 年 6 月到 2010 年 6 月 SCE 的电费账单；

（6）VDDG 做的阴影分析记录。

该报告的目的是评估项目园区内不同地点的太阳能发电系统最大的发电潜力。为了给出 RD 园区内太阳能发电潜力和相关经济性的正确评价，下面的每一个地点都要作为独立的项目来考虑。对每一个地点的能源潜力进行计算采用了较为保守的应用参数。报告中所有的财务分析与加州太阳能初步计算法一致。经济分析使用的分析引擎与 NREL 的完全一致，NREL 的分析法是所有加州能源委员会授权的，并得到电力服务商认可的标准。

4.11.2 气象参数

参考了 NREL，用于计算太阳能潜力的气象参数如下：

（1）距离亨廷顿海滩最近的参考点——加州长滩；

（2）时区——GMT-8；

（3）纬度——33.8167°；

（4）经度——118.15°；

（5）法向辐照度——207.6Wh/m²；

（6）水平方向散射辐照度——76.0Wh/m²；

（7）干球温度——17.2℃；

（8）风速——2.7m/s。

4.11.3 场地设计、现状和潜在的平台面积

1. 电费账单分析

表4.9概括了11个月的电费账单分析和变化均值的确定。每度电的电费根据实际的年电费消耗发票确定（包括混在一起的月费用）。账单反映的数值代表着每度电的真实花费。6月份到8月底支付的账单是太阳能发电系统峰值电费。用于经济分析的电费平均值是＄0.18/kWh。

SCE 用电账单评估

表4.9

RAINBOW DISPOSAL 电费账单分析　　7/12/2010
SCE 账号
2-03-649-2809
计量表

时期	kWh	金额	电价/kWh
4.30-6.1，2010	194668	＄27，235.00	＄0.140
4.1-4.30，2010	184020	＄26，969.00	＄0.147
3.3-4.1，2010	183224	＄26，991.00	＄0.147
2.1-3.3，2010	183072	＄23，872.00	＄0.130
12.2-12.31，2009	185508	＄26，341.00	＄0.142
10.30-12.2，2009	202468	＄27，008.00	＄0.133
9.30-10.30，2009	182788	＄26，308.00	＄0.144
7.31-8.30，2009	179264	＄42，834.00	＄0.239
8.31-9.30，2009	186344	＄45，120.00	＄0.242
7.1-7.31，2009	173860	＄45，150.00	＄0.260
6.2-7.1，2009	162548	＄41，745.00	＄0.257
11 个月汇总	2017764	＄359，573.00	
11 个月的平均电价			＄0.18
平均电价-2011			＄0.14
平均电价-2009			＄0.20
平均用电量	183433		

2. 设计标准与假设条件

考虑到可行性研究报告代表着各个地点太阳能发电潜力和经济性的评估，为了完成计算，还需要临时提供设备运行参数和未来的太阳能发电系统参数，这些参数在准备报告的时候是无法得到的。

以下是计算每个地点太阳能发电潜力用到的标准：

（1）光伏组件—表 4.10 是三洋 HIT—210N 型号太阳能光伏组件的计算记录，该组件是市场上性价比最好的产品之一。不管是屋顶型还是车棚型的，支撑结构的安装倾角都假定为 15°。表中的几何计算建立了确切的光伏支撑结构的轮廓，同时考虑了太阳直射辐射时的阴影影响。

太阳能光伏组件尺寸计算　　　　　　　　　　　　　　　　　　　表 4.10

屋顶型太阳能发电系统光伏组件尺寸	
光伏组件型号-SANYO HIT 210N	HIT210N
功率（瓦，W）	210
长 L（英寸，in）	62.2
宽 W（英寸，in）	31.4
面积（平方英寸，in²）	1953.08
面积（平方英尺，ft²）	13.6
倾角 φ（°）	5
倾角 φ（弧度）	0.09
sin（φ）	0.09
斜边 r	62.2
高 Y，$Y = \sin(\varphi) \times r$	5.42
垂直倾斜角度 β（°）	85
垂直倾斜角度 β（弧度）	1.48
tan（β）	11.43
$x = Y/\tan(\varphi)$	61.96
$x' = Y/\tan(\beta)$	0.5
PV 阴影长度：$SL = x + x'$	62.44
PV 阴影面积（平方英寸，in²）；Area $= SL \times W$	1961
正面通道（英寸，in）	30
正面通道-PV 面积	942
PV 组合尺寸（平方英寸，in²）	2902.54
PV 阴影尺寸（平方英尺，ft²）	20.16

（2）光伏组件损失率为 1%；

（3）屋顶平台的可用面积为 60%；

（4）基于 NREL 的 PVWattsⅡ计算的最坏情况下的损失为 23%，或者说光伏系统运行效率为 77%；

（5）现场经济分析是基于实际的现行电费，每度电 $0.18；

（6）平均的年电费增长率取 10%，SCE 最近的电费增长率是 12.7%，两者一致；

（7）项目生命周期假定为 25 年；

（8）项目生命周期内的一般通货膨胀率不超过 3.5%。

4.11.4　项目评价汇总

　　表 4.11 是项目园区内所有工程地点详细的计算汇总。该表提供的汇总信息一目了然。报告中包括了 8 个项目所在地的详细分析，每一个都包括太阳能发电平台可能的年交流电输出的详细分析、建设成本、相关工程费用、项目成本汇总、每瓦交流电的输出成本、投资回收期。每个场地的经济分析都保存在电子表里，详细列举了项目 25 年生命周期内的全部计算过程。

	太阳能发电系统分析汇总表				表 4.11	
		Rainbow Disposal 汇总表				
地点	AC kW	建造成本	工程成本	总成本	费用/AC W	投资回收期
1	156	$1097428.00	$38410.00	$1135838.00	$7.28	11
2	48	$342866.00	$12000.00	$354866.00	$7.32	12
3	633	$4082426.00	$142884.00	$4225310.00	$6.67	10
4	210	$1447904.00	$50676.00	$1498580.00	$7.13	11
5	190	$1330665.00	$46753.00	$1377418.00	$7.25	12
6	407	$2834066.00	$99192.00	$2933258.00	$7.21	12
7	100	$690129.00	$24435.00	$714564.00	$7.15	12
8	275	$1927421.00	$67460.00	$1994881.00	$7.25	12

4.11.5　太阳能发电系统预计的输出量

　　表 4.12 列举了 RD 园区内单栋建筑太阳能发系统的发电量。电力输出以千瓦时的直流电量和交流电量表示。拟建建筑的太阳能发电量根据最终规划的建筑轮廓进行推测。考虑到消防和设备间隙的需要，所有的屋顶型太阳能发电系统面积按 40% 进行折扣。

	预计的太阳能发电量		表 4.12
	预计的太阳能发电量——Rainbow Disposal		
地点编号	地点简介	kW-DC	kW-AC
1	维修建筑	158	121
2A&2B	办公建筑	48	37
3	1 号转移站	633	488
4	M.R.F. 建筑	210	162
5	二次回收建筑	190	147
6	2 号转移站	407	313
7	箱子修理、喷绘车间及天蓬	100	77
8	停车场 1&2	275	212
合计		2022	1557

4.11.6　污染防治

表 4.13 表示了这 8 个场地中每一个地点的太阳能光伏系统带来的 CO_2 减排量。需要指出的是，CO_2 减排量是根据加州目前的发电情况计算的，而在不远的将来，燃煤发电的火力发电厂数量会有所减少，以现在的情形看减排量会可能略高一点。

CO_2 减排量　　　　　　　　　　　　　　　　　　　　　　　　　表 4.13

地点	平台潜力（kW）	年发电量（kWh）	乘数	年总吨数（t）	年总磅数（lb）	25 年累计总吨数（t）
			CO_2 排放计算——Rainbow Disposal			
1	156	307476	0.009	2767.284	5534568	69182
2	48	94608	0.009	851.472	1702944	21287
3	633	1247643	0.009	11228.787	22457574	280720
4	210	413910	0.009	3725.19	7450380	93130
5	190	374490	0.009	3370.41	6740820	84260
6	407	802197	0.009	7219.773	14439546	180494
7	100	197100	0.009	1773.9	3547800	44348
8	275	542025	0.009	4878.225	9756450	12195
总计					71630082	895376

为了领会 CO_2 减排的重要意义，我们可以看一下 1lb 的干冰的例子，也就是 CO_2 气体冷冻成固态，其大小近似为一个 8in×8in 的立方体。71630082lbCO_2 对环境的污染程度是难以估计的。

4.11.7　结论

参考上面的计算结果，考虑到当前和不远的将来电能费用的增加、更高的峰时电费对 SCE 电费账单的影响及项目园区内建设更大规模太阳能发电系统的可行性，分析认为投资回收期为 11~12 年的集成太阳能光伏电站是非常合理的，可以对冲能源价格的上涨。

即使近期内不考虑在未来的建筑上安装太阳能发电系统，已有的场地，地点 1（维护车间）、地点 7（箱体维修站）和地点 8（两个停车场）也是太阳能发电系统很好的选择。

如表 4.9 所示，平均的月电力消耗超过了上年的平均值 183，433kWh。该数据可换算成每天的用电量 6.114MW。理论上，如果各种太阳能发电平系统发电潜力的 50% 可以有效供电，即可满足夏季尖峰电力负荷的电能需求。

> ## 地点 1 可行性研究
> **维护车间**
> **项目地址：加利福尼亚，亨廷顿海滩**
> 太阳能发电潜力计算的气象参数，采用 NREL 的参考数据如下：
> 　　—加州亨廷顿海滩最近的参考地点——加利福尼亚长滩
> 　　—时区——GMT-8
> 　　—纬度——33.8167°

—经度——118.15°

—法向辐照度——207.6Wh/m²

—水平方向散射辐照度——76Wh/m²

—干球温度——17.2℃

—风速——2.7m/s

太阳能发电类型——屋顶型

屋顶面积——1932m²

太阳能系统可用面积——60%

可用的净面积——1160m²

太阳能电站发电能力——156kW AC

PV 组件——Sanyo HIT 210N

PV 总数——914 个单元

阴影乘数——1

PV WattsⅡ折算因子——77%

PV 组件每瓦的安装费估算——$3.65

PV 组件总的安装费——$574974.00

逆变器每瓦的成本估算值——$0.44

逆变器总成本——$69311.00

平衡系统成本——$310000.00

应急费用@15%——$143143.00

总的安装费——$1097428.00

工程费@安装费的 3.5%——$38410.00

项目总成本——$1135838.00

每瓦交流装机成本——$7.22/AC W

经济性分析小结

电力服务商——南加州爱迪生公司（SCE）

平均的公共设施收费——$0.18

公共服务设施收费增长率——10%

太阳能电站生命周期——25 年

CEC 折扣——基于绩效的奖励（PBI）

加州太阳能计划折扣（CEC）——$0.25

验收后的折扣期限——5 年

太阳能电站生命周期内平均的一般通胀率——3.5%

太阳能发电系统年性能降低——1%

融资类型——私人投资

线性折扣期——7 年

投资回收期——11 年

太阳能发电分析图

图 4.15～图 4.17 是由 NREL，符合 CSI 太阳能分析模型的软件引擎生成的。

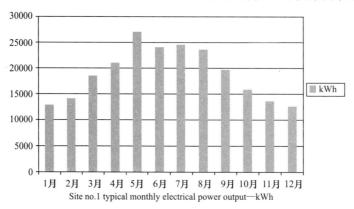

Site no.1 typical monthly electrical power output—kWh

图 4.15　典型月份电力输出千瓦值

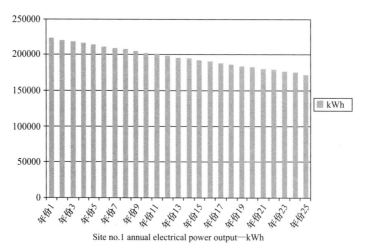

Site no.1 annual electrical power output—kWh

图 4.16　太阳能发电系统生命周期内的年发电量

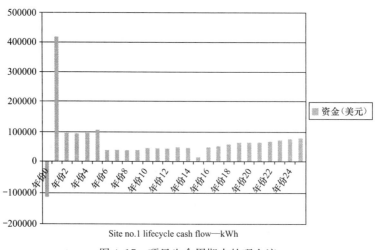

Site no.1 lifecycle cash flow—kWh

图 4.17　项目生命周期内的现金流

地点 2 可行性研究

办公楼

太阳能发电潜力计算的气象参数，采用 NREL 的参考数据如下：

　　—加州亨廷顿海滩最近的参考地点——加州长滩

　　—时区——GMT-8

　　—纬度——33.8167°

　　—经度——118.15°

　　—法向辐照度——207.6Wh/m²

　　—水平方向散射辐照度——76Wh/m²

　　—干球温度——17.2℃

　　—风速——2.7m/s

太阳能发电类型——屋顶型

屋顶面积——446m²

太阳能系统可用面积——60%

净可用面积——268m²

太阳能发电能力——48kW AC

PV 组件——Sanyo HIT 210N

PV 总数——282 个单元

阴影乘数——1

PV Watts Ⅱ折算因子——77%

PV 组件每瓦的安装费估算——＄3.65

PV 组件总的安装费——＄176，828.00

逆变器每瓦的成本估算值——＄0.44

逆变器总成本——＄21316.00

平衡系统成本——＄100000.00

应急费用@15%——＄44272.00

总的安装费——＄342866.00

工程费@安装费的 3.5%——＄12000.00

项目总成本——＄354866.00

每瓦交流装机成本——＄7.32/AC W

经济性分析小结

电力服务商——南加州爱迪生公司（SCE）

平均的公共设施收费——＄0.18

公共服务设施收费增长率——10%

太阳能电站生命周期——25 年

CEC 折扣——基于绩效的奖励（PBI）

加州太阳能计划折扣（CEC）——＄0.25

验收后的折扣期限——5 年

太阳能电站生命周期内平均的一般通胀率——3.5％

太阳能发电系统年性能降低——1％

融资类型—私人投资

线性折扣期——7 年

投资回收期——11 年

太阳能发电分析图

下图是由 NREL，符合 CSI 太阳能分析模型的软件引擎生成的。图 4.18～图 4.20 采用图形法分别描述了月电量输出、生命周期内年电量输出和项目生命周期内的现金流。

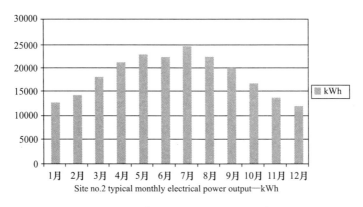

Site no.2 typical monthly electrical power output—kWh

图 4.18　典型月份电力输出千瓦值

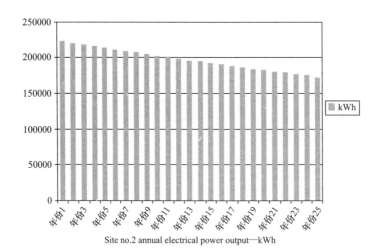

Site no.2 annual electrical power output—kWh

图 4.19　太阳能发电系统生命周期内的年发电量

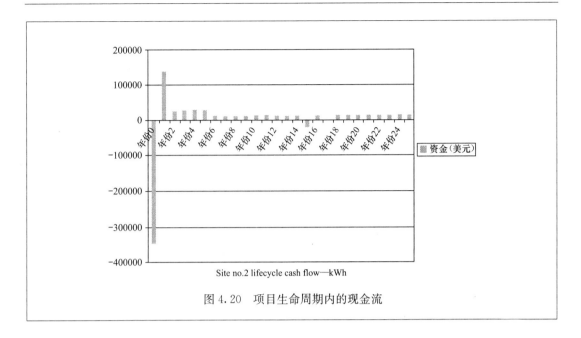

图 4.20 项目生命周期内的现金流

地点 3 可行性研究

未来的停车场顶棚

太阳能发电潜力计算的气象参数，采用 NREL 的参考数据如下：

—加州亨廷顿海滩最近的参考地点——加州长滩

—时区——GMT-8

—纬度——33.8167°

—经度——118.15°

—法向辐照度——207.6Wh/m²

—水平方向散射辐照度——76Wh/m²

—干球温度——17.2℃

—风速——2.7m/s

太阳能发电类型——车棚型

车位数量——161

车位面积——15.8m²

净可用面积——2540m²

太阳能发电能力——275kW AC

PV 组件——Sanyo HIT 210N

PV 总数——1610 个单元

阴影乘数——1

PV WattsⅡ折算因子——77%

PV 组件每瓦的安装费估算—— $3.65

PV 组件总的安装费——＄1,004,882.00

逆变器每瓦的成本估算值——＄0.44

逆变器总成本——＄121,136.00

平衡系统成本——＄550,000.00

应急费用@15%——＄251,403.00

总的安装费——＄1,927,421.00

工程费@安装费的 3.5%——＄67,460.00

项目总成本——＄1,994,880.00

每瓦交流装机成本——＄7.25/AC W

经济性分析小结

电力服务商——南加州爱迪生公司（SCE）

平均的公共设施收费——＄0.18

公共服务设施收费增长率——10%

太阳能电站生命周期——25 年

CEC 折扣——基于绩效的奖励（PBI）

加州太阳能计划折扣（CEC）——＄0.25

验收后的折扣期限——5 年

太阳能电站生命周期内平均的一般通胀率——3.5%

太阳能发电系统年性能降低——1%

融资类型——私人投资

线性折扣期——7 年

投资回收期——11 年

太阳能发电分析图

下图是由 NREL，符合 CSI 太阳能分析模型的软件引擎生成的。图 4.21～图 4.23 采用图形法分别描述了月电量输出、生命周期内年电量输出和项目生命周期内的现金流。

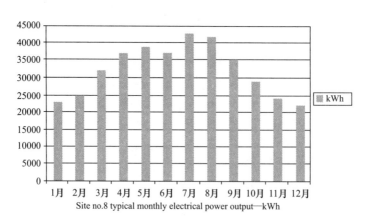

Site no.8 typical monthly electrical power output—kWh

图 4.21 典型月份电力输出

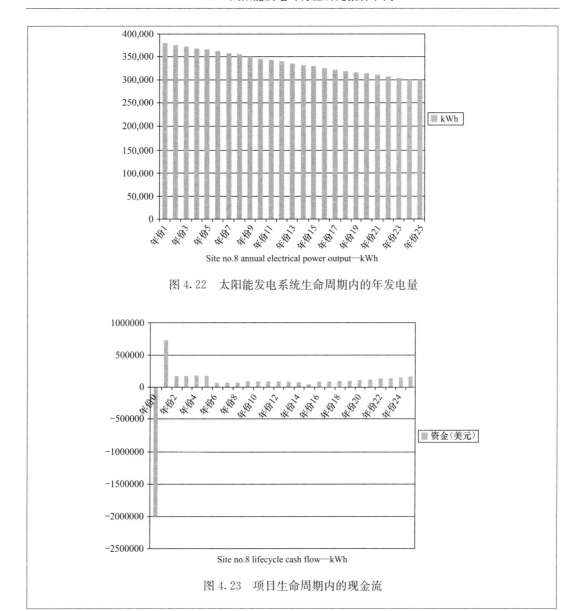

Site no.8 annual electrical power output—kWh

图 4.22　太阳能发电系统生命周期内的年发电量

Site no.8 lifecycle cash flow—kWh

图 4.23　项目生命周期内的现金流

第5章　太阳能发电系统成本分析

5.1　引言

　　成本分析是太阳能发电系统可行性研究的中最重要的组成部分之一，通过成本分析可以建立项目的成本-效益分析和财务费用评价准则。如果没有准确的财务分析，太阳能发电工程无疑会面临一系列负面后果。本章将讨论各种用于计算太阳能发电系统经济性分析的方法和目前应用软件的性能特点。

5.2　美国加州太阳能初始计算器

　　除了第四章讨论的 PV Watts 型计算器外，加利福尼亚州要求使用基于网络的计算器作为加州太阳能计划（CSI）的计算器，其实质上是用 PV Watts II 软件引擎来计算太阳能发电系统的规模。CSI 计算器不仅可以完成基于效能的评估，同样可以完成基于预期效能评估的项目折扣成本估算。下面是 CSI 计算器可以提供的其他计算结果：

　　（1）每年的发电量（kWh）；

　　（2）夏季从 5 月到 10 月的月电量输出（kWh）；

　　（3）加州能源委员会标准的交流输出功率（kW/h）；

　　（4）功率（kW）；

　　（5）现行的容量因子（%）；

　　（6）现行的设计因子（%）；

　　（7）有效的年电能输出（kWh）；

　　（8）每度电的奖励比率（$）；

　　（9）CSI 计算的总奖励（$）；

图 5.1 和图 5.2 是位于加州拉肯纳达市的一个假想工程的实例。

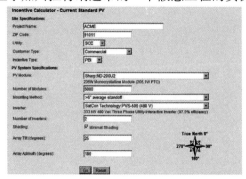

图 5.1　CSI 太阳能发电计算器数据输入页面

激励计算器—现行的标准光伏电池板

现场说明：	项目
项目名称	ACME
邮编	91011
城市	拉肯纳达
设施	SCE
客户类型	商务型
奖励类型	PBI

光伏系统说明：

光伏组件	Sharp：ND-200U2
	200.0W STC，173.0 WPTC
模块数量	5000
安装方式	平均间隔 6in
直流额定功率（kW，标准测试条件）	1000.0000
直流额定功率（kW，实际测试条件）	865.0000
逆变器	SatCon Technology：PVS—500（480V）
逆变器数量	2
逆变器效率（%）	96.00
阴影	最小阴影
阵列倾角（°）	25
阵列方位角（°）	180 正北 0

结果

年发电量（kWh）	1596510
夏季月	5 月～10 月
夏季（kWh）	907099
CEC—AC 额定功率	830.400kW
容量因子	21.947%
现行容量因子	20.000%
设计因子	109.735%
合格的年发电量（kWh）	1596510
奖励比率	$0.22/kWh
奖励金额	$1756161（5 年）

图 5.2　CSI 太阳能计算器数据输出页面

5.3　太阳能发电成本分析软件

　　根据融资类型的不同，太阳能发电成本分析包括了若干方法，从公共领域的太阳能成本估算引擎，如国家可再生能源实验室的太阳能咨询模型（Solar Advisor Model，SAM），到许多其他的商业软件包。太阳能发电估算软件根据当地的电力设施税收政策、太阳能发电系统类型、倾角是否固定、单轴或双轴跟踪系统等进行成本估算。此类软件估算器不考虑特殊的项目成本，也不考虑通货膨胀、电费涨幅、特别的人工费率、运输费等。事实上，太阳能发电成本计算器不能达到详细成本估算要求的精度。但是，大部分机构的、公共的和政府的代理机构（如公共设施委员会）对所有的太阳能计算软件的要求是基于可接受的经济模型。实际上，SAM 被认为是最好的估算软件之一，可以免费获取。该软件的访问地址是 https：//www.nrel.gov/analysis/sam/。下面对 SAM 软件的介绍与国家可再生能源实验室网页上的介绍一致。

5.4　太阳能咨询模型（SAM）

SAM 结合了大多数太阳能发电技术中的详细应用模型和一些成本分析方法（从住宅到大规模工程）。SAM 可以处理现行的太阳能技术，包括使用聚光集热型太阳能系统，如槽式、碟式（斯特林）、塔式发电系统、平板型和聚光光伏技术。SAM 引入有效的模型来分析实体系统变化对整个经济性的影响（包括能源的平准价格）。SAM 计划还增加了额外的经济和性能分析模型来满足越来越多的用户群体的需要。

这一综合性的太阳能技术分析模型，不但可以实现美国太阳能计划（Solar America Initiative）的实施，而且可以用于一般的太阳能技术项目（Solar Energy Technologies Program，SETP）。使用 SAM 软件（与技术经济基准、市场占有率分析、和其他相关注意事项一起），可为优先发展的项目与方向提供支持，并且为维持太阳能研发扩展的后续投资提供需要。更重要的是，该软件可以实现用统一的方法来分析所有的太阳能技术，包括投资成本的设想。SAM 允许使用者改变系统和经济参数来考察他们的影响，以更好地确定不同参数的灵敏度。关于成本和性能灵敏度分析包括以下内容：

（1）系统输出；

（2）系统年效率和最大效率；

（3）电费平准价格；

（4）系统投资和运行维护（O&M）费用；

（5）每小时系统发电量。

SAM 使用一种系统驱动方法（System-Driven Approach，SDA），建立市场需求和研发成果之间的联系，以及研发对整个系统经济性和性能贡献的大小，SDA 使管理者能更高效地配置资源。

5.4.1　系统成本数据

SAM 软件包含一套带有成本数据的样本文件，通过实例说明其应用。成本数据带有现实性，但不能代表市场上的实际价格。每一年的成本都会根据市场、技术和项目的地理位置的变化而变化。由于太阳能市场价格的变动，样本中的成本数据很可能是过时的。

5.4.2　光伏发电成本数据

SAM 中输入的光伏发电成本数据分为两类：投资和运行维护成本。投资成本可细分为直接费和间接费。直接费是指购买如光伏组件、逆变器、平衡系统（Balance of system，BOS）等设备的相关费用及安装费。BOS 与光伏组件和逆变器的设备费用是分开的，可包括诸如装配架、分线盒及导线等。安装费是指与设备安装相关的人工费。

间接费包括了构成系统价值的所有其他费用，例如利润、企业管理费（包括销售）、设计费、审批费、运输费等。

O&M 费是系统安装完成后的相关费用，可分成固定的和可变的 O&M 费。固定的 O&M 费是与系统尺寸相关的费用，包括逆变器的更换和定期检查维护费用。可变 O&M 费随系统的输出变化，大多数光伏系统可以为零或很少。

SAM 使用总的安装费，即直接费和间接费之和来计算能源的平准价格。由于费用分配到哪一类别并不影响总的安装费，使用者可以选择在各分类中分配利润、管理费、运输费及其他费用。费用由组件、逆变器、平衡系统设备及系统的安装费构成（可以是一个值，也可以是不分种类费用的混合）。

需注意，程序中使用的光伏样本文件是基于 2005 年的费用成本的，该成本来自 DOE 多年的项目规划。因此，总安装费用除包括设备购置费和人工费以外，还包括合理的利润以保证项目维持正常的投资回报。

1. 光伏成本数据的其他资源

加州能源委员会的可再生能源发展项目网站提供了在加州安装的系统信息，还包括了所有在加州安装的系统成本电子表格的链接。**SolarBuzz** 提供了美国和世界各地基于市场研究的现在和历史价格数据。该网站是一个很有价值的资源，它提供了光伏组件价格、逆变器和太阳能电价指数的详细统计信息。

2. 太阳能顾问模型使用指南

SAM 由下面的数据输入和显示界面组成：

（1）系统概况

给出一个列表显示的计算概况，如下所示。

> 太阳能发电系统容量，kW
>
> 总的直接费，$
>
> 总的安装费，$
>
> 每 1kW 的安装费
>
> 太阳能发电系统的生命周期，年
>
> 预计的通货膨胀率，%
>
> 适宜的折扣率，%

（2）气候

根据现场邮政编码提供气象和温度数据信息，如下所示。

> 城市
>
> 州
>
> 格林威治标准时区
>
> 海拔高度，m
>
> 纬度
>
> 经度
>
> 法向直射辐照度，kW/m^2
>
> 水平方向散射辐照度，kW/m^2
>
> 干球温度，℃
>
> 风速，m/s（缺少的内容已经补充上）

（3）公共设施费率（utility rate）

见下面的信息组。

> 最新的发电成本，$/kW
>
> 通胀率,%

（4）财务

此部分允许使用者输入特定的项目信息，如保险费和税金、联邦政府的折旧率、州政府的折旧率、项目生命周期、预计的通货膨胀率、实际的贴现率。下面是太阳能发电系统可用的各种财务选项：

1）节能成效合同（Energy Saving Performance Contract，ESPC）：ESPC 是联邦政府机构和业主之间的合作契约。

2）能源服务公司（Energy Service Company，ESCO）：ESCO 是一个融资体系，安排必要的投资给太阳能光伏电站，保证业主得到估算的能源节约成本，通过分析确定光伏电站给业主的最小费率。

3）公共设施节能合同（Utility Energy Saving Contract，UESC）：该协定中，政府机构利用经营特许或公共服务设施参与合作经营中，以提高这些设施的能效。公共设施经费投入到项目中，业主根据合同条款偿还这部分投资，作为回报，业主可节约投资。

4）增强使用租赁合同（Enhance Use Lease Contract，EUL）：EUL 项目是指根据法律条款允许业主出租未使用的土地或开发权给开发者或承租人，最高期限是 75 年。作为 EUL 交换，开发者要给业主相应的回报，例如现金或业主要求的实物回报。

5）直接融资：这个选项中，业主提供太阳能发电工程的全部投资，假定没有贷款。

计算经费投入时还需要考虑如下因素：

> 计算周期（项目生命周期），a
>
> 项目通胀率,%
>
> 实际的贴现率

需注意，贴现是一个金融机制，借方或债务人付一定的费用，得到一定时期内延迟还款给债权人的权利。换句话说，负债的一方购买一定期限内延迟还款的权利。贴现或收费就是未来还款与初始借款的差额，这也是借款人应尽的义务。

（5）税金和保险

计算税金和保险考虑的因素如下：

> 联邦税占项目成本的百分比,%
>
> 州税占项目成本的百分比,%
>
> 财产税
>
> 营业税（%）
>
> 太阳能发电系统生命周期年

5.4.3 联邦折旧

在该区域中，使用者可以根据不同的折扣计划作出选择，和设备的年折旧一样。选项包括：

（1）无折旧

（2）改进的加速成本回收系统（Modified Accelerated Cost-Recovery System，MACRS）半个季度协定

（3）改进的加速成本回收系统（MACRS）半年协定

（4）线性折旧

（5）自定义折旧，可以是已安装的系统成本的百分比

考虑到加速折旧的重要性，在 SAM 软件中，完全符合一个特定项目最合适的折旧选项是很重要的。下面的讨论意在让读者熟悉一些美国税务系统认可的折旧方法。应该注意，选择哪种折扣类型需要得到专业税务会计的认可。

1. 改进的加速成本回收系统（MACRS）

改进的加速成本回收系统（MACRS）是用来补偿应计折旧的有形资产而非自然资源的方法。在该系统下，投资成本，也被称为基准，按有形资产或财产生命周期内年折旧来补偿的。各种资产预期的使用期限在美国国内税收法规中有明确的认定。国内税收服务部门（IRS）将各种级别的财产制成了表格并出版发行。可用 1～2 种方法计算折旧扣除额，如余额递减法或直线法。

2. 分级折旧年限

上述的 MACRS 法指定纳税人必须应用某种使用期限和方法来计算因有形财产或资产折旧产生的税收减免。资产要按照资产类型或资产的商业用途进行分级。

对于每个分级，要像常规的折旧系统（general depreciation system，GDS）或选择性的折旧系统（alternative depreciation system，ADS）一样指定生命周期。纳税人可以选择采用 GDS 法或 ADS 法。资产的生命周期可以在 5～20 年之间变化。

5.4.4 太阳能发电系统的联邦加速折旧

商业或工业系统（合格后的）可以利用特定的太阳能发电系统折旧（26 USC Sec.168-MACRS），该方案允许资产折旧或偿还期超过 5 年。这样的加速折旧依赖于联邦和州政府税收减免的组合，最高可以回收投资的 50%。应该注意，资产是全部装机容量，不包括所得到的返款。

总之，设计现金返款、税收减免和加速折旧计划是为了便于缩短投资回收期。鼓励企业发展自己的太阳能发电系统。在某些场合，这种项目在短期内最多可以收回整个系统投资的 40%～70%。应注意，30%的联邦政府投资税收减免的计算要先于任何州政府或公共设施的折扣。安装者支付的净投资，要在减去州政府折扣后计算，因为安装者一般会将此折扣转嫁到业主或客户的利益上。

自 2009 年 12 月 31 日起，IRS 再发布明确的指导。表 5.1 是 IRS MACRS 折旧表显示的各种资产分类、资产折旧和 ADS 和 GDS 相应的生命周期。

IRS 资产折旧表

表 5.1

IRS 资产分类	资产折旧	ADS 年限等级	GDS 年限等级
00.11	办公家具、固定装置及设备	10	7
00.12	信息系统：计算机/外设	6	5
00.22	汽车、出租车	2	5
00.241	轻型多用途卡车	4	5
00.25	有轨电车及机车	15	7
00.40	工业蒸汽和电力分配	22	3
01.11	扎棉机资产	10	7
01.21	牛，家畜或奶牛	7	5
13.00	近海钻井资产	7.5	5
13.30	炼油资产	16	10
15.00	建筑物	6	5
20.10	谷物生产或压榨设备	17	10
20.20	纺织制品	11	7
24.10	伐木设备	6	5
32.20	水泥制品	20	15
20.1	机动车制造	12	7
48.10	电话交换站	24	15
48.2	广播电视播放设备	6	5
49.12	核电站设施	20	15
49.13	蒸汽电站设施	28	20
49.23	天然气生产厂	14	7
50.00	市政污水处理厂	24	15
57.0	分销和服务	9	5
80.00	主题及休闲公园设施	12.5	7

5.4.5　折旧法

只有余额递减法和直线法是 MACRS 允许的折旧计算方法。所有当年安装并运行在税务年中的太阳能发电系统都被归到半年协定里。该方法和资产折旧使用的生命周期都是财务核算方法，任何的改变和偏差都需要 IRS 的认可。

可选的折旧系统可选的折旧系统也是 IRS 认可的适用于特定资产折旧的方法，该特定资产必须采用 ADS 法及直线法确定 ADS 生命周期进行折旧。这种折旧仅用于美国以外的非太阳能发电系统。

5.4.6　加州的财产税豁免

在加州安装太阳能发电系统时，财产税免除所有太阳能系统的安装费，这种做法防止了税金的增加，也意味着太阳能系统资产的增加，而增加的净值资产是完全免税的。

5.4.7　直接成本（DCC)

直接成本（DDC）登录页允许使用者输入特定单位的费用（＄/kW DC），如太阳能工程直流组件、逆变器、仓储和运输、平衡硬件、集成费用等。使用者可以在额外的字段输入太阳能发电系统工程的百分比，固定的和非固定成本、杂费和销售税。完成 DDC 之前，使用者要先完成前面讨论的 PV Watts 的计算。完成计算之前，设计者需要完成太阳能发电系统初步设计并且有材料和人工成本的估算值。图 5.3 是一个典型的建设人工成本和材料费的估算概述。完成 PV Watts 的计算以后，总的 kW/DC 值自动添加到太阳能发电系统的输出功率栏，剩余的输入包括：

A——光伏系统的直接成本

（1）组件数量；

（2）单元直流输出功率，kW；

（3）系统总功率，kW/DC；

（4）光伏及支撑结构的总成本，＄/(kW・DC)。

B——逆变器系统成本。完成 A 的输入后，SAM 计算直接材料成本，A 下面的行是计算逆变器的，需要下面的输入：

（1）逆变器数量；

（2）交流输出功率，kW/AC；

（3）逆变器成本，＄/(kW・AC)。

C——蓄电池系统成本。计算蓄电池系统总成本的入口。蓄电池组成本和逆变器的成本计算一样（如果有应用）

（1）蓄电池容量，kW/h；

（2）蓄电池成本 kW/AC；

（3）单位成本，＄/(kW・h)

D——差额成本

（1）材料费差额；

（2）固定的安装费；

（3）其他开支。

E——间接投资成本

（1）工程设计、项目管理、施工监理费（或者作为直接成本的百分比）、可变或固定的技术服务费；

（2）累加上述费用得到总的装机成本，除以总的直流功率可以得到单位装机功率的安装费，＄/(kW・DC)

前期成本				
工程费率	$15000/h			
	时间（h）	费率	总价	占比%
现场勘查	40	$150.00	$6000.00	46.88%
初步设计协调	24	$150.00	$3600.00	28.13%
准备报告	8	$150.00	$1200.00	9.38%
交通及食宿	1	$2000.00	$2000.00	15.63%
其他				0.00%
小计			12800.00	100.00%

发展阶段				
审批及返利申请	8	$150.00	$1200.00	5.41%
项目管理	120	$150.00	$18000.00	81.08%
交通费	1	$2000.00	$2000.00	9.01%
其他	1	$1000.00	$1000.00	4.50%
小计			22200.00	100%

工程设计费				
光伏系统设计	90	$150.00	$13500.00	10%
建筑设计	90	$150.00	$13500.00	10%
结构设计	90	$150.00	$13500.00	10%
电力设计	420	$150.00	$63000.00	48%
投标及合同	48	$150.00	$7200.00	5%
施工管理	94	$150.00	$14100.00	11%
培训手册	48	$150.00	$7200.00	5%
小计			132000.00	100%

可再生能源设备				
光伏组件	255	$3900.00	$994500.00	92%
运输	1	$5000.00	$5000.00	0%
其他				0%
税金（仅设备）	8.25%		$82046.25	8%
小计			1081546.25	100%

设备安装				
光伏支撑结构（/kWh）	255	$500.00	$127500.00	18%
逆变器（/kWh）	320	$488.00	$156160.00	22%
电气材料（/kWh）	320	$250.00	$80000.00	11%
系统安装人工费（/kWh）	320	$1000.00	$320000.00	45%
运输	1	$3000.00	$3000.00	0%
其他	0			0%
税金（仅设备）	8.25%		$30001.95	4%
小计			716661.95	100%

图 5.3　典型的太阳能发电工程建设成本估算

5.4.8 运行和维护成本

除 DDC 外，SAM 允许使用者输入项目在生命周期内的运行和维护成本，也可以输入预期的通货膨胀率。选项包括：

（1）固定的年费，%增长率；

（2）按容量的固定费用，%增长率；

（3）按产量的可变费用，%增长率。

一般来说，太阳能发电系统维护的需求很低。但是，为了防止由于积灰造成的输出功率性能的降低，每年需要用水管对太阳能阵列进行定期冲洗 2 次。由于太阳能发电阵列是完全组件式的，系统的扩展、组件的更换及检修都比较简单，不需要专门的维护训练。所有电子化的直流—交流逆变器都是组件式的，可以在短时间内完成更换。

在一些项目中，计算机监控系统可以提供整个太阳能热电联产系统的实时功能状态。基于软件的监测系统能够制定特性参数的监测系统和维护报告，也应该纳入成本当中。

5.4.9 年度系统性能

允许使用者自行输入系统的性能衰减、系统的有效性和可靠性。

最后的输入页包括一些特定类型联邦政府和州政府的基于投资的奖励，例如：

（1）基于绩效的奖励（PBI）

（2）基于容量的奖励（CPI）

（3）基于投资的奖励（IBI）

5.4.10 特殊成本核算的注意事项

如前所述，标准的基于浏览器的软件计算器可以给出太阳能发电产品和成本的粗略估算，对于可行性研究和折扣的应用是足够的。但是，该计算缺乏足够的精度，不能满足有特定需要的大型项目。

下面是对各类太阳能发电系统成本估算的综合性指南。为了得到准确的估算结果，太阳能发电系统设计工程师或设计师必须具有足够的现场安装和太阳能发电设计经验，可以解释各种成本项。通常包括以下内容：

（1）现场调研和可行性研究；

（2）工程设计；

（3）材料成本；

（4）土木结构设计；

（5）折扣分摊；

（6）环境负面影响报告；

（7）现场安装的人工成本；

（8）现场测试与验收监督；

（9）工程管理；

（10）材料运输与仓储；

（11）保险（如故障、疏忽、工程保险、责任险）；

（12）施工贷款、施工担保、长期融资；

（13）客户人员培训；

（14）质保和维护费用；

（15）系统生命周期内的收益计算，如现值和折旧费等。

太阳能发电系统经济计算软件设计时必须提供子程序和运算引擎，使用者可以输入上述变量。该软件还要求计算电力运行特性、能源生产成本，包括系统生命周期内动态能源成本增加的算法。作为核心问题，系统成本计算方法必须考虑固定资产折旧和投资回报率。

影响成本额外费用的因素包括系统的运行特性、动态输出功率的降低、当前或合同能源价格（每度电）、项目并网能源成本的增加、基于绩效（PBI）的返利配置、初投资、残值及大量附加因素。通过这些可以得到太阳能发电系统在整个合同周期内的年收益概况。

在购电协议（power purchase agreement，PPA）的经济性选项中要给出一些附加的因素，尤其是影响 PPA 的因素，包括：

（1）年平均交流功率输出和太阳能的能量值计算；

（2）合同生命周期内项目单位能源成本增加的动态推算；

（3）系统运行周期内太阳能功率输出的动态折旧；

（4）生命周期内电功率输出潜值；

（5）PBI 周期内基于可获得的单位有效能源基金的连续折扣累计；

（6）从折扣期结束一直到系统合同生命周期结束的累计电费收益；

（7）从合同年费用升级因素获得的综合累计收益；

（8）从年度维护费获得的维护收益；

（9）电网和太阳能发电能源消费的比较分析。

成本计算还必须包括累计生命周期能源成本分析中的并网费用的支出，包括：

（1）运行周期内的能量收益总和；

（2）系统预计残值计算后的现值；

（3）联邦政府收税奖励收益；

（4）州政府收税奖励收益；

（5）系统生命周期结束时的残值；

（6）维护成本收益；

（7）年度维护的重复成本；

（8）年数据采集的重复成本；

（9）超过运行生命周期的净收益。

附加的成本因素：除劳动力和材料成本外，还有一些附加的成本，包括生命周期内公共设施变化成本，运行维护费用，这些对租赁或 PPA 筹资的项目尤为重要。

5.4.11　电能价格的提高

过去的几十年中，发电成本和它的一贯属性，使其成为影响全球经济和地区政策的主要问题，也已成为影响公共政策、国民生产总值（GNP）的重要因素，已引发无数的国际争端，相比其他主题，更多地出现在报纸和电视的头条。电能生产不仅影响国际经济，而且还是决定一个国家生活标准、健康和幸福感的决定性因素之一。

从某种意义上说，美国经济的每一个方面都和电能生产的成本有联系。由于全球大部的电能生产都是基于火力发电的，因此电能价格是由煤、原油和天然气商品的价格决定的。图 5.4 描述了项目生命周期内，不同公共事业费率条件下能源价格膨胀的比较。

电能通胀的复计算

能源浮动率	12%	11%	10%	9%	8%	7%	6%	5%	4%
当前电价（kWh）	$0.13	$0.13	$0.13	$0.13	$0.13	$0.13	$0.13	$0.13	$0.13
年	费用(kWh)	费用(kWh)	费用(kWh)	费用(kWh)	费用(kWh)	费用(kWh)	费用(kWh)	费用(kWh)	费用(kWh)
1	$0.15	$0.14	$0.14	$0.14	$0.14	$0.14	$0.14	$0.14	$0.14
2	$0.16	$0.16	$0.16	$0.15	$0.15	$0.15	$0.15	$0.14	$0.14
3	$0.18	$0.18	$0.17	$0.17	$0.16	$0.16	$0.15	$0.15	$0.15
4	$0.20	$0.20	$0.19	$0.18	$0.18	$0.17	$0.16	$0.16	$0.15
5	$0.23	$0.22	$0.21	$0.20	$0.19	$0.18	$0.17	$0.17	$0.16
6	$0.26	$0.24	$0.23	$0.22	$0.21	$0.20	$0.18	$0.17	$0.16
7	$0.29	$0.27	$0.25	$0.24	$0.22	$0.21	$0.20	$0.18	$0.17
8	$0.32	$0.30	$0.28	$0.26	$0.24	$0.22	$0.21	$0.19	$0.18
9	$0.36	$0.33	$0.31	$0.28	$0.26	$0.24	$0.22	$0.20	$0.19
10	$0.40	$0.37	$0.34	$0.31	$0.28	$0.26	$0.23	$0.21	$0.19
11	$0.45	$0.41	$0.37	$0.34	$0.30	$0.27	$0.25	$0.22	$0.20
12	$0.51	$0.45	$0.41	$0.37	$0.33	$0.29	$0.26	$0.23	$0.21
13	$0.57	$0.50	$0.45	$0.40	$0.35	$0.31	$0.28	$0.25	$0.22
14	$0.64	$0.56	$0.49	$0.43	$0.38	$0.34	$0.29	$0.26	$0.23
15	$0.71	$0.62	$0.54	$0.47	$0.41	$0.36	$0.31	$0.27	$0.23
16	$0.80	$0.69	$0.60	$0.52	$0.45	$0.38	$0.33	$0.28	$0.24
17	$0.89	$0.77	$0.66	$0.56	$0.48	$0.41	$0.35	$0.30	$0.25
18	$1.00	$0.85	$0.72	$0.61	$0.52	$0.44	$0.37	$0.31	$0.26
19	$1.12	$0.94	$0.80	$0.67	$0.56	$0.47	$0.39	$0.33	$0.27
20	$1.25	$1.05	$0.87	$0.73	$0.61	$0.50	$0.42	$0.34	$0.28
21	$2.66	$2.04	$1.57	$1.22	$0.95	$0.74	$0.58	$0.46	$0.36
22	$2.98	$2.26	$1.73	$1.32	$1.02	$0.79	$0.62	$0.48	$0.38
23	$3.33	$2.51	$1.90	$1.44	$1.10	$0.85	$0.65	$0.51	$0.39
24	$3.73	$2.79	$2.09	$1.57	$1.19	$0.91	$0.69	$0.53	$0.41
25	$4.18	$3.09	$2.30	$1.72	$1.29	$0.97	$0.73	$0.56	$0.42

图 5.4 0.13$/kW/h 电费 25 年期的复利表

图 5.5 是电价＄0.13/kW/h 时，一个项目在生命周期内公共事业费率的图形解释。

能源浮动率	12%	3.50%
	电网	太阳能
当前电费/kWh	$0.13	$0.13
年	费用/kWh	费用/kWh
1	$0.15	$0.13
2	$0.16	$0.14
3	$0.18	$0.14
4	$0.20	$0.15
5	$0.23	$0.15
6	$0.26	$0.16
7	$0.29	$0.17
8	$0.32	$0.17
9	$0.36	$0.18
10	$0.40	$0.18
11	$0.45	$0.19
12	$0.51	$0.20
13	$0.57	$0.20
14	$0.64	$0.21
15	$0.71	$0.22
16	$0.80	$0.23
17	$0.89	$0.23
18	$1.00	$0.24
19	$1.12	$0.25
20	$1.25	$0.26
21	$2.66	$0.32
22	$2.98	$0.33
23	$3.33	$0.35
24	$3.73	$0.36
25	$4.18	$0.37

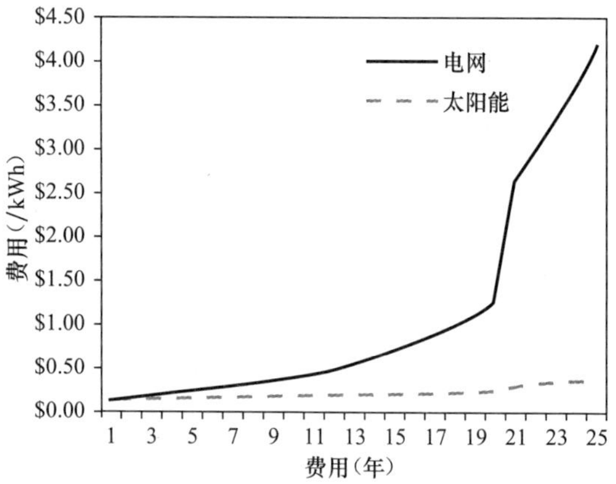

图 5.5 电价＄0.13/kW/h 周期 25 年的复利表（非 8％，分别是 12％和 3.5％）

5.4.12 系统维护和运行成本

第 6 章将进一步讨论计算机数据采集和监控系统，该系统可提供整个太阳能热电联产系统的实时的状态及系统故障时的瞬时指示。

5.4.13　联邦政府对商业用户的税收减免

2006 年的能源政策要延续到 2016 年，该政策提供 30％的投资税减免（26 USC Sec.48）。应注意，税收减免并不是一个减除额，而是应交所得税的等额减免。

国家太阳能工业协会（Solar Energy Industries Association，SEIA）有一个名为"联邦税收奖励 SEIA 指南"的文件，是在 SEIA 会员及 SEIA 的税务律师帮助下编写的。根据新的联邦法，该文件包含大量的特定信息和建议。

5.5　商业太阳能项目的激励政策

5.5.1　联邦拨款

为了促进全国清洁能源的生产，美国的财政补贴惠及商业太阳能设施。代替 30％的税收减免，企业可以选择接受与太阳能光伏系统 30％安装费等价的现金奖励。2009 年 2 月通过的联邦刺激计划使该项优惠成为可能。

1. 30％的联邦投资税减免（Investment Tax Credit，ITC）

根据《美国法典》26 卷第 48 章第 1 节第 3 条，联邦政府把公司税减免范围扩充到投资可再生能源的企业。符合太阳能技术的类型包括太阳能热水供应、太阳能供热、太阳能热发电、太阳能热过程和光伏系统。减免或拨款固定在 30％。企业可获得的奖励没有最低金额的限制，因此不管太阳能发电系统的装机成本是 \$100000 还是 \$1000000，企业都可以得到 30％的奖励。2008 年 10 月，议会投票通过将 ITC 延长 8 年，到 2016 年。

2. 与其他奖励计划一起使用联邦可再生能源奖励

计划利用联邦奖励的商业企业应该了解一些重要的注意事项。一般来说，大多数奖励代表的收益是应付的联邦所得税收益。因此，大多数的奖励并不会降低联邦 ITC 的计算基准。举例来说，如果一个企业从州政府得到折扣款，该企业要支付给联邦政府总额的所得税，这样 30％的投资税减免不影响成本核算基准。州政府的折扣（或津贴）、拨款和其他收税减免要加到该类别里。

很少有奖励类别是免税的，一个例子是公共设施的返利，另一个例子是免税的拨款。企业接受了这些奖励，在计算 ITC 总额时，需要先降低系统成本。举例来说，如果一个企业收到 \$100,000 的免税公共设施返利，当计算 ITC 总额时，企业必须从太阳能发电系统成本中减掉该数额，以调整后的成本作为基准确定信贷。关键问题是能源财政资助（subsidized energy financing，SEF）。SEF 广泛应用于免税的能源奖励。IRS 将 SEF 定义为"联邦、州或地方的财政计划，主要目的是为储存或生产能源的项目提供财政补贴"。如果商业实体根据 SEF 支付联邦所得税，额外的奖励不会降低 ITC 总额。更多的关于联邦所得税可以在 SEIA 的网页上找到。

3. ITC 对折旧计算的影响

对于联邦税收的目的，改进的加速成本回收系统（Modified Accelerated Cost-Recovery System，MACRS）（如前述）程序允许加速折旧超过 5 年。MACRS 与 30％投资税减免的实施使购买可再生能源系统变得更加容易。

值得注意的是，当计算一个商业太阳能系统折旧时，税收折扣基准（Tax depreciation basis，TDB）和税收减免基准（Tax credit basis，TCB）是不同的。实质上，有总额 30％ 减免额时，第一年的折旧值要减去 30％。举例来说，一个价值 $100000 的太阳能发电系统折旧只能按 $70000 计算（$100000—30％税收减免奖励）。因此，IRS 用扣除奖励的总值计算加速折旧。

此外，IRS 规则允许公司在计算折扣基准时，申请一半的税收减免。这样，公司声明的太阳能发电系统折旧的收税折扣基准只减 50％ 的税收减免额。根据该规则，假定要检查的公司安装了一个价值 $200000 的商用太阳能发电系统，该公司的税收折旧基准等于项目成本减去税收减免奖励的 50％：$200000—（50％×$60000）= $170000。这个例子说明了税收折旧基准和税收减免基准的不同。

另一种情况是有关收益和利润的。通常，折旧达到净收益后总收入就会减少。同样，在某年较低的净收入条件下，允许的大额折旧会导致更低的净收益或净利润。在这种情况下，公司在确定收益时可以忽略系统计算基准的下调而采用自己计算的系统全额基准。一个公司投资太阳能系统时，可以在短期内缴纳较少的税而获得长期的能源节省。这些规则是为投资太阳能可再生资源的公司获得奖励而特别设计的。还应看到，税收折扣基准是用来计算所得税和亏损的，30％的联邦减免不会影响登记的折旧基准。

5.5.2　投资收益率（ROI）

政府奖励再加上太阳能设备价格的降低使投资太阳能发电成为一个不错的商业金融投资项目。太阳能发电系统被认为是长期的、低风险和高回报的投资项目。一般情况下，太阳能发电系统每年可以得到项目投资 5％～11％ 的免税额。因此，太阳能发电项目比高风险的投资，如股票和债券，更有竞争力。此外，随着电费的增加，其年利润也随之增加。太阳能发电系统的另一个贡献是：当其在商业项目安装时，如购物中心和办公建筑，可以增加房地产的价值和租金，还可以使房产因环保而得到相应的回报。

5.5.3　项目融资

下面是针对大型替代能源和可再生能源项目的投资探讨，例如太阳能、风能、地热能等，这些项目都需要大量的资金投入。和大型工业项目一样，此类投资涉及到长期资本密集型材料和设备投入。

由于美国大多数替代能源项目隶属于州和联邦政府税收奖励和折扣的范畴，所以项目融资包含了高度复杂的财务结构，项目负债和股权、折扣、联邦和州政府的税收奖励、并网产生的现金流都要纳入项目融资考虑的范畴。一般来说，项目出资方对项目的资产包括产权拥有留置权，根据合同条款，他们实际取得了项目的控制权。

可再生能源和大型工业项目包含不同层次的交易，例如设备和材料的购买、现场安装、维护和融资，每一个项目都会产生特殊目的实体。项目发起人承担项目失败的不利影响，这就保护了项目投资人的其他财产免受因该项目投资失败而带来损失。这些实体除了该项目以外没有其他的资产投入。在一些实例中，拥有项目的公司要做出资本投入的承诺，这样才能保证项目投资的充足。

和普通的资本密集型项目，如交通、通信、公共事业所使用的融资方法相比，替代能源项目融资经常更加复杂。尤其是可再生能源项目，常常受到技术、环境、经济、政策风险的影响。因此，财务公司和项目出资方要评估特定项目开发和运行相关的内在风险来决定是否投资该项目。为了降低风险，项目出资方会创建特别的实体，由一些专门的公司组成，公司间共同分担风险并进行融资。

一个项目融资计划大体上包括一定数量的股权投资人，称为投资方，包括对冲基金，和银行财团一样为项目提供贷款。这种贷款大部分是普通的无追索权贷款，以项目本身作担保，完全由现金流、折扣、税收奖励来偿还。高风险的项目需要投资方提供有限偿还融资的担保。一个复杂的项目融资计划也可以吸纳公司资本、证券、期权、保险金或其他进一步的措施来降低风险。

5.5.4 购电协议 (PPAs)

可再生能源项目的购电协议是一个典型的租金抵首付（Lease-option-to-buy）的融资方式，经过特别的定制来承销项目沉重的成本负担。PPAs 也可以看作是第三方所有权合同，不同于传统的贷款需要在租期内占用有效的土地和股权。下面是 PPAs 作为金融工具独特的重要特性：

（1）可利用联邦和州政府的税收奖励，而对公共机构、市政、县、非营利组织及商业企业没有这样的优惠，也没有如此大的利润空间。

（2）合同协议期内，必须租赁可再生能源系统的装置和材料资产，如光伏发电支撑结构，该租赁期甚至可以超过 20 年。

（3）太阳能发电或可再生能源系统必须与电网并网。

（4）业主必须优先使用可再生能源系统产生的电能。

（5）根据租赁协议，热电联产系统多余的电能被认为是第三方所有。

（6）租赁财产流动性净值必须超过项目的价值。

1. PPAs 的优点

一般来说，PPAs 有以下显著的优点：

（1）项目以房产净值作为资金来源，如闲置的场地或建筑物的屋顶等无其他用途的场地。

（2）业主没有过重的项目投资负担。

（3）PPAs 保证业主避免电费上涨的损失。

（4）电费上涨时，通过第三方的 PPAs 比电网购电风险小。

（5）租赁期内，租方无需承担设备或场地的维护和保养责任。

（6）接近租赁协议期满时，租方可以灵活选择所有权。

（7）所有的 PPAs 实质上形成了交钥匙的设计建造合同，将业主从繁琐的技术设计中解脱出来。

2. PPAs 的缺点

既然 PPAs 实质上是形成了一个合同而不是工程设计与采购协议，因此他们本身会包含一些不足之处，在某些情况下会使前面所讨论的益处无法体现。有关 PPAs 一些问题如下：

（1）PPAs 合同极其复杂且令人费解。起草的合同协议包含对第三方所有者有利的法律条款和语句。

（2）对提前终止合同这一行为，PPAs 合同中包含了严厉的惩罚措施。

（3）PPAs 或第三方所有者一般包括一个信贷公司、一个中介机构，如市场营销组织、一个工程设计组织、一个总承包商，在某些情况下还包括一个维修保养承包商。考虑到多方的责任、体现所有实体协作的复杂性和合同周期，业主执行合同时必须付出极其艰苦的努力。

（4）业主不能控制所提供的设计和材料的质量。因此，在评估设备最终的所有权时要采取格外谨慎的度量措施。

（5）一般情况下，选择进入一个 PPAs 的业主，如非营利组织、市政、大中城市政府、大型商业企业，通常很少拥有具有工程经验和接触过 PPAs 合同的法律方面的人员。

（6）租用场地和建筑的业主在合同延续期间要承担自然条件下保护资产不被破坏的责任。

（7）在断电的情况下，第三方所有者根据协议约定对业主因电能输出减少而进行惩罚。

（8）PPAs 合同包括年电费的上涨，用装机成本的特定百分数来表示。对电费上涨的评估需要极为小心并付出极大的努力，因为看似很小的费用通胀都会抵消很大的利益，而该利益正是为了避免电费上涨造成的损失。

（9）PPAs 对大型的、可再生太阳能热电联产合同是相对较新的金融工具。因此，业主必须采取适当的措施避免意想不到的后果。

5.5.5　公立或特许学校的特别基金

2004 年 2 月 4 日，CEC 授权颁布了一个特别修正案，建立一个太阳能学校计划，提供更多的资金给公立学校或特许学校，鼓励在更多的学校安装太阳能发电系统。现在，加州财政部门已经为该计划分配了 225 万美元。要取得该特别基金的资格，学校必须符合以下条件：

（1）公立的或特许的学校必须提供幼儿园或 1～12 年级的情况说明。

（2）学校 80％的教室必须安装高效荧光灯。

（3）学校必须为学生开设关于太阳能收益和节能课程。

5.5.6　市政租赁的重要类型

有两类市政债券类型。一类被称为"免税的市政租赁"，这种形式已经存在很多年了，主要用来购买平均寿命为 7 年以下的设备和机器。第二种类型通常被称为"高效能源租赁"或"购电协议"，经常被用在以节能为目的而安装的设备上，此类设备预期的寿命为 7 年以上。很多时候，此类租赁适用于可再生能源联产，如太阳能光伏光热系统。其他常见的可利用市政租赁计划的应用类型包括能效提升设备，如照明器材、绝热设施、变频电机、集中站、紧急备用系统、能源管理系统和建筑机构改型。

租期结束的时候，承租方可以选择认购，从 \$1 到合适的市场价。承租方一般会选择继续租赁，此时的租金比最初的租金要少一些。

一个免税的市政租赁是一个特殊的金融工具，实质上是允许政府利用新的优惠条款得到新设备。租期通常少于 7 年，一些最显著的利益是：

（1）比商业贷款或商业租赁更低的价格；

（2）先租后买（Lease-to-own），既没有残留，也没有买断；

（3）使用容易，如可以一天学会操作；

（4）数额 $100000 以下无需"律师意见"；

（5）无需租赁相关的保险费。

1. 满足市政租赁资格的实体

事实上，任何州、县或市政府和他们的代理机构（如执法机关、公共安全、消防、紧急医疗机构、港务局、教育局、社区学院、州立大学、医院和 501 组织）都有市政租赁的资格。市政租赁可以租用的设备包括实质性使用的设备和补充设备，例如车辆、土地或建筑物。这里列举一些特殊的实例：

（1）可再生能源系统；

（2）热电联产系统；

（3）应急备用系统；

（4）微型和大型计算机；

（5）警用车辆；

（6）网络和通讯设施；

（7）消防车；

（8）应急管理服务设施；

（9）救援设备，例如直升机；

（10）训练模拟器；

（11）沥青铺装设备；

（12）监狱和法院计算机辅助设计（CAD）软件；

（13）越野车辆；

（14）能源管理与固体废物处理装置；

（15）草皮管理和高尔夫球场维护装置；

（16）校车；

（17）水处理系统；

（18）模块化教室、便携式建筑系统、学校用具，如打印机、传真机、闭路电视监控设备；

（19）除雪除冰设备；

（20）污水管道。

这种事务必须得到当地、州或联邦法律的许可，必须包含那些项目运行时必不可少的条款。

2. 免税的市政租赁

市政租赁是特殊的金融工具，免除银行或投资者的联邦所得税而获得利益。通常可以获得比传统的银行贷款或商业租赁更低的利率。大多数商业租赁是有租赁协议构成，该协议或者是名义上的或是符合市场规律的认购期权。

在所有的州，借款或是使用国债都是严格禁止的，因为市县政府不允许产生跨越过多年预算期的新债务。通常，州或市政府预算要经过正式投票成为法律，政府公司无权动用未来的钱。

因此，大部分政府公司不能签订市政租赁协议，除非协议中包含"不得挪用"的字样。大多数政府在使用市政租赁手段时，只考虑本期的付款义务，而不把它们做为长期的债务。

唯一的例外是发行债券或一般债务，他们是政府公司订约使用一系列未来付款协议的主要工具。一般债务债券是付款的合同承诺。政府债券发行机构保证安排足够的资金来偿还，包括必要的时候提高税收。万一普通基金不能提供足够的还款，债券"回报"的偿还就会直接连接到具体的税收。债券发行是十分复杂的法律文件，花费高昂而且耗时巨大，而且直接影响纳税人的利益，需要投票表决。因此，债券是专用于极大规模建筑工程的，如排水和道路等基础设施的建设。

市政租赁自动包含"不得挪用"条款，它们是不可商议的。不得挪用条款事实上减轻了政府实体的责任，即使有任何合法的理由，任何时候也不能挪用资金。

市政租赁款在任何时候都可以预付，却无需提前还款。一般情况下，租赁分期付款表包括一个解释利息本金和每个租期内支付金额的租赁合同。如果没有合同违约金，支付表可以提前准备。还应注意，设备和装置可以被租用。

当购买可再生能源或热电联产系统时，租赁付款可以用来持续降低设备成本。一个灵活的租赁组成允许市政租赁方从每年的资金中平稳支出。由于其竞争力强，出租率高达100%可以实现收支平衡。市政当局无需当前的资金拨付就可以得到所有的设备。

市政租赁计划的优点包括：

（1）增加的现金流入使市政当局或各行政区可以将花费分摊到多个会计年度中，由此可以留存更多资金

（2）租赁计划可以避免通货膨胀，因为购买设备的价格是按照租赁时的价格计算的，并且设备也是按照当时的价格获得的

（3）在设备的寿命周期内设计灵活的租赁条款可最高筹措到100%的资金

（4）市政租赁合同中的低利率部分免除了联邦税收，没有费用，并且利率经常可以和债券利率相媲美

（5）在租赁结束时甚至可以选择以＄1购买设备的条款，由此可以实现对设备的完全占有

由于财政预算短缺，租赁正在变成很多县市、州、学校和其他市政实体获得当前所需设备的主要途径，而不用花费所有的年预算来获取。但是要注意，由于强制不得挪用条款的存在，市政租赁同标准的商业租赁不同。这也表明了租赁实体只允许在当前的会计年度内进行资助，即使他们可能签订的是一个多年的协议。

第6章 太阳能发电系统设计

6.1 引言

第5章介绍了太阳能发电系统，太阳物理学，太阳能发电系统的专用设备和部件，项目初步设计要求（在可行性分析和成本估算背景下）以及与不同类太阳能发电项目相关的方法论和经济学意义。这些内容为完成（整个）太阳能发电系统设计奠定了必要的基础。本章将探讨（整个）太阳能发电系统的工程设计概要。这里介绍的设计方法体现了实际的设计步骤和准则（包括上一章中的所有主题）。

太阳能发电系统工程的原则是确保生成的图纸和说明书能够满足多方面要求。如果需要承包商提供精确的硬件和人力系统成本，就要提供大量的设计信息，且这些设计信息要足够详细，以帮助承包商制作综合施工图。工程文档还必须包括太阳能发电系统的具体项目说明书，概括一系统集成和安装的预期要求。

太阳能发电系统的工程设计需要多学科的技术和专业知识。进行太阳能发电系统的系统设计需要精通所有的硬件、设备性能及应用要求。一般来说，主要的系统组件，如逆变器、蓄电池、应急发电机组的性能可以从各个生产厂家获得。太阳能发电系统中的所有设备都具有相应的性能参数，必须仔细分析和评价。

工程地点、安装空间、环境设置、太阳能组件的选择和应用要求，以及在前面章节讨论的众多其他参数都是每个项目必须研究的。因此设计师必须特别注意太阳能平台的具体境况以及材料和部件的选择，包括光伏组件、支撑结构、配线、电缆管道、接线盒、收集器和逆变器。所有选择的材料和设备必须能经得起环境和大气条件的考验。在某些情况下，太阳能发电系统必须能够在极端的温度、湿度、龙卷风或者狂风的条件下运转。除了上述的极端环境外，电缆线还必须经受得起长期暴露于紫外线和高温环境的考验。另外，在太阳能系统布线设计中，还需要考虑太阳能光伏组件的特性参数，如短路电流（Isc）、开路电压（Voc）、特定的温度系数和各种影响太阳能系统电力输出性能的特性（所有这些都已在前面的章节中讨论过）。

对于太阳能发电系统设计师，除了要熟悉太阳能发电系统的设计，还必须熟悉国家电气规程，尤其是必须复查涉及太阳能光伏电力系统规程的 690 部分。

6.2 太阳能发电系统文档

为满足工程设计目标，太阳能发电系统文档至少应包含图纸和说明书的名册。本节将进行概述。

6.2.1　图纸名册

为了区别太阳能电气设计图和太阳能结构设计图，下面列出的图纸分别用指定的前缀字母 ES-XX 和 SS-XX。设计师们也可以自行定义图纸名称。

ES-1.0—标题页

ES-2.0—位置图

ES-3.0—电气接线图

ES-4.0—太阳能阵列布局图

ES-5.0—太阳能发电系统馈线清单

ES-6.0—太阳能发电系统的接地图

ES-7.0—太阳能发电系统设备说明书

ES-8.0—系统设备的安全平台设计

SS-1.0 至 X.0—结构图，由光伏支撑结构制造商提供

光伏结构的图纸编号和名称由供应商或硬件设备制造商提供。光伏模块的系统体系结构安装图、施工细节和预算也必须包括在内。下面给出这些图纸及说明书的内容介绍：

6.2.2　ES-1.0-标题列表

图纸的第一页是标题列表。这幅图纸通常包括以下内容：

1. 缩写

GND—接地

STC—标准测试条件

IG—隔离地

CU—铜导线或其他导线－千瓦

KVA—千伏安

MCA—最小电流－安培

NIC—不计入合同

NTS—不按比例

SLID—接线图

UON—除非另有说明

Voc—开路电压

WP—防风雨

PBO—由他人安装

G.E.0.—接地电极导体，参照 NEC250.66 和 250.166 标准

2. 图纸说明

以下是标题表中的图纸说明，目的是为太阳能发电系统集成商提供有关设计文档的具体解释和与太阳能发电系统集成相关的参考文献。典型的图纸说明可能包括以下内容：

（1）整个太阳能发电系统光伏模块的所有负极输出端必须采用的单点接地方式，并连接到逆变器的接地。

（2）所有外露非载流金属机柜和部件，包括光伏组件框架、支架结构、电线导管和线

路，必须遵从 NEC 2005.134 或 2005.136（a）中规定的接地方式。

（3）为避免物理损坏，接地线必须遵从 NEC 250.120（c）小于 AWG♯6 的规定，并且套布线用金属线管。

（4）整个太阳能发电系统中的所有紧固件、螺栓、垫圈及用于接地线或皮带的螺母必须是不锈钢的。

（5）在拆卸或更换任何金属设备底盘或者光伏组件时，必须始终保持接地状态。

（6）所有逆变器、变压器、设备平台必须接地。

（7）所有汇流盒和接地线必须与每个光伏组相连接。

（8）接地线应套布线用金属线管。

（9）所有接地极的连接导体必须遵从 NEC 690-47（1）并且不应小于最大的接地电极导体。

3. 电气说明

典型的电气说明是承包商在集成过程中必须遵守的一系列电气系统安装要求。一般情况下，这类说明参照某些材料和设备的规格标准。以下是一些可能在标题文档中被用到的电气说明：

（1）所有的直流设备和装置必须能在额定 600V 直流下运转。

（2）参照 NEC 250.97，所有外壳和管道连接件必须适用于接地并且是耐候的。

（3）所有设备必须有一个大于或等于现有设备的 AIC 等级。

（4）承建商必须与逆变器制造商就光伏组配置、操作、检测步骤进行协商。

（5）逆变器应符合 UL 1741 标准并包括下列功能：

    1）50/51 相电流；

    2）59 过流保护；

    3）27 过压保护；

    4）810 过频保护；

    5）81 低频保护；

    6）51 接地故障检测和保护，防孤岛效应保护。

（6）所有提供的计量和监测服务应当与当地太阳能发电系统的条例和要求相一致。

（7）参照 NEC 250.52 和 250.53，使用♯6 AWG 裸铜导线将逆变器接地棒连接于中枢直流接地杆电极。

相关规定这部分列出了集成商必须遵守的全部相关规定。包括相关监管法律、法规和当地的条例。

（8）2005 年国家电气法规。

（9）2007 年加利福尼亚建筑法规（CBC）。

（10）2008 年加利福尼亚电气规程 2007。

（11）加州能源守则。

（12）2007 年加州消防法。

6.2.3 太阳能发电设备的标志要求

太阳能发电设备需要贴有相应标识，以保护维护人员的生命安全，并且也是国家电气规程 690 条所规定的。太阳能供电系统集成商必须遵守具体的标志要求，其中一些可能是针对一个项目。标志要求包括以下内容：

（1）按照当地消防局要求，所有太阳能设备都必须有安全标志。

（2）所有标志必须遵从 UL 969 标准。

（3）标识必须是基于白色嵌印底面的红色标志，耐候性强、能够永久地附着于设备上。

（4）所有常断开关都必须有一个标志，如：

> 注意
> （太阳能高压直流电源）

（5）在接线图上应注明所有太阳能配件、线路、接线盒、导线管应具有的相应标识的永久性标志。

（6）在太阳能系统中任何用于断开接地电路的断开开关或断路器都应当符合 NEC。

（7）所有载有太阳能直流电的室内金属设备必须通过护栏或者皮带牢固的连接到墙上或者天花板上。

（8）载有直流太阳能电流的过流保护装置应用额定直流。

（9）在太阳能发电系统中用到的所有断路器和断开开关都应符合 NEC 中 690.17 条款。

6.2.4　设备说明

这些说明涉及设备的安装方法，其中可能包括以下几点：

（1）所有安装设备应是 UL. 列出的和由加州能源委员会批准设备的名单中提到的。

（2）所有室外安装的设备应具有防风雨的耐候配件。

（3）所有已安装的设备应当是易接近的。

（4）所有变压器主次两侧都必须按照当地 NEC 和当地电气规程的要求进行保护。

1. 工作范围

工作范围中给出了有关光伏组件类型、数据采集系统要求和施工图纸要求的具体说明。

（1）太阳能光伏支撑系统应包括一个穿透型的光伏支撑道轨系统。

（2）太阳能发电系统应包括一个基于网络的监控系统。

（3）太阳能/电气图应该包含一套完整的工作图纸，包括：

  1）光伏阵列布局图；

  2）接线图，给出所有的直流汇流箱、接线箱和过电流保护装置，如交、直流断路器，交流蓄电池；

  3）逆变器系统。

（4）套管和布线系统。

2. 电气符号

图 6.1（a）、（b）和（c）中显示的电气符号表是太阳能发电系统绘图文档中常用的符号表。

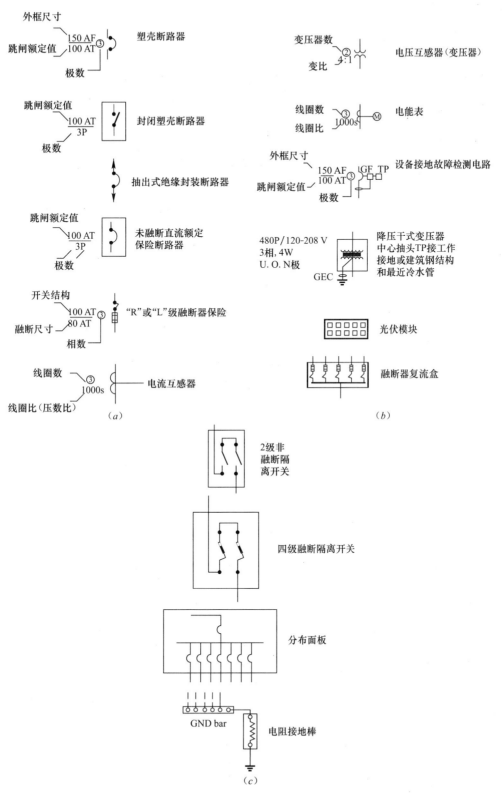

图 6.1 电气/太阳能发电系统设计符号

6.2.5　ES-2.0-位置图和周边地区布局图

周边地区布局图显示了项目的地理位置，这可以从"谷歌地球"网站上得到，此地图显示了道路和工程的地址（图 6.2）。位置图显示了项目占地面积在谷歌地图上覆盖的比例范围，即表示太阳能发电的占地范围（图 6.3）

图 6.2　附近的一个典型地图

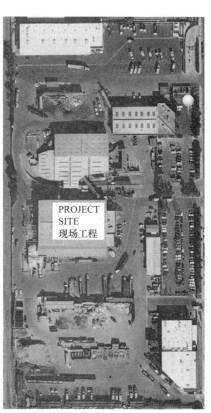

图 6.3　一个典型的位置图

6.2.6　ES-3.0-电气接线图

电气接线图（图 6.4）显示了所有的电器和太阳能发电系统部件的连接情况。图中所示的互联系统，包括太阳能发电系统的阵列布局、合路器和复合器、逆变器、太阳能发电系统断路开关、现场开关设备和电网连接点。接线图还包括设备立管图和特定项目的特殊标记和注释。

6.2.7　ES-4.0-太阳能阵列布局图

太阳能阵列布局图是一系列描述太阳能发电系统阵列布局拓扑结构或光伏组件连接情况的图纸（图 6.5），该布局图反映了太阳能发电系统的连接结构。

太阳能发电平台可能在屋顶、车库顶棚，或在安装光伏组件的露天位置。拓扑结构图通常在可行性研究过程中绘制。太阳能电池阵列布局图被认为是太阳能系统设计的基础，因为它提供光伏组件数量、阵列布局、子阵列布局，从而确定了整个太阳能发电系统的配

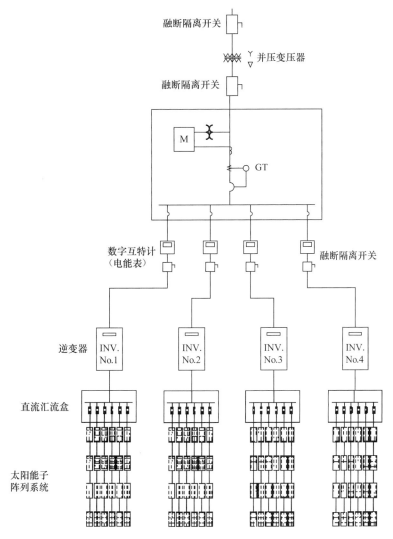

图 6.4 太阳能发电系统接线图

置。同样，阵列配置确定直流汇流箱、逆变器、布线盒和电缆的位置。总之，太阳能阵列
的布局图是各种太阳能发电系统的基本平台，也反映了每个太阳能阵列中太阳能发电阵列
的连线情况及连线顺序。

　　光伏组件支撑系统（屋顶安装、车棚或地面安装）确定后，太阳能发电平台的布局图
要转交给专门的结构和材料制造厂家。拿到布局图后，制造商的工程师开始设计精确的光
伏组件安装图（其中还包括光伏串列装配细节和安装细节）。制造商还需进行结构和承受
最大风力的估算。

　　在光伏支撑结构系统制造商的文档基础上，设计师需在布局图上标明电池阵列的连接
和识别方法。为了方便阅读，太阳能电池阵列的布局图需分若干层来设计。

　　1. 太阳能阵列整体布局图

　　如图 6.6 所示的整体布局图显示的是整个太阳能系统的鸟瞰图，包括构成太阳能发电
系统所有光伏阵列的突出边界。

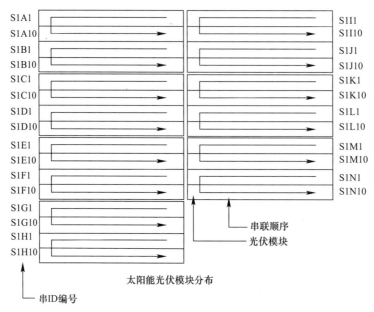

图 6.5　太阳能电池阵列布局

图 6.7 所示的太阳能发电系统阵列是用来标识太阳能发电系统中的每个构件。由于它用于太阳能发电系统中所有系统构件的相互连接，所以标识方法具有十分重要的意义。在图例中所概述的标识系统，也可以用于准备贴敷于太阳能发电系统硬件部件上的标签标识。标签标识贯穿于所有的图纸及相关联的所有系统文档。同样的，标识系统还常用在集成过程中标记所有的系统部件。

每个设备的标签必须把、太阳能电流从源到目标用字母完整标注，并能够识别光伏组的位置、直流汇流箱、复合器、目标逆变器。

2. 屋顶安装太阳能发电系统的特殊要求

以下是消防部门对所有屋顶安装太阳能发电装置强制性规范要求的重点。消防规范针对人行通道、屋顶接入通道、通风口及空气处理和空调设备进行了详细的规定。因此，所有太阳能发电系统的图纸和文档都必须符合消防规范的要求。此外，在布局图核查和系统安装前须由当地消防建设服务部门批准，至少应提交以下资料申请批准。

位置图中的太阳能电池阵列图必须给出具体结构的尺度。图纸必须显示以下内容：

（1）建筑物的占地面积和北向参考点。

（2）在位置图中所有现场构筑物的位置。

（3）建筑的街道地址。

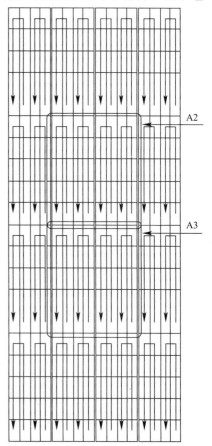

图 6.6　太阳能电池阵列的整体布局

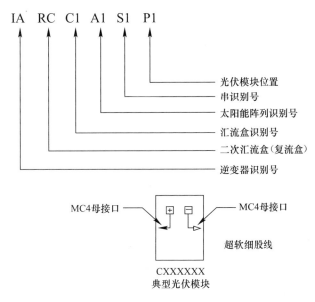

图 6.7 太阳能阵列的设计

（4）从街道到建筑物的入口。

（5）阵列的位置。

（6）断开的位置。

（7）所需标记的位置。

（8）所需可通行路径的位置。

（9）布局图及建筑物的立视图需清晰地标注出以下几个方面：

  1）阵列布局；

  2）屋脊；

  3）屋檐线；

  4）屋顶上的设备。

（10）屋顶上可能存在的其他物体，如线路进出口、天窗和屋顶出入孔。

（11）所有标记、标签和警示标志的位置和用语。

（12）电池阵列安置估测可能用到的建筑照片。

3. 消防局资料审查

所有建筑物上的太阳能装置在安装前必须由当地消防部门批准。安装光伏阵列的建筑物的位置平面布局图上至少要显示以下内容：

（1）建筑物的占地面积和北向参考点。

（2）所有现场构筑物的位置。

（3）建筑物的街道地址。

（4）从街道到建筑物的入口。

（5）阵列的位置。

（6）断开的位置。

（7）所需标牌的位置。

（8）所需可通行路径的位置。

（9）布局图及建筑物的立视图需清晰地标注出以下几个方面：

    1）阵列布局；

    2）屋脊；

    3）屋檐线；

    4）屋顶的设备；

    5）屋顶上可能存在的其他物体如线路进出口、天窗和屋顶出入孔；

    6）所有标记、标签和警示标志的位置和用语；

    7）阵列安置估测可能用到的建筑照片。

4. 警告标志和设备标签

警告标志和设备标签的目的是对出预警和指导意见，使他们能够从电气系统中隔离出太阳能发电系统电池阵列。这些标志确保应急人员发能方便地识别连接太阳能电池板和逆变器的通电线路，防止烟筒排烟时线路被切断。

5. 注意事项

太阳光下的光伏发电系统始终处于活动状态，并产生 600V 直流电，因此消防员在断开电力系统中的太阳能发电阵列时不排除有触电的危险。

在本章后面我们将讨论太阳能发电系统的生命安全问题和通过一个中央采集和控制系统可以缓解的措施。详细的消防规范和生命安全指示标志将在这一章中进一步讲解。

6. 主要服务断路

住宅建筑在住宅建筑中（尽管这本书未提及），这些标记可能出现在主要的服务断路处。这些标记需放置在主要服务断路处的外面，且必须能随着服务面板的关闭而关闭。

7. 主要服务断路

商业建筑在商业建筑中，这些标签必须靠近主要服务断路处，并且必须能从操作杆处清晰地看到。

8. 可通行路径和排烟

安装在坡屋顶的光伏阵列须提供一个 3ft 宽的可通行路径，此通道需从屋檐到放置面板的屋脊，且必须位于建筑结构强劲的位置，如承重墙。

9. 单脊建筑物

在单脊建筑中，光伏电池板必须采用一个能提供两个 3ft 宽能从屋檐到放置面板的每个坡顶屋脊的可通行路径。该通道不包括屋檐或屋顶向外延伸的部分。

10. 斜脊和屋顶排水沟

位于斜脊和屋顶排水沟处的太阳能发电装置如果放置在斜脊或屋顶排水沟两侧，则必须放置在距斜脊和屋顶排水沟的距离大于 1.5ft 的位置。

在一些案例中，光伏电池板只位于斜脊和排水沟的一侧时，面板可以直接放置在临近斜脊和排水沟的位置。

11. 死胡同

如果在屋顶上有两条或多于 2 条可通行路径，路径必须安排好，以确保没有大于 25ft 长的死胡同。当通道出现了一个超过 25ft 的死胡同时，他们必须继续到下一个通道。在到达另一个所需的通道之前任何通道的出行距离绝不会超过 150ft。

12. 最大的光伏阵列群占用面积

连续的光伏阵列在两个轴向的任何一个方向都不允许超过 150ft。安装于屋脊下的所有光伏阵列的高度不得超过 3ft。图 6.8 是一幅屋顶空调设备的间隙图片。

图 6.8 一幅屋顶空调设备的间隙图

13. 屋顶外围的间隙要求

所有屋顶安装的太阳能阵列装置须保持距屋顶周边或边缘至少 6ft 的距离，唯一例外的是当建筑物的一个轴线长度是 250ft 或更短，在这种情况下距屋顶边缘至少 4ft 宽的间隙是允许的。这些间隙要求也适用于光伏建筑一体化（BIPV）系统和天窗，其中包括以下内容：

（1）从通道到天窗或通风口必须提供最少 4ft 畅通的直线可通行路径。

（2）从访问入口到屋顶竖管必须提供最少 4ft 畅通的直线可通行路径。

（3）围绕屋顶访问窗口需要有一个不少于 4ft 的间隙，且带有至少一个直的到达护栏或屋顶边缘的可通行路径，其间隙不少于 4ft。

（4）可通行路径的可用宽度至少 8ft。

（5）当接近于现有的屋顶天窗或通风口时，路径宽度必须是 4ft 或者更大。

（6）边界范围为 4ft×8ft 的通风口周围，可通行路径的宽度必须是 4ft 或者更大。

14. 直流导体定位

所有的管道、布线系统、排水管必须尽可能接近屋脊、斜脊或排水沟，并且斜脊和排水沟尽可能的直接延伸到外墙。

子阵列和直流汇流箱之间的所有管道必须符合设计准则，即通过运用从阵列到直流汇流箱的最短路径，最大限度的减少屋顶上所用管道的总量。所有直流汇流箱的定位必须使各阵列之间的通道减至最少。图 6.9 给出了一个汇流盒的接线图。

15. 直流布线的要求

所有安放在建筑物封闭区域内的直流线路必须安装在金属管（布线用）或电缆线中。

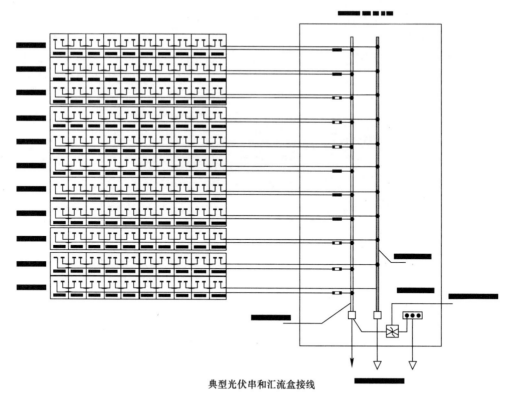

典型光伏串和汇流盒接线

图 6.9　传统太阳能阵列布线

只要可能，直流线路必须沿承重物的底部布置。

16. 地面安装太阳能光伏阵列的限定要求

到目前为止讨论的所有间隙要求只涉及屋顶安装太阳能发电系统的情况，并不适用于地面安装独立式光伏阵列。针对地面安装太阳能发电系统，唯一的要求是地面安装的光伏系统周围需要至少 10ft 的间隙。

17. 格架型太阳能发电系统的要求

以下是格架式太阳能发电系统的最低要求：

（1）架空阵列必须遵守与屋顶安装系统要求相同的标记、标签和警示标志。

（2）所有的太阳能发电格架系统在屋顶平台面和架空阵列的底部之间有不少于 7ft 的通畅的间隙。

（3）目前，在加利福尼亚州洛杉矶市，太阳能格架设施必须符合 57.12.03 和 57.138.04 消防规范条例。最近这些规范已经被其他一些州采纳。

（4）一个格架型太阳能光伏面板的不间断部分，在任一轴向上的尺寸不得超过 150ft。

（5）在阵列或子阵列与屋顶甲板表面之间的架空间隙宽度必须是 4ft 或更大，并延伸到阵列边缘。这样能够保持一个通畅的可通行路径，提供紧急通风措施。

（6）阵列下边的区域被禁止使用。

18. 设备安装细节图

在某些情况下太阳能电池阵列图列出了太阳能发电系统中各种设备安装的细节，这些设备包括汇流箱、光伏系统接地的支撑结构、太阳能发电系统主接地母线的配置和特殊的导管接头装置。这些可能被发生在建筑物膨胀结合部的馈线系统的扩张和收缩所要求，或者是为防止在极端炎热和寒冷的温度环境条件下产生结构应力所需要。图6.10（a）、（b）分别是一张典型的太阳能合路箱外观照片和一张安装图。图6.11是一张打开的汇流盒照片。图6.12是一张主接地母线图。图6.13是光伏组件接地图。图6.14是光伏组件地面布线图。图6.15是一幅带有伸缩缝的屋顶安装导管。图6.16是一张实际的导管伸缩接头安装的照片。图6.17是一张熔断开关的原理图。

6.2.8　ES-5.0-太阳能发电系统馈线明细表

太阳能发电系统馈线工程图是整套电气/太阳能图纸中最重要的图纸。这是因为它包含所有的太阳能发电系统的预算。为了便于讨论（针对图纸的重要性），文档被分成几个部分，每个部分都将详细的论述。

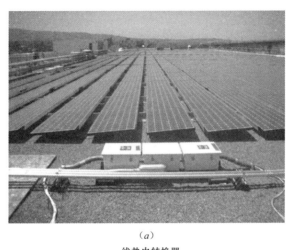

（a）

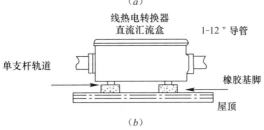

（b）

6.10　（a）在洛杉矶93伯特邮轮码头安装的屋顶太阳能发电阵列；
（b）直流终端盒的安装细节

1. A——PV模块的规格图

（6.18（b））所示的光伏组件说明书给出了制造商提供的平板光伏面板的性能规格参数表。这些表格中反映的信息是所有太阳能预算所需的重要基础信息。在这本书的第2章对大多数光伏组件的性能参数进行了介绍。也有一些在特定太阳能系统设计实例中所需的条目没有列写在光伏模块说明书中。以下列表中给出的是需要制造商提供的额外的说明数据。追加的光伏模块规范包括以下内容：

图 6.11　直流汇流盒的照片

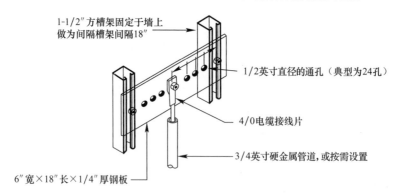

安全接地线缆与汇流条靠不可逆
压接头或放热焊接标准连接

1-1/2″方槽架固定于墙上
做为间隔槽架间隔18″

1/2英寸直径的通孔（典型为24孔）

4/0电缆接线片

3/4英寸硬金属管道,或按需设置

6″宽×18″长×1/4″厚钢板

接地注意事项-每个导体使用一个Thomas & Bets EZ
接地压力接头模块# BG350-500或等效模块

图 6.12　主要接地母线细节示意图

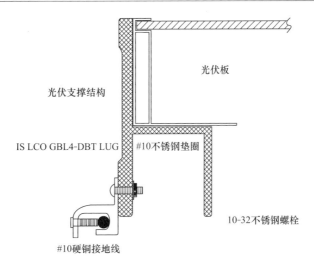

图 6.13 PV 支撑结构接地示意图

图 6.14 支撑结构接地的照片

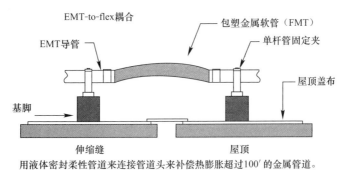

用液体密封柔性管道来连接管道头来补偿热膨胀超过100′的金属管道。

图 6.15 屋顶伸缩接头的水管安装示意图

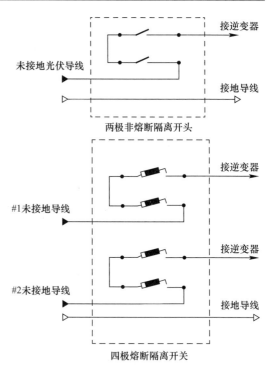

图 6.17　熔断断开开关示意图

图 6.16　屋顶上管道膨胀接头照片

（1）项目 A6—温度系数的最大功率；

（2）项目 A7—温度系数的开路电压；

（3）项目 A8—温度系数的短路电流；

（4）项目 A9—正常运行温度 NOTC；

（5）项目 A10—最低环境温度；

（6）项目 A12—记录低温-Rlt；

（7）项目 A13—电压温度校正系数 V_{tco}；

（8）项目 A14—温度校正因子 $Voctf = Rlt \times Vtco$；

（9）项目 A15—每列光伏模块的铭牌；

（10）项目 A16—校正的线电压 $Voc = 线数 \times Voctf$[❶]；

（11）项目 A17—CEC PTC 的值必须是被加州能源委员会列出的 PV 模块等级交叉验证过；

（12）项目 A21—系统最大允许电压；

（13）项目 A22—推荐的系列保险丝额定值；

（14）项目 A23—性能偏差保证值。

2. B——导体衰减

除了在项目 A 中的说明，在项目 B 中的导体衰减值用于计算汇流箱计划表和导体尺寸，如图 6.18（c）所示。

---

❶　注意：对于最大允许线电压（Voc×线数），要求设计者必须验证反相器最大跟踪电压，以确保线电压不超过允许直流跟踪带宽。

3. C——串导体尺寸

串导体的计算涉及确定最佳串导体的尺寸，这种尺寸适合在环境温度和太阳辐射给定条件下运行。图 6.18（a）～（c）是对各计算步骤的分项分析：

交流压降计算

单相	VD=Amps×feet×2K/C.M
三相	VD=Amps×feet×2KX.866/C.M
三相	VD=Amps×feet×2KX.866×1.5/C.M
2级	
A=安培	
L=从电源到负载的距离	
C.M.=线路导线的横截面积	
12为超50%负载铜线	
11为不足50%负载铜线	
18为铝	

直流压降计算

压降百分比=((2L×Rc)/1000×1)/N

L=单向导线长度

Rc=导线电阻/100英尺

I=电流

V=电压

图 6.18 （a）交流电压降计算公式

A PV 模块说明		Manufacturer → Sanyo-HIT210	
1	模拟额定功率(Pmax)	210	Watts W
2	最大工作电压(Vpm)	41.3	Watts W
3	最大工作电流(lmp)	5.09	Amperes A
4	开路电压@25°(Voc)	50.9	Volts V
5	短路电流(Isc)	5.57	Amperes A
6	功率温度系数(Pmax)	−0.336	Watts/Deg.centigrade W/℃
7	电压温度系数 （Voc）	−0.142	Volts/Deg.centigrade V/℃
8	电流温度系数 （Isc）	1.92	mA/Deg.centigrade mA/℃
9	正常工作温度 （NOCT）	46	Centigrade℃
10	最低工作环境温度	14F-10c	Centigrade℃
11	STC 温度	25	Centigrade℃
12	Rlt标记低温	−35	Centigrade℃
13	VToC电压温度修正因子	−0.142	Volts/Centigrade V/℃
14	Rlt×Vtco Voctf 温度修正因子	4.97	Volts V
15	每串光伏模块数	10	
16	串电压	509	Volts V
17	电压修正系数	1.13	Volts V
18	修正串开路电压 Voc=串开路电压 Voc×1.13	575.17	Volts V
19	CEC PTC	194.8	Watts W
20	单元效率	18.9%	
21	模块效率	16.7%	
22	瓦每平方英尺(单位平方英尺功率)	15.48	Watts W
23	最大系统电压	600	Volts V
24	串行融断器额定值	15	Amps A
25	合理公差	0 to+10%	

图 6.18 （b）PV 模块说明

B　Conductorderating导线降额

	Farenheit 华氏温度	Centigrade 摄氏温度
1 Ambient temperature环境温度		
2 Maximum average high temperatuere region of the platform平台高温区域平均最高温度	79	26.1
3 Platform ambient temperature adjustmont-2008 NEC 310.158B(2)-C平台环境温度修正	30	17
4 Adjusted average max. ambient temperature 修正平均最高环境温度	109	43.1
5 NEC T310.16 ambient temperaturecorre ction factor for 90 C 90C的NECT310.16环境温度修正因子	87%	

C　Stringuc cond tor sizing 串导线尺寸

			Multiplier
1 Modules per string 每串模块数	10		
2 Module isc 模块短路电流Isc	5.57	Amps	
3 Hi lrradiance factor derating 高辐射因子	6.96	Amps	125%
4 Max current amps(MCA)derating 最大电流安培数降额(MCA)	8.70	Amps	125%
5 Conduit fill-Current carying conductor s in raceway(4 1 or more) 电缆管道中管道填充的载流导体	24.9	Amps	35%
6 TemPerature derating factor(NEC 310-16)-cable ampacity 温度降额系数(NEC 310-16)规则-电缆的电流承载容量	28.58	Amps	87%
7 Conductor type导线类型		USE-2	
8 Conductor size @ 90°centigrade90°时导线尺寸		AWG#10	
9 Cable circular mills 电缆圆密耳	10380		
10 Wire ampacity 电缆载流容量	40	Amps	
11 Worst case maximum conductor distance(one way) 单相最差情况下最大导线长度	200	Feet	
12 Stling Vmp(module Vmp×Module per string) 串Vmp	413	Volts	
13 Stling lmp 串Imp	5.09	Amps	
14 Cable DC resistance(Ohms/1000ft).NEC Table 8-Rdc 电缆直流电阻	1.26	Ohms	
15 Cable resistance电缆电阻	0.252	Ohms	
16 % Voltage drop=(lmp×dist.×resist′)/string voltage 压降百分比=(lmp×距离×电阻)/串电压	0.31%		

图 6.18　(c)导体衰减和太阳能串尺寸

（1）项目 C1——图 6.18（c）所示的串导体尺寸计算决定每行允许的 PV 模块的最大数目。允许的组合串的数目不能超过在 Voc 校正值中串组合的倍数。例如，如果逆变器的直流电压变化范围是 300～600V，最大允许组合或叠加串电压值应不得超过 600V。

（2）项目 C2——表示 PV 模块说明中的 I_{sc} 值，I_{sc}=5.57A。

（3）项目 C3——为达到高辐照度，运用 125% 的衰减倍数，参照 NEC 690，调整到 I_{sc}=5.57×1.25=6.96A。

（4）项目 C4——应用最大电流（MCA）衰减因子，每 NEC 690 产生 I_{sc}=8.7A。

（5）项目 C5——应用 NEC 一个管道占空因子为一个沟道 41 个导体的最大值，产生 I_{sc}=8.7/0.35=24.0A。

（6）项目 C6——温度衰减因子（NEC 310-16）（87%）应用到 I_{sc} 电流=24.9/0.87=28.58A。

（7）项目 C7——指定导体的类型 USE-2（USE-2 是一种 UV 保护套的导体）。

（8）项目 C8——在 90℃ 的特定导体尺寸是 AWG♯10。

（9）项目 C9——指定圆形电缆盘线，如 NEC 表 8，电缆规格表是 10380。

（10）项目 C10——导线安培容量。

（11）项目 C11——指定最差情况下单根电缆的长度。

（12）项目 C12——在最大功率输出时的太阳能系统串电压。

（13）项目 C13——在最大功率时的串电流输出。

（14）项目 C14——每 1000 英尺电缆的直流电阻（Ω）（NEC 表 8）。

（15）项目 C15——电缆的总电阻（Ω）。

（16）项目 C16——百分比压降的 Iv 计算或百分比 VDC：

%VDC＝Imp×Cable distance in ft. ×resistance/1000 Ft. (/string voltage)

4. D——汇流箱馈线配置的计算

如图 6.18（d）中所描述的，汇流盒馈线表的计算是基于先前实验中获得的计算数据。

（1）项目 C1——识别汇流箱名称，使用前几章讨论过的相同的太阳能电池阵列的命名方法。

（2）项目 C2——指定每个汇流箱中光伏串的数目，在图 6.18（d）的例子中有 11 个。

（3）项目 C3——之前计算的衰减 MCA 值，是 8.7A。

（4）项目 C4——指定保险丝额定值为 15A。

（5）项目 C5——最大串电流（MAC）的计算值＝Isc×每串光伏模块的数量×125% 的 NEC690 衰减因子，在本实例中是 76.59A。

（6）项目 C6——最大串电流（MAC）乘以连接于回流盒的串数，在本事例中＝8.7A× 11 串＝95.73A。

（7）项目 C7——指定来自 NEC 表 310-15（b）的衰减乘法因子，因为每个管道中串数为 4—6，所以乘数应该是 0.8。

（8）项目 C8——NEC 温度衰减乘数因子，在该事例中太阳能供电系统预期最高运行温度在 105～113℉ 之间变化，其温度衰减乘数因子为 0.87。

（9）项目 C9——在高温运行条件下的 MOC 衰减值，其为 0.8×0.87×95.7＝137.55A。

C Combiner box feeder schedule calculations

1 Combiner identification 交流盒编号			CSAXX-01
2 Number of connected strings 联接串数量			11
3 Derated max current amps 最大电流降额（MCA）	Amps A		8.70
4 Fuse rating per string 每串融断器额定值	Amps A		15
5 String maximum current（MCA）=les×PV count×125% 串最大电流	Amps A	125%	76.59
6 String maximum current apers（MOCP）=MCA×Number of strings 串接最大过流保护		Max.OCP	95.73
7 Conductor wire fill derate factor-NEC 310-15（B）导线线填充衰减因子		4-6 wires	0.8
8 Temperature derate factor（Max.Amb.Temp F）温度降额因子		105 to 113F	0.87
9 Combined derated amapacit=MOCP 汇流盒降额载流容量	Amps A		137.55
10 Conductor type 导线类型			THWN-2
11 Conductor wire guage 导线线缆规格			#1
12 Conductor ampacity 导线载流容量	Amps A		150
13 Ground wire NEC Table 250-122B 地线-NEC表250-122B		OK for 300 Amps	4
14 Conduit size 导管尺寸	EMT		1.5″
15 Feeder identification tag-to be the same on the plans 馈线辨识标号			CSAXX-1XX
16 Feeder distance-one way-L 馈线距离	Feet 英尺		165
17 Cableresistance/1000 ft-Nec Table 8 电缆电阻/100尺寸-NEC表8			0.154
18 Parallel string imp's per combiner box 每个汇流盒并行串	Amps	11 strings	56.0
19 Pereont voltage drop=（（2L×Rc）/1000×Imp）string Vmp 压隆百分比=	A		0.69
20 Destination feed reaombiner box-identification 目标馈线复流盒编号			RB-xx-xx

图 6.18 （d）汇流器馈线表计算

（10）项目 C10——指定导体类型（用于太阳能应用 THWN-2）。

（11）项目 C11——指定适当的导线规格。

（12）项目 C12——指定导体载流能力。

（13）项目 C13——NEC 表 250-122B 指定地面电缆。

（14）项目 C14——指定管道尺寸。

（15）项目 C15——指定管道识别标签。

（16）项目 C16——指定直流馈线最大的单通道距离（L）。

（17）项目 C17——指定电缆的每 1000ft 电阻。

（18）项目 18C——指定 11 串的组合电流为 $Isc=11×4=54.6A$。

（19）项目 19C——百分比电压降的计算 $=(((2×L)×(ohms/1000ft.))×Imp)/$ String Vmp。

（20）项目 20C——指定目标复合器的识别。

5. E——复合器箱馈线配置计算图 6.18（e）所示复合器箱馈线表表示在复合器箱内积累的馈线电流的汇聚载流量计算，显示在图 6.18 中的一系列复合器箱示例计算是基于 4 个相同的复合器箱合并成一个单一复合器箱的情况。

以下是所展示项目的定义：

（1）项目 D1——识别太阳能发电系统子阵列的 3 个独立的复合器箱的标签。

（2）项目 D2——指出连接到复合器箱的汇流箱的数目。

（3）项目 D3—D6——显示从每个汇流器箱馈入电流的值。

（4）项目 D7——表示汇流器箱（MCA）并联电流之和。

（5）项目 D8——表示 30°环境温度下衰减的最大电流容量（MAC）。

（6）项目 D9——在使用 NEC 表 310—15（B）中衰减因子的四条导线中运用管道填充衰减因子。

（7）项目 D10——运行在 105～113 最大环境温度条件下项目 D 的值进一步衰减。

（8）项目 D11——指出所用电缆的类型。

（9）项目 D12——指出电缆尺寸。

（10）项目 D13——指出电缆电流最大载流量。

（11）项目 D14——显示了列于 NEC 表 250-122B 中的合适的接地电缆。

（12）项目 D15——指定管道尺寸。

（13）项目 D16——指定馈线管道标签。

（14）项目 D17——指定到目标反相器的馈线电缆的单通道距离。

（15）项目 D18——指出串的最大电压 Vmp（模块 Vmp×每个串中的模块数）。

（16）项目 D19——表示最大叠加电流合（串 Imp 电流×串的数量）。

（17）项目 D20——显示每 1000 英尺电缆的电阻（NEC 表 8. 显示值表示为 $2×$ 250kcmil/2）。

（18）项目 D21——表示直流电压降百分比的计算值。

（19）项目 D22——表示目标直流断开开关的标志。

6. F——逆变器馈电电缆和导管尺寸计算

图 6.18（f）所示的逆变器馈线计算代表电缆的交流载流量的计算，它连接逆变器和网状连接节点，它可以是一个电路断路器、隔离变压器或一个交流汇流器箱（反向分配板）。

（1）项目 E1——指定逆变器为交流电流源。

（2）项目 E2——指定逆变器类型和模式。

（3）项目 E3——指定逆变器输出电压。

（4）项目 E4——指定逆变器最大电流输出容量。

（5）项目 E5——指定逆变器最大连续电流输出容量。

（6）项目 E6——指定在 30℃ 环境条件下的衰减电流。

（7）项目 E7——指定馈线电缆类型。

（8）项目 E8——指定合适的电缆尺寸。

（9）项目 E9——指定导体最大载流量。

（10）项目 E10——根据 NEC 表 250-122（B）指定接地线型号。

（11）项目 E11——指定馈线导管尺寸。

（12）项目 E12——指定馈线导管标签。

（13）项目 E13——显示馈线电缆距离的近似单通道距离。

（14）项目 E14——指定适当的电流保护装置载流量。

（15）项目 E15——代表百分比电压降计算（在这个例子中用图 6.18（g）的铜线的三相电压降）。

7. 太阳能供电系统布线指南

THW-2、USE-2、THWN-2 或 XHHW-2 是适应于阳光暴晒的导体。所有户外安装的导管和线路被认为是运行在湿润，潮湿，紫外线暴晒的条件下。这样，导管应能承受这些环境条件，并且要求是厚壁类型，如坚固的镀锌钢（RGS），中间金属导管（IMC），薄壁电器金属（EMT），或表-40 或-80 聚氯乙烯（PVC）非金属导管。

室内布线不要求电缆能承受外观损坏，CNM-、NMB-、和 UF-type 电缆是允许的。要小心谨慎，避免把评估较低的电缆安装在室内，比如在阁楼，环境温度能超过电缆等级。

D Recombiner box feeder schedule calculations

	RXA-01	RXB-02	RXC-03
1 Recombiner bo x identification复流盒编号（标识）	RXA-01	RXB-02	RXC-03
2 Number of parallel connected incoming circuits并行输入电路数	4	4	4
3 PV combiner current Amps PV（光伏）汇流电流（安培）	76.59	76.59	76.59
4 PV combiner current AmpsPV（光伏）汇流电流（安培）	76.59	76.59	76.59
5 PV combiner current AmpsPV（光伏）汇流电流（安培）	76.59	76.59	76.59
6 PV combiner current AmpsPV（光伏）汇流电流（安培）	76.59	76.59	76.59
7Parallel continious output current from the recombiner box-AMPS 复流盒并联连接输出电流	306.35	306.35	306.35
8 MCA temperature derating of 125% f or 30 centigrade 30℃时MCA温度降额	382.94	382.94	382.94
9 Conductor wire fill derate factor-NEC 310–15(B)-4 wires导线填充因子	478.67	478.67	478.67
10Temperature derate factor (Max. Amb. Tempt F) 105–113 F 温度降额因子	550.20	550.20	550.20
11 Conductor type导线类型	THWN-2	THWN-2	THWN-2
12 Conductor size导线尺寸	(2) 250 kcmil	(2) 250 kcmil	(2) 250 kcmil
13 Conductor ampacity-AMPS导线载流容量	580	580	580
14 Ground wire-NECTable 250-122B接地线-NEC表250-122B	#3	#3	#3
15 Conduit type & size-EMT导管类型和尺寸-EMT	3"	3"	3"
16 Feeder tag馈线标号	RFA-XX	RFB-XX	RFC-XX
17 Approximate feeder distance to inverter-oneway distance 到逆变器近似馈线距离（单向距离）	150	150	150
18 StringVmp (Module Vmp × Module per string)串Vmp模块（串Vmp×串模块数）	413	413	413
19 Imp-Amps = (String Imp × Number of strings)Imp（串Imp×串数）	223.96	223.96	223.96
20 Cable resistance/1000 ft-NEC Table 8-(2)250 kcmil = 0.0535/2 电缆电阻/1000英尺-NEC 表8-(2)250线径英寸	0.02675	0.02675	0.02675
21 Percent voltage drop = ((2L×Rc)/1000×Imp)/ 压降百分比=((2L×Rc)/1000×Imp)/电压	0.44%	0.44%	0.44%
22 Recombiner destination disconnect switch identification复流盒目标隔离开关标识	RXADS	RXBDS	RXCDS

图 6.18 （e）复流盒馈线计算表

E Inverter feeder cable & conduit sizing calculations
逆变器馈线电缆和导管尺寸计算

	Inverter A 逆变器A	Inverter B 逆变器B
1 Inverter identification 逆变器标识		
2 Manufacturer & model-Xantres 500 kw 制造商和Xantres 500 kw		
3 Output voltage—480 volt,3 phase,3 wire输出电压480V，3相3线	480	480
4 Power output capacity—kw功率输出容量—kw	500	500
5 Continuous output current持续输出电流	601	601
6 Feeder cable derating for 30℃ @ 125% 30℃馈线电缆降额125%	751	751
7 Conductor type导线类型	THEWN-2	THEWN-2
8 Conductor size导线尺寸	(2) 500 kcmil	(2) 500 kcmil
9 Conductor ampacity—Amps导线载流容量—安培	760	760
10 Ground wire—NEC Table 250-122B接地线—NEC表250-122B	#1/0	#1/0
11 Conduit type & size—EMT 导管类型及尺寸—EMT	4*	4*
12 Feeder tag馈线标签	INVA-F	INVB-F
13 Approximate one-way distance to grid—feet到电网的单向近似距离—英尺	55	55
14 Overcurrent protection device ampacity-Amps过流保护装置载流容量—安培	800	800
15 AC voltage drop%交流压降%	0.105	0.105

图 6.18　（f）逆变器馈线和电缆尺寸计算

wier AWG 电缆线规 AWG	THHN-2 Ampacity THHN-2 载流容量	THWN-2 Ampacity THWN-2 载流容量	MCM	Conduit 导管
2000			2016252	
1750			1738503	
1500			1490944	
1250			1245699	
1000	615	545	999424	
900	595	520	907924	
800	565	490	792756	
750	535	475	751581	
700	520	460	698389	4″
600	475	420	597861	4″
500	430	380	497872	4″
400	380	335	400192	4″
350	350	310	348133	3″
300	320	285	299700	3″
250	290	255	248788	3″
4/0	260	230	211600	2-1/2″
3/0	225	200	167000	2″
2/0	195	175	133100	2″
1/0	170	150	105600	2″
1	150	130	83690	1-1/2″
2	130	115	66360	1-1/4″
3	110	110	52620	1-1/2″
4	95	85	41740	1-1/2″
6	75	65	26240	1″
8	55	50	15510	3/4″
10	30	30	10380	1/2″
12	20	20	6530	1/2″

图 6.18　（g）管道和电缆表

75℃（167°F）NEC表8中铜线直流电阻
for copper wire-NEC Table 8

AWG	ohm/1000 ft	AWG	ohm/1000 ft
18	8.08	800	0.0166
16	5.08	900	0.0147
14	3.19	1000	0.0132
12	2.01	1250	0.0106
10	1.26	1500	0.00883
8	0.786	1750	0.00756
6	0.51	2000	0.00662
4	0.321		
3	0.254		
2	0.201		
1	0.16		
1/0	0.127		
2/0	0.101		
3/0	0.0797		
4/0	0.0626		
250	0.0535		
300	0.0446		
350	0.038		
400	0.0331		
500	0.0265		
600	0.0223		
700	0.0189		
750	0.0176		

NEC Table 250.122B 接地导线尺寸

OCD 安培	铜线线规 AWG
15	14
20	12
30	10
40	10
60	10
100	8
200	6
300	4
400	3
500	2
600	1
800	1/0
1000	2/0
1200	3/0
1600	4/0
2000	250
2500	350
3000	400
4000	500
5000	700
6000	800

NEC Table310.15（B）（2）（a） Amb.temp adj.factor

导管 AWG	调整因子
4-6	80%
7-9	70%
10-20	50%
21-30	45%
31-40	40%
Over 41	35%

图 6.18 （h）NEC 表 8

图 6.18 （i）NEC 表 250.1228 和 310.15（B）（2）（a）

传输直流电流的导体要求使用 NEC 第 690 款规定的有色码推荐规范。红色电线或任何其他除绿色和白色之外的电线都可作为阳极导体，白色电线用于阴极导体，绿色电线被用于设备接地，裸露的铜线用于接地。NEC 允许非白色接地线，例如 USE-2 和 UF-2，它们的尺寸是♯6，有白色带子或标记。

如前所述，所有的 PV 阵列框架、集成电池板、断路开关、逆变器和金属附件应该连接在一起，并且在一个单一的服务接地点接地。

6.2.9 ES-6.0-太阳能发电系统接地方案

开路情况下具有 50V 直流电输出的光伏发电系统要求其中一个载流导体接地。在电气工程系统，用于接地的术语有点复杂和混乱。参照 NEC 条款 100 和 250 定义复检下面的术语有助于区分各种接地名称。

在前面的段落里，"接地"意味着把一个导体连接到一个充当地球的电器装置的金属附件上。接地导体是一种专用接地的导体。在 PV 系统中，它通常是双线制系统直流输出的负极，或者早期双极太阳能阵列技术的中心抽头导体。

设备接地导体通常是没有电流流过的，一般是裸露的铜线，铜线表面或许会有绿色的绝缘外皮。接地导体通常连接到设备的金属外壳或金属附件上，当金属部件偶然通电的时候它提供了一个到地线的直流导电通路。图 6.19 是一个应该出现在太阳能发电系统图纸文档头版的常规注释。图 6.20 展示了一个太阳能电池阵列接地系统的接线图。

电气注意事项

所有直流设备和装置额定电压应为直流600V

所有附件和导管应符合NEC250.97接地标准且应做耐风化处理

所有设备均需具备已有设备相同或更高的额定电流分断能力

承建商应与逆变器制造商协调关于设置操作和测试流程

逆变器应满足AL 1741标准和如下功能：

- 50/51相电流
- 59过流保护
- 27低压保护
- 810过频率保护
- 81U低频保护
- 接地故障检测和保护
- 防独岛保护

所有计量和监控服务商应遵守当地太阳能系统的条例及要求

用#6 AWG裸铜导线将逆变器接地棒来于网络直流接地棒电极NEC250.52

警告：太阳能阵列的直流电压总是在白天产生，在设备安装和维护操作时要非常小心谨慎

图 6.19　必须包括在太阳能发电系统图纸文档头版的常规电气注释

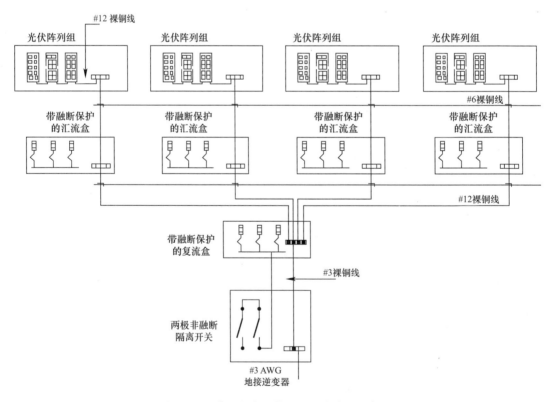

图 6.20　典型的太阳能发电系统接地示意图

电极接地导体连接接地导体和系统接地电极。电极接地导体通常位于工地范围内的单

一位置，并且不传输电流。在设备意外短路时，电流直接被导向地面，这样有利于接地故障设备的保护。接地电极是一个接地棒，或是用混凝土包裹的钢筋（UFR）导体，并且是一个接地板（或是连接接地电极导线的简单钢结构件）。按照 NEC，所有光伏系统，不管是电网连接或是单机（为了减少雷电的影响并提供人员安全措施）都需要配备充足的接地系统。同时，接地光伏系统大幅减少了逆变器设备产生的射频噪声。

一般情况下，连接光伏模块和附件框架到接地电极的接地导体要求能够将全部短路电流传输到大地；正因为如此，他们应该具有满足这一目的足够的尺寸大小。作为一项规定，比 AWG♯4 大的接地导体在没有防止物理损害特殊防护措施的情况下是允许安装的。然而，较小的接地导体必须安装在保护导管或是沟道内。如前所述，所有电极接地导体需要被连接到一个单一的接地电极或是接地母线。

1. 设备接地

金属附件、接线盒、断路开关和用在整个太阳能发电系统中的设备等可能偶然通电的设备必须要接地。NEC 条款 690、250 和 720 描述了具体的接地要求。对于地线大小可参照 NEC 表 250122B。设备接地导体类似普通电线，但要求有额外 25% 的接地电流承载能力，其大小是计算出的接地电流值乘以 125%。接地导体业必须是在 NEC 条款 250.122（B）定义的适用于电压降的超大尺寸。

在一些装置中，支持光复模块的裸铜接地导体沿着栏杆布设。在光伏电流载流导体通过金属管道安装的装置中，单独的接地导体可以被取消，因为在充分连接时金属导管被认为能够提供合适的接地。然而，重要的是测试导管的电导率，以确保没有传导通路异常或者是不可接受的电阻值。

2. 地面安装太阳能发电系统设备平台的接地

大规模的太阳能发电系统通常配置多组太阳能发电组或子系统。每个太阳能发电子系统被视为由一些太阳能阵列、汇流器、复合器箱和逆变器构成的独立的虚拟发电集群区。太阳能发电子系统的输出能量最终汇集到一个包括直流和交流馈线汇聚的终端位置，并最终连接到电网。在太阳能子组或终端能量积聚中心，交流和直流蓄电池、断路开关、逆变器、变压器、开关设备和通信设备等被固定在钢筋混凝土平台上的（图 6.21）。为了适应设备机箱接地，该平台是被盘踞在地面上的一个铜导线接地环路（也称为接地环）环绕着的。接地环连接到钢筋混凝土平台的钢筋上，并且通过等温焊接法将其一次连接到一些接地电极上。

在设备安装的不同位置，辫子接地线为设备机箱提供接地附着点。在干燥位置，如沙漠，地面的传导率不好，电解接地棒（图 6.22）用于提供足够低的电导率。图 6.21 是一个太阳能发电设备平台的接地系统示意图。图 6.22 给出了一个在导电性差的土壤环境中使用的化学接地棒的明细图。

除了将太阳能发电系统设备接地外，环绕太阳能发电装置的周边框架（如图 6.23），以及光照系统、金属罩和机柜，都必须牢固地连接到中央的接地系统母线上。

3. 联网型太阳能发电系统的接入电网功率需要考虑事项

当在已有或新的开关设备中集成一个太阳能发电设备时，需要回顾 NEC690 中关于开关设备总线容量的条款。

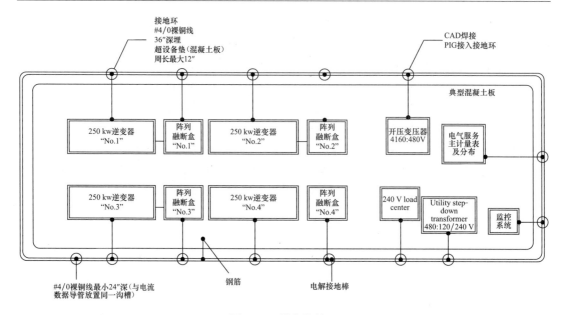

图 6.21　设备垫接地

Lyncole XIT 接地系统
L-形模型：信息及规格说明

A. Manufacturer: Lyncole XIT Grounding, 3547 Voyager St。
　Torrance,CA 90503,Phone 800-962-2610.
　www.lyncole.com
B. 标准长度：　10′,12′,20或自定义
C. UL and CSA Listing:467.
D. LSO 9000认证
E. Ⅱ 回填满足ANSINSF环境标准60
F. 材料：K铜0.083″标称壁厚
G. 结构：中空管 2.125″外径填充无害盐（Calsolyte）
H. 重量：3.5 lbs
I. 接地线终端：热焊接#2固线和750MCM.U型螺栓带压板做测试点
J. 最小生命周期：50年。保持期：30年
G. L形模型：K2L-10CS, K2L-12CS,K2L-20CS.
L.　GSA 合同定价

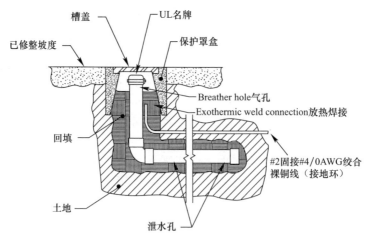

图 6.22　电解棒接地细节

154

图 6.23 围栏接地箱

作为一项规定，当计算开关设备或任何其他配电系统总线的载流量时，母线总的电流承载能力不允许被加载到超过制造商设备铭牌额定值的 80%。换句话说，母线的额定是 600A 时，不允许承载超过 480A 的电流负担。

当太阳能发电系统接入主电网的配电开关设备时，总母线电流承载能力必须增加与太阳能系统电流输出量等同的量值。例如，如果我们要添加 200A 太阳能的电量到开关设备上，开关设备的总线等级必须额外扩充 250A。额外的 50A 代表太阳能电源输出电流的 80% 的安全余量。因此，电网接入开关设备总线必须从 600A 增至 1000A，或至少增至 800A。

像先前的建议一样，设计工程师必须非常熟悉与太阳能发电系统设计有关的 NEC690 条款，并确保太阳能发电系统电气设计文档成为电气图检查依据文档的组成部分。

集成太阳能发电电气文档必须包括太阳能发电系统组件，如光伏阵列系统、太阳能集热器的配电板、过电流保护装置、逆变器、隔离变压器、保险服务断开开关和计划内的净计量。这些因素也是基本电气系统设计的一部分。

电气图应包括电气接线图中的太阳能发电系统配置，面板明细表和所需负荷计算。所有外露、隐蔽和地下导管也必须用不同的设计标志和标识反映在图上，通过这些标志和标识从电气系统中区分开通用的和太阳能发电系统的。

需要注意的是太阳能发电和电气接地应该是在一个单一的位置，最好是连接到一个专门设计的接地母线（其必须位于主要服务开关设备附近）。

4. 光伏发电系统接地故障保护

地面安装系统不需要具有同样的保护，因为大多数电网连接系统逆变器包含所需的接地故障保护（GFPD）设备。接地故障检测和中断电路通过关闭逆变器执行接地故障电流检测、故障电流隔离和太阳能电力负荷隔离。接地故障隔离技术目前正在经历一个发展的过程，它有望成为未来安装时的强制性要求。

6.2.10 ES-7.0 太阳能发电设备说明

此名册内的图纸，包括所有主要装置和设备的粘贴性设备说明和图案介绍，如光伏模块、支撑结构、汇流箱、断路开关和逆变器（以及数据采集系统的简单描述）。

6.2.11 ES-8.0 系统设备安全板说明

设备安全规程图纸显示实际的标签名称，这些标签必须固定在传输太阳能电力的太阳能发电系统中的每个设备上。安全板是强制执行的防火规范的强制性要求，没有它太阳能发电系统将无法通过工程验收或竣工验收。图 6.24 (*a*)、(*b*) 描绘了太阳能发电系统安装中使用的设备安全板样品。

```
┌─────────────────────────────┐  ┌─────────────────────────────┐
│  ⚠  CAUTION                 │  │  ⚠  CAUTION                 │
│     警告                     │  │     警告                     │
│                             │  │                             │
│  光伏系统AC隔离              │  │        电击危险              │
│                             │  │                             │
│  请勿接触终端，严重电击危险   │  │   没有绝缘手套不要接触终端     │
│                             │  │                             │
│  输入与负载两侧终端均可能带电 │  │     终端两端均可能带电        │
│                             │  │                             │
│  最大电流 _____AMPS       │  │                             │
│  操作电压 _____VOLTS      │  │                             │
└─────────────────────────────┘  └─────────────────────────────┘
```

(*a*)

```
┌────────────────────────────────────────────────────────────┐
│              太阳能发电设备的标签要求                          │
│ 1. 所有太阳能发电设备应具有安全标签，按当地消防局的要求         │
│ 2. 所有标签应遵守的UL969标准                                   │
│ 3. 所有标签应是具有白色纹理背景的红色，防风雨且永久粘贴在设备上  │
│ 4. 所有的断开开关应具有如下的标签：                            │
│                    注意                                       │
│              高电压太阳能直流电源                              │
│ 5. 在接线图上显示中，所有太阳能发电机柜，电线槽，接线盒，及导管应当有相应的识别的永久性标签。│
│ 6. 在太阳能发电系统内任何用于断开不接地电路导线的隔离开关或断路器，都应符合国家电气规范（NEC）│
│ 7. 所有室内的传输太阳能直流电流的金属导管应通过栏杆或带子牢固地连接到墙壁或天花板上。│
│ 8. 所有直流过电流设备都应在额定值内使用。                      │
│ 9. 所有在太阳能系统中使用的断路器和隔离开关都要符合国家电气法规（NEC）│
└────────────────────────────────────────────────────────────┘
```

(*b*)

图 6.24 (*a*) 太阳能设备的警告标志；(*b*) 高电压警示牌

6.2.12 SS-1.0-光伏系统结构图

结构图是一组提供光伏组件支撑结构的详细图纸。除了结构细节的图纸，还包括结构计算，具体到每一个结构类型，如地面安装固定的角度系统，单轴跟踪系统，格型或屋顶安装系统。图 6.25 所示是一个典型的结构图，显示了一个屋顶安装非穿透型镇流器系统布局的布局。图 6.26 是一个实际的镇流器安装的照片，图 6.27 是一个受保护的镇流器导轨系统的组装太阳能串列的照片。镇流器单位非穿透型屋顶安装太阳能发电系统图 6.25 的镇流器系统。

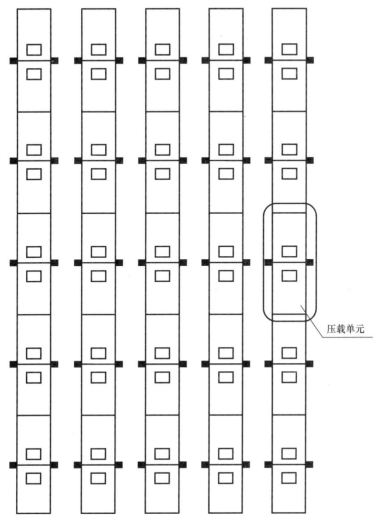

压载单元

安装太阳能发电系统的非穿透型屋顶镇流器系统

图 6.25 屋顶安装光伏支持结构镇流器系统布局的结构图

图 6.26 吸顶式穿透型太阳能电源支撑结构镇流器系统

图 6.27　太阳能串阵列装配图

第7章 大规模太阳能发电系统工程建设

7.1 引言

鉴于太阳能光伏技术的跨学科属性，整合大规模太阳能发电系统（不同于传统的电力系统承包工程）要求具有多种学科的丰富经验。包括电力系统、太阳能发电系统设计、土木/结构工程以及本书第 8 章所述的太阳能发电系统管理方面的专门知识。

此外，大规模太阳能发电系统的安装需要骨干技术人员，这些人要经过太阳能发电系统技能培训并具有足够的电力电子知识和经验。尤其是对大规模太阳能发电系统（整合阶段），包括一系列连续的太阳能电池阵列系统和子系统动态测试，这些测试需要一定的熟练程度，并制定详细的测试和验收计划。

7.2 工程规划研究及文档

为了建设一个成功的大规模太阳能发电系统，技术、施工监理和施工管理人员必须全面评价所有的工程设计文档和技术规程。需要指出的是大规模太阳能发电系统通常是复杂的，并且包括几千个光伏组件和太阳能发电系统装置及支撑结构。图 7.1 是一个太阳能发电安装工程的成本估算概要，图中给出了复杂的大规模太阳能发电系统安装所需的小时费用和工时数。

此外，太阳能发电工程有时要包含相当多的太阳能平台准备、光伏支撑地基工程、后勤、环境评价等工作。所有这些都是项目成本的重要组成部分。同样，忽视成本核算会导致严重的后果。一个成功的项目建设要包括以下重要的工作：

（1）材料表；

（2）施工图；

（3）材料与设备的采购；

（4）人员调配；

（5）安装人员培训；

（6）安装工程施工监理和过程管理；

（7）现场的后勤保障，包括材料存储、现场办公场所、现场装配场地、材料处理运输、设备租赁、环保程序的履行等；

（8）职业安全与健康措施、项目的现场准备，包括可能的地面平整、太阳能发电支撑结构地基、屋面结构加固、屋面材料更换等；

（9）制定现场维护与安全程序；

（10）制定施工监理程序；

初期成本

	时间（h）	小时费率/费用	合计
现场调查	40	$150.00	$6,000.00
初步设计协调	24	$150.00	$3,600.00
准备报告	8	$150.00	$1,200.00
交通及食宿	1	$2,000.00	$2,000.00
其他	1		
小计			$12,800.00

发展期

许可及优惠申请	8	$150.00	$1,200.00
项目管理	120	$150.00	$18,000.00
交通费	1	$2,000.00	$2,000.00
其他	1	$1,000.00	$1,000.00
小计			$22,200.00

工程

光伏系统设计	90	$150.00	$13,500.00
建筑设计	90	$150.00	$13,500.00
结构设计	90	$150.00	$13,500.00
投标及承包	420	$150.00	$63,000.00
施工监理	48	$150.00	$7,200.00
投标及承包	94	$150.00	$14,100.00
用户培训	48	$150.00	$7,200.00
小计			$132000.00

设备和材料

光伏组件	255	$3,900.00	$994,500.00
运输	1	$5,000.00	$5,000.00
其他			
税金	8.25%		$82,046.25
小计			$1081546.25

设备安装

光伏组件构建（kW）	255	$500.00	$127,500.00
逆变器（kW）	320	$488.00	$156,160.00
电子材料（kW）	320	$250.00	$80,000.00
系统安装（kW）	320	$1,000.00	$320,000.00
运输	1	$3,000.00	$3,000.00
税金（仅是设备）	8.25%		$30,001.95
小计			$716,661.95

图 7.1　太阳能发工程费用预算汇总表

（11）制定集成和测试程序；

（12）制定调试与测试程序。

7.3　项目负责人的职责和现场安全程序和措施

除以上讨论的任务以外，大规模太阳能发电系统的现场负责人必须熟悉 NEC690 条款。当工程开始时，现场负责人必须完全了解所有太阳能发电系统的电力的和结构的施工图及说明书。应当指出，如果对这些内容缺乏足够的了解，可能会导致返工、争议和工程的延误。

如第 4 章讨论的那样，所有从事太阳能发电工程建设的现场工作人员都必须了解暴露在高压直流电下随时可能的危险。在安装期间，当暴露在太阳辐照下时，串联的光伏板会不断产生高压电，可能会对人体造成伤害。因此，必须把施工安全放在第一位。为了避免发生人身伤害事故，必须对安装工人提供如下安全措施和警示：

（1）光伏组件只为特定目的使用。安装时严格照着所有组件生产厂家的说明，不要拆开组件或移动厂家已经安装好的任何部分。

（2）不要试图打开二极管室或任何位于厂家配线组件背面的接线盒。

（3）无论环境温度及阳光在何条件，不得使用能够产生超过 600V 开路电压的组件。

（4）不要连接或拆开组件，除非光伏阵列串接是开路状态或所有串联组件都覆盖不透明材料。

（5）不要在刮风或下雨天安装。

（6）不要抛掷光伏组件，防止物体砸到光伏组件。

（7）不要踩踏光伏组件。

（8）不要使用湿的光伏组件，牢记当湿的组件破裂或损坏时，会使维修人员暴露在高压下。

（9）不要试图移动组件上的冰或雪。

（10）不要直接人为地聚集阳光到组件上。

（11）安装组件时禁止佩戴首饰。

（12）避免单独进行现场检验和维修工作。

（13）佩戴合适的防护眼镜和 1000V 绝缘的手套。

（14）当组件暴露在阳光下，没有戴电绝缘手套时不要碰接线端子。

（15）在通电装置附近工作时，保证有可用的灭火器、急救箱及吊钩或手杖。

（16）有可燃气体和蒸汽时，不要安装组件。

图 7.2 是屋顶型防雨装置安装的照片。

此外，下面的临时警示符号或标语必须放到工程现场的合适位置。

对于太阳能发电厂周边和隔离区：电击危险—禁止触摸终端—终端线和负载侧开口位置可能通电

对于开关设备和计量系统：警告—电击危险—禁止触摸终端—终端线和负载侧开口位置可能通电

对于太阳能发电设备：警告—电击危险，危险的电压或电流

对于电池室或支架：警告—电击危险，危险的电压或电流，易燃气体，禁止明火，禁止吸烟，强酸，穿防护服。

图 7.2 防雨装置

7.4 施工监理

施工监理和系统测试与调试是大规模太阳能发电安装工程最重要的任务之一。以下是太阳能发电工程管理和系统验收测试过程的详细概述。监理和验收步骤概述只是最低要求，特定的工程还要求附加的信息和验收过程，而且每个工程都是不同的。

像我们常说的那样，大规模太阳能发电系统的整合、测试、和电力输出性能评价包括复杂且大量的测量数据。就其本身而论，精确的评价和性能参数测量对于保证工程长期可靠运行是非常重要的。现场监督人员必须遵循下面的步进指令：

（1）现场文档名册必须包括以下内容：

1）计划检查文档；

2）施工文件；

3）施工图档；

4）设计与规范文档；

5）客户的需求建议书和说明书；

6）光伏组件说明书和设备散件与说明书；

7）整合测试过程文档；

8）折扣申请文档（如果适用）；

9）会议纪要档案。

（2）检验施工进度计划及根据最初合同文件的完成阶段性工作。如果施工进度超过了允许的工程竣工期限，应提供保证措施，确保为该项目分配额外的人力、材料或设备，以缓解工期的延误。

（3）检验所有太阳能发电系统的主要设备，例如逆变器、变压器、逆向交流配电盘、并网连接设备说明书和厂家的性能测试文件。

（4）检验所有因施工图设计变更引起的电路布置变化。还要保证这些变化与原方案和文件的偏差可以满足系统配置、材料和预期的电力输出性能的要求。

（5）检验太阳能光伏阵列的支撑结构、施工图和文档。保证阵列边界和间隙完全在指定位置并满足防火规范的要求。

（6）检验所有的太阳能光伏支撑结构附件，确保他们满足防震要求。格外注意那些非穿透型平台的连接点，保证这些点的妥善密封。

（7）检验光伏组件的搭铁线和金属附件的结合处。当结合处由不同导体（镀锌钢材、铝和铜）组成时，需要采用特定的方法进行检查。所有工作接地的地线电阻值不能超过特定的欧姆允许值（例如，5~10Ω）。

（8）检验光伏（PV）串接直流合路器的接线。确保所有电缆绝缘皮捆扎良好并且有平台底盘的保护。

（9）检验所有的金属与非金属护线管在屋顶表面的固定情况。检查支撑结构的牢固性和电绝缘的完整性。

（10）检验直流（DC）和交流（AC）引出线管的捆扎和屋顶绝缘垫。

（11）参照施工图检查预装配的光伏平台是否符合规定的施工设计文件。

（12）检验护线管、电缆标识和标签，确保他们与规定的施工文件匹配。

（13）检验光伏组件，太阳能串接直流电缆标识、标签和鉴定是否恰当。核实他们是否与最终的施工文件匹配。

（14）检验所有的交流和直流保险片，确保他们符合防火规范的要求。

（15）建立定期（适宜的频次）的现场检查和检验计划表。对现场讨论会做记录。安排现场工程技术人员、监理人员参加周例会，保留进度记录。在每个阶段集成时都要拍照片，如屋顶扶手的安装、光伏阵列装配、设备平台安装、仪表盘安装。转换器也要拍照，如逆变器和变压器。

（16）检验屋顶型系统是否配备了合适距离的软管龙头，允许光伏板的定期单独清洗。

（17）检验工程现场（不管是屋顶型还是地面型）是否具有足够的照明并且具有紧急安全报警系统。

（18）检验屋顶的防雨和检漏设施。检验屋顶设备的防水。

（19）确保所有用于太阳能发电安装的紧固件都是不锈钢或防腐材料的。

（20）确保所有的金属构件和光伏支撑结构都是防腐的金属制品，例如镀锌钢或铝。

7.5 现场特性检查和竣工验收调试流程

以下是太阳能发电系统集成在安装阶段必须经过的过程。这些步进指令对太阳能发电系统安装是至关重要的，因为它们提供了实现系统成功安装的重要方法。注意，缺少任何规定的测试方法都会导致太阳能发电系统终检和验收的不合格。以下步骤是安装集成过程中的步进指令和程序：

（1）检查所有太阳能发电系统、子系统部件和装置是否正确安装且牢固可靠。

（2）根据计划检查（plan-checked）工程文件，检验光伏支撑平台和系统结构组件的安装。

（3）在支撑结构安装完毕后检验屋顶防水。

（4）检验屋顶型太阳能发电系统阵列布局有足够的人行通道进入屋顶，设备间隙满足国家电力规范（National Electrical Code，NEC）和当地防火规范的要求。

（5）如果屋顶没有女儿墙，检验防护栏杆是否安装正确，是否符合通用的建筑规范（Uniform Building Code，UBC）要求。

（6）检验所有的金属结构，附件和导体表面接地是否正确。

（7）根据所有电缆管线是否按图施工。

（8）检验所有太阳能发电系统使用的光伏支架和紧固件材质为防锈材料，如热镀锌或不锈钢。

（9）检验不同金属结构附件已经彼此隔离，防止接触腐蚀。

（10）检验系统中所有裸露的护线管是金属护线管（electrical metallic tubing，EMT）或者是刚性金属护线管（rigid metal conduit，RMC）。

（11）检验直流和交流电缆、护线管、装置和接线盒的标识是否符合设计要求。

（12）检验系统是否已经并网连接。

（13）检验数据采集系统（基于 Web）已经连接并确认运行。

（14）检验公共事业服务公司是否已经签发了并网许可。

安装阶段，工程监理应保存每天的进度日志，对系统主要设备、部件、光伏阵列和子阵列设备安装拍照。每张照片应标注日期和标识。每天的工程日志还应包括安装过程中出现的相关问题和关于工程进度的注释。

7.6　应避免的安装问题

太阳能发电系统安装阶段，承包商必须避免一些责任事故，这些事故通常包括：不正确装配电缆和护线管、系统接地短路、系统测试精度不足、电线松散、不符合国家电力规范或通用建筑规范的要求。

下面是一些不合适的或不恰当的安装实例照片和说明。

违规串接太阳能直流电线：图 7.3 是太阳能子阵列没有保护措施的裸露电缆，直流电压可达 $300\sim1000V$。在潮湿或下雨的条件下，电缆的任何物理损坏都可能会造成维护人员被电击或电力装置的损坏。损坏的电缆和接地金属物体之间产生的火花会导致无法预知的后果。避免这些疏忽大意的行为通常会节约大量的人力物力。

在任何情况下，太阳能发电系统的直流或交流电缆线都不能裸露在屋面或地面上。所有带电的电线或电缆线必须有金属的或防紫外线的 PVC 护线管的保护。

图 7.4（a）、（b）所示的照片是用不允许且不恰当的措施来覆盖裸露的电缆。照片显示，覆盖电缆的线管的是很薄的柔性管，套在电力设备接线匣和电线捆上。这种线管材料是不能用在室外的，因为他们的强度低，不能抵御物理损坏并且没有防紫外线辐射的性能。这种走捷径行为在太阳能发电安装中是不能通过竣工验收的，无论如何都要避免。

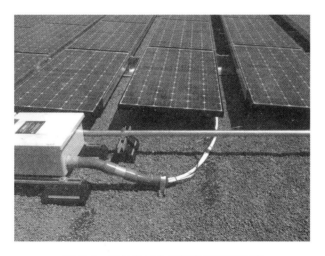

图 7.3　无保护的太阳能串接裸露电缆

图 7.4　（*a*）无保护的太阳能串接裸露电缆

图 7.4　（*b*）无保护的太阳能串接裸露电缆

图 7.5 是另一个在太阳能发电系统安装中不被允许的工程实例。照片显示了无保护的裸露太阳能光伏板串接电缆和接地线。除了会绊倒维护人员外，小号的地线还容易破损和腐蚀，他们对于防止设备电气短路和雷击是不起作用的。

图 7.5　无保护的太阳能串接裸露地线

7.7　系统综合测试与调试

与传统电力系统不同，太阳能发电系统要求更为有序的测试文件和验收过程。鉴于太阳能发电系统具有数以百计的光伏串、光伏阵列和子阵列、合路器和复合器、馈线系统等，在系统集成时，需要一个连续设备测试系统。由于每个太阳能发电光伏组件串都是一个微型的发电机，所以子阵列安装完成后，每个都要进行单独测试和记录。同样，每个合路器最后组装前，每个光伏组件串必须经过测试，以验证每个组件串在给定的日照条件下能够产生预期的输出电功率。这种连续测试还可以检测出可能的光伏组件制造质量问题或电缆连接的异常。此外，在连接太阳能发电系统的直流和交流电缆时，所有馈线必须进行接地电阻的测试。

应当指出，如上所述的系统测试，不应该认为只是在整个太阳能发电系统竣工时，才进行的单一测试活动。这是因为对太阳能电池阵列组合体的整体测试不能提供单个太阳能光伏组串的性能特点或缺陷，而只能在对组件串进行单独测试时才能发现。为了进行严格的测试，承包商必须制定一个全面的标准体系验收和测试程序。

7.8　调试与竣工验收

一般来说，在调试的初期没有准确的能源输出性能数据，同时要求所有的测量必须是实时的，包括各种太阳能发电子系统的瞬时功率输出值。

7.8.1　太阳能发电系统瞬时功率输出值的测定

太阳能发电系统的如下性能特点均可在本书第 2 章中查到。

（1）直流输出功率峰值的测量

该值是所有光伏组件 PSTC 值的总和，在 25℃ 的标准测试条件下输出测量值，如厂家说明书或组件铭牌所示。

（2）计算太阳辐照度因子 K_i

太阳辐照度由日射强度计测量。辐照度读数显示为 W/m^2。测量太阳辐照度时，日射强度计的辐射平面和倾角必须与光伏组件阵列完全相同，具有相同的方位角和倾斜角。太阳辐照度因子 K_i 可以通过标准测试条件下辐照度测量值（25℃，海平面上，其值为 $1000W/m^2$）和角度计算获得。

（3）计算光伏组件温度因子 K_T（见第 4 章）

光伏电池温度 T_C 由红热测温仪测量，以组件为测量目标。计算 K_T 时，将光伏组件说明书中列出的温度系数 C_T（对于单晶硅电池一般是 $-0.005/℃\sim-0.003/℃$）代入公式（7-1）：

$$K_T = 1 + C_T \times (T_C - T_{STC}) \tag{7-1}$$

式中 C_T——光伏组件系数；

     T_C——环境温度；

     T_{STC}——标准测试条件下的温度，此处为 25℃。

（4）计算太阳能发电系统的额定值降低因子 K_S

该因子由整个太阳能发电系统产生，如组件铭牌上的公差、有效组件污垢引起的组件与逆变器系数的不匹配、接线损失，遮光，系统的有效性，太阳跟踪效率和老化引起的效率损失。美国可再生能源实验室（NREL）开发的基于 Web 计算软件的 PVWatts Ⅱ 可以涵盖这些因素。

7.8.2 退化因子范围的评价

以下是测试太阳能发电系统时必须考虑的重要因素：

（1）直流组件铭牌公差。检验代表光伏组件制造商产品质量的性能因子，包括电气测试性能，电力输出性能分类，光伏组件配料和质量保证方法。

（2）组件的不匹配与每个光伏组件固有的电阻欧姆值的变化有关。很多参数都会导致组件输出功率的变化，如太阳能电池装配、晶体结构和电池内部焊接的不一致。

（3）组件污垢。检验由于光伏组件积灰造成的额定值降低因子。一般来说，第一次验收和调试期间，由于光伏组件是干净的，这个因素可以分配为 1。然而，当再次运行太阳能发电系统时，必须分配给该因子一个较低的值。

（4）线损。检验直流与交流电缆线损引起的额定值降低因子。

（5）阴影乘数。检验各种建筑物、物体、树木的阴影遮挡太阳能发电平台造成的光伏发电输出功率降低因子。检验所有设备的可靠性，尤其是发电系统配置方法，如集中或分散式直流—交流转换系统架构、组件故障维修和如何减少系统停机时间；

（6）系统有效性乘数。这个值有一定的主观臆断性，通常建议对于维护较好的系统其有效性乘数取 1。

（7）追踪效率。验证不同类型的太阳能发电平台伺服机构的效率。

应该指出，多云、薄雾以及远处云彩的反射都会导致辐照度的变化。因此看到晴朗的天空也不一定是理想的环境。

7.8.3 接地绝缘检测

所有的电缆必须由绝缘测量器或兆欧表测试接地电阻。这样做可以确保电缆免受损害，并保证载流电缆和金属结构之间没有接地路径。

7.8.4　太阳能开路电压测试

在直流合路器上进行太阳能组件串开路电压测试时，需先卸下保险盒内的保险丝，断开主直流断路器。

测试记录完每一个光伏组件串的开路电压后，将保险丝插入保险盒，测量合路器的开路电压。检验合路器中并联光伏组件串的开路电压测量值与光伏组件串样品开路电压的偏差，然后对偏差进行记录。

在系统集成阶段，所有光伏组件串开路电压的测量值必须按照指定的标签进行记录，见图 7.6。

7.8.5　光伏组件串短路电流（Isc）的测量

测量并记录光伏组件串的短路电流。在相同的条件下，检验所有组件串产生的电流是否在相同的边界值以内。

注意：用直流电流表的正负极夹钳夹紧光伏组件串的接线，在合路器中形成短接。在稳定的环境温度和气象条件下，所有短路电流测量的下降值必须在相同的范围内，不允许超过 1 至 0.1 安培。

记录所有光伏板和短路电流偏差。和光伏组件串一样，如果偏差超过了规定值，检查是否有接地故障或有问题的组件。

7.8.6　测量功率输出及调试

完成所有的光伏组件串开路电压和短路电流测量以后，将保险丝放入合路器并测量直流电压，验证电压值是否在预期的标称范围内。

注意逆变器输入端的直流电压，因为电压下降，可能会略低于合路器输出端的开路电压值。如果是的话，需要注意偏差。

计量逆变器直流输入断路器、电流和电压读数显示值，这些读数应该和总的太阳能电池阵列测量值一致，注意任何的偏差。

7.8.7　逆变器启动测试过程

在安装阶段，必须根据生产商推荐的测试过程进行逆变器的测试，包括以下内容：

（1）外观检查并查验所有交、直流电缆的连接和导线管。

（2）检查交流断路器断开的开放条件下的输出电压。

（3）在输入断开的开放条件下，检查输入直流电缆的极性。

（4）关闭逆变器交流断路器。

（5）关闭逆变器直流断路器。

（6）打开逆变器的"开始"开关。

（7）等待逆变器完成启动程序。

（8）等待 20～30min 使直流跟踪稳定。

（9）每隔 10min 记录几次逆变器交流输出电压和电流的测量值。

7.8.8 现场检测和测量记录页

图 7.6～图 7.12 是安装过程中和竣工验收调试时，能够用到的现场检测和测量记录页。

电缆绝缘测量记录页

| 项目名称- |
| 工作编号- |
| 地址- |
| |
| 日期- |

VECTOR DELTA 设计公司

1234橄榄树巷，拉肯纳达市

加利福尼亚州 91011

电话：818-864-6025

工程名称_____ 日期___/___/_____

页码___ 共___

技术负责人_____

电缆编号	起点 Source	终点 Destination	类型	绝缘 等级	电缆 规格	电阻值 （欧姆）	护线管 类型	参考图

现场检测小组

姓名 _____   姓名 _____

员工号 _____   员工号 _____

检测日期 _____   检测日期 _____

页码 _____ 共 _____

图 7.6 电缆绝缘测量记录页

低压馈线检验清单

	项目名称-
	工作编号-
	地址-
	日期-

VECTOR DELTA 设计公司

1234橄榄树巷，拉肯纳达市

加利福尼亚州 91011

电话：818-864-6025

馈线标识 _____

起点编码 _____ 　　　　　终点编码 _____

断路器类型_____ 　　　　　断路器尺寸_____

连接属性_____

	原始检查	日期	备注
馈线尺寸			
护线管尺寸			
馈线电缆尺寸			
馈线标识验证			
电线/电缆类型			
护线管捆扎			
接电导线			
国际电器协会符合性			
绝缘电阻值（1000V相/相）			
接地相位绝缘电阻值			
断路器开关尺寸			
保险尺寸			
保险类型			

现场检测小组

姓名 _____ 　　　　　姓名 _____

员工号 _____ 　　　　　员工号 _____

检测日期 _____ 　　　　　检测日期 _____

页码 _____ 共 _____

图 7.7　低压馈线检验检查表

太阳能发电组件串检测清单

项目名称-	
工作编号-	
地址-	
日期-	

注：每个组件串检测时必须从合路器断开
验证电压变化超过6%的光伏组件串

VECTOR DELTA 设计公司

1234橄榄树巷，拉肯纳达市

加利福尼亚州91011

电话：818-864-6025

太阳能平台标识　_____

太阳辐照度　　_____

环境温度　　　_____

合路器编号	组件串编码	电线标识	电缆类型	开路电压测量值	开路电流	光伏组件温度0F

现场检测小组

姓名　_____　　　　姓名　_____

员工标识 _____　　　　员工标识 _____

检测日期 _____　　　　检测日期 _____

页码_____ 共_____

图 7.8　光伏组件串检测记录页

太阳能发电验收记录

| 项目名称- |
| 工作编号- |
| 地址- |
| |
| 日期- |

VECTOR DELTA 设计公司

1234橄榄树巷，拉肯纳达市

加利福尼亚州 91011

电话：818-864-6025

工程 ＿＿＿＿＿＿ 日期＿＿/＿＿/＿＿ 天空条件＿＿＿＿ 技术负责人＿＿＿＿

逆变器编号	时间	辐照度1	功率1	辐照度2	功率2	辐照度3	功率3	平均辐照度	平均功率

现场检测小组

姓名 ＿＿＿＿＿＿＿＿＿   姓名 ＿＿＿＿＿＿＿＿＿

员工标识 ＿＿＿＿＿＿＿＿   员工标识 ＿＿＿＿＿＿＿＿

检测日期 ＿＿＿＿＿＿＿＿   检测日期 ＿＿＿＿＿＿＿＿

页码 ＿＿＿共 ＿＿＿

图 7.9　能量输出测量记录页

逆变器现场检测清单

| 项目名称- |
| 工作编号- |
| 地址- |
| |
| 日期- |

VECTOR DELTA 设计公司

1234橄榄树巷，拉肯纳达市

加利福尼亚州 91011

电话：818-864-6025

逆变器标签_____

逆变器型号：	额定功率（kW）	
并网	是_____ 否_____	
检查状态		
逆变器可及性		
铭牌		
与主服务器或建筑地面连接的接地电缆		
平台或基础的锚固		
厂家随附的启动说明		
电缆保障系统检测		
备用组件		
维护检查文档		
维护工具		
接线头螺栓扭矩		
可用的螺栓扭矩记录页		
（"孤岛"测试）		
备注：		

现场检测小组

姓名 _____   姓名 _____

员工标识 _____   员工标识 _____

检测日期 _____   检测日期 _____

页码_____ 共_____

图 7.10　逆变器检测记录页

173

逆变器启动检查

| 项目名称- |
| 工作编号- |
| 地址- |
| |
| 日期- |

VECTOR DELTA 设计公司

1234橄榄树巷，拉肯纳达市

加利福尼亚州 91011

电话：818-864-6025

工程名称＿＿＿＿＿＿　　日期＿＿/＿＿/＿＿＿＿

页码＿＿　共＿＿＿

技术负责人＿＿＿＿＿＿＿＿＿　　　　参考图＿＿＿＿＿＿＿＿＿＿＿＿＿＿

逆变器编号	制造号型号	额定功率（kW）	合路器源	直流输入电压	交流输出电压

现场检测小组

姓名　＿＿＿＿＿＿＿＿＿　　　　　姓名　＿＿＿＿＿＿＿＿＿

员工标识＿＿＿＿＿＿＿＿＿　　　　员工标识＿＿＿＿＿＿＿＿＿

检测日期＿＿＿＿＿＿＿＿＿　　　　检测日期＿＿＿＿＿＿＿＿＿

页码＿＿＿　共＿＿＿

图 7.11　逆变器启动检查记录页

电气系统面板和断路器检验清单

项目名称-	
工作编号-	
地址-	
日期-	

VECTOR DELTA 设计公司

1234橄榄树巷，拉肯纳达市

加利福尼亚州 91011

电话：818-864-6025

面板编号：	
设备位置	
断路器开关识别号	
引入馈线标识	
引入馈线尺寸	
主断路器保险容量	
面板总线额定功率 A/C:	
总线类型　铜＿＿＿＿＿＿＿＿　　铝＿＿＿＿＿＿＿＿	
绝缘电阻测试（1000V,相-相）	
绝缘电阻测试（1000V,接地相）	
馈线保险类型	
面板目录检查	☐
指示牌安装	☐
地线安装	☐
主服务器接地连接	☐
门联锁操作	☐
面板目录检测	☐
前卫安装	☐
未使用的闭锁	☐

备注＿＿＿＿＿＿＿＿＿＿＿＿＿＿＿＿＿＿＿＿＿＿＿＿＿＿＿

现场检测小组

姓名　＿＿＿＿＿＿＿＿＿＿＿　　　　姓名　＿＿＿＿＿＿＿＿＿＿＿

员工标识 ＿＿＿＿＿＿＿＿＿＿　　　　员工标识 ＿＿＿＿＿＿＿＿＿＿

检测日期 ＿＿＿＿＿＿＿＿＿　　　　检测日期 ＿＿＿＿＿＿＿＿＿

页码＿＿＿　共 ＿＿＿

图 7.12　电气系统面板和断路器检验清单

7.9 调试目的

太阳能发电系统调试是一个有效的质量控制形式。该过程可以确保安装系统安全、可靠并满足以下功能：

(1) 确保短期和长期的系统性能。

(2) 保护投资。

(3) 维护公众的信任和行业信誉。

(4) 满足安装企业和客户的要求。

(5) 减少召回。

(6) 预防火灾和电击的危险。

7.9.1 调试过程

设计评审和系统检测/调试与工程建设责任是不可分的。实际上，测试与集成是太阳能发电系统工程验收要求的。因此，调试也被认为是一个质量为本的过程，包括：

(1) 审查工程设计文档。

(2) 系统性能计算。

(3) 检测和验收技术规程。

(4) 设计定位研究与评价。

其实，系统调试作为质量控制的任务，是一个在项目开始时必须进行的，其作用将贯穿工程的整个周期（维护和系统性能保持）。

调试过程包括的任务必须在工程的不同阶段执行。这些任务包括设计审查、项目管理、安装工程、施工监理、检测、验收、调试方法和客户培训。在某些项目中可能还包括后期的维护计划。具体包括以下任务：

(1) 审查工程文档；

(2) 系统安装和施工文档；

(3) 审查检测、调试和验收结果；

(4) 审查运行和维护文档；

(5) 审查业主手册；

(6) 审查用户培训文档和培训课程。

7.9.2 现场安装和测试

现场测试和调试最大的任务是保证系统工程设计和安装符合业主的项目规定，满足性能要求。

可惜的是在大多数工程中，太阳能发电系统调试是在安装结束后进行的。应当指出，质量保证是一项连续的工作，不能拖到项目结束的时候才来完成。

现场安装过程的质量保证措施应包括以下内容：

(1) 确保系统设备安装完全符合生产厂家的技术规范及国家和地方的安装规范。

(2) 确保安装的安全性。太阳能发电系统在 $600\sim1000\mathrm{V}$ 的直流电压下运行，因此，任何疏忽都可能导致严重的人身伤害和火灾隐患。

(3) 确保安装的美观性。

(4) 确保系统的结构完整性。

(5) 确保竣工文档的准确性，杜绝工程档案和图纸的修改。

(6) 严格系统地执行现场性能检测（参见测试验收检测程序）。

(7) 确保系统运行。

(8) 建立性能基准。

(9) 完成检测和验收文档及报告。

(10) 确保甲方维护人员的现场参与。

7.9.3 检测和调试时间表

如上文所述，检测和调试是一个动态过程，必须在太阳能发电系统安装和集成过程中执行。因此，其方法和过程必须在设计开始阶段就做好规划，并作为系统投资的一部分，而且要一直执行到系统调试结束。

7.9.4 重新调试或再调节

一般来说，再调试是系统的重新检测过程。如果调试不是在最佳的季节或环境条件下进行的，如阴影、多云或雨天，就必须重新调试。太阳能发电系统理想的测试条件是在夏季。再调试必须获得优于初调节时的结果。

当以下情况出现，太阳能发电系统必须进行再调节：

(1) 监测或数据采集系统多次故障、报警或能量输出低。

(2) 运行费用没有如预期的那样减少。

(3) 太阳能发电系统中的某些逆变器出现产能过高。

(4) 一段时间内，总的太阳能功率输出小于期望值，而该时段不在所谓的系统模拟调试期或稳定期内。

应当指出，在第一次调试或调试的开始阶段，由于光伏组件的高洁净度和面积的冗余设计，系统性能测量值通常较高。另外，模拟调试后的再调节可以建立太阳能发电系统的真实功率输出特性。

还应指出，太阳能发电系统调试必须安排在适宜的天气条件下，太阳辐照度合适。当光伏阵列可接收的太阳辐照度低于 $400W/m^2$ 时，不能进行现场测试和调试。

同样重要的是，太阳能发电系统检测要求严格的等级、充足的时间及明确的需求。在寒冷或过热的天气条件下，不能进行深入的测试。疏忽或草率的测试只能导致错误的评价。

7.9.5 测试或调试的客观原则

众所周知，除非完全的交钥匙设计和安装工程（包括财务、安装和维护合同），在利益的冲突下，施工承包方或分包单位经常会偏向自己而忽略业主利益的最大化。

对于大型太阳能发电系统，建议业主（或交钥匙工程主承包人）考虑雇佣有资质的第三方专家来监督调试过程。

7.9.6　性能检测

太阳能发电系统性能检测的主要目的是确保太阳能输出功率与光伏系统设计预期的性能一致，符合业主的发电需求。

基于太阳能发电系统的配置和设备的使用，电力生产（美国境内）的工程评估经常使用国家可再生能源实验室开发（NREL）的基于 Web 的光伏输出（W）估算程序进行计算。然而，项目完成后，需要进行一系列的实地测量来建立实际系统的功率输出。

产生实时太阳能功率输出要求的参数包括：相同的光伏组件表面温度、太阳辐照度和逆变器功率输出测量值。测量值需代入特定的太阳能发电方程得到额定功率降低因子（相比厂家给出的标准测试条件下的最大输出）和瞬时功率输出，作为太阳能阵列功率输出的基准。

表 7.1 描述了基本的测试和测量参数，标准参数和计算结果如下：

（1）第一列表示 3 个连接到逆变器 A 的太阳能电池阵列的测量值。A1，A2 和 A3 行代表在不同的时间间隔内的测量值或计算值，相隔几分钟。

（2）第 2 列表示太阳能电池阵列 A 中总的光伏组件数。

（3）第 3 列表示光伏组件在标准测试条件下的最大功率输出（按照每个生产厂家的说明）。

（4）第 4 列表示太阳能电池阵列在标准测试条件下的总输出。

（5）第 5 列表示 Ks 乘数。

（6）第 6 列表示辐射强度计现场实测的太阳辐照度。

（7）第 7 列表示辐射温度计测量的某些光伏组件表面环境温度测量值。

（8）第 8 列表示额定功率降低的温度因子计算值。

（9）第 9 列表示所有功率降低因子的乘积（PV Watts 软件相关、温度、辐照度）。

（10）第 10 列表示基于直流输出测量值计算的或预测太阳能光伏阵列的功率输出。

（11）第 11 列表示考虑辐照度测量值校准的逆变器输出测量值。

（12）第 12 列表示基于直流输出测量值的太阳能阵列功率输出计算值或预测值。

太阳能发电系统现场检测和测量值计算　　　　　　　　　　　　　　　　表 7.1

组件　　KYOCER KD235GX-LPB　　温度乘数 $K_T = 1 + C_T \times (T_C - T_{SCT})$

STC (W)	温度系数百分数	Ks——降低因子	STC 辐照度 (W/m²)	T_{STC}
235	−0.038	0.85	1000	25

逆变器	光伏组件计数	STC (W)	总 STC (W)	系统 Ks	辐照度测量值 (W/m²)	光伏表面温度 (℃)	辐照因子 K_i	温度因子 K_t	预测功率 W_p(W)	逆变器输出测量值 W_m(W)	W_m/W_p 百分比 (%)
测点——A1	1360	235	319600	0.85	780	27	0.78	0.924	212836	20200	1.05%
测点——A2	1360	235	319600	0.85	750	27	0.75	0.924	204650	20440	1.00%

组件	KYOCER KD235GX-LPB	温度乘数 $K_T=1+C_T\times(T_C-T_{SCT})$		

STC (W)	温度系数百分数	K_S——降低因子	STC辐照度 (W/m²)	T_{STC}
235	−0.038	0.85	1000	25

逆变器	光伏组件计数	STC (W)	总STC (W)	系统 K_S	辐照度测量值 (W/m²)	光伏表面温度 (℃)	辐照因子 K_i	温度因子 K_t	预测功率 W_p(W)	逆变器输出测量值 W_m(W)	W_m/W_p 百分比 (%)
测点——A3	1360	235	319600	0.85	765	27	0.765	0.924	208743	20200	1.03%
平均值——A									208743	20280	1.0294%
测点——B1	1660	235	390100	0.85	768	27	0.768	0.924	255789	25507	1.00%
测点——B2	1660	235	390100	0.85	774	27	0.774	0.924	257787	25540	1.01%
测点——B3	1660	235	390100	0.85	774	27	0.774	0.924	257787	25230	1.02%
平均值——B									257121	25426	1.0113%
测点——C1	2400	235	564000	0.85	770	26	0.77	0.962	401902	39500	1.02%
测点——C2	2400	235	564000	0.85	773	26	0.773	0.962	403468	40040	1.01%
测点——C3	2400	235	564000	0.85	775	26	0.775	0.962	404512	40230	1.01%
平均值——C									403294	39923	1.01%

7.9.7 太阳能电池组件串的检测

1. 组件串开路电压的现场测量

所有的太阳能光伏阵列装配或集成的光伏组件或组件串都必须进行测试。在一些实例中，早期的故障或反向二极管故障会引起组件串功率损失而集成后容易被忽视。由于合路器连接输入组件串输出端的正负极，因此在合路器内测量开路电压时得到的是集成组串电压。为了测量单个太阳能组件串的开路电压，电压测量时必须拿掉每个保险盒内的保险丝。

在合适的工作条件下，单个组串开路电压测量值的变化应该在4%～5%以内。大的偏差往往是光伏电池阻抗不匹配造成的，必须通过检测组件串内单个光伏组件开路电压来修正。即使该过程要花费一定的时间，但是这样做是值得的。如果组串不匹配，在运行的生命周期内期间可能会产生组串故障。

2. 组串短路电流的测量

短路电流可以通过简单地短接组串引线的正负极来测量。可以使用直流钳形电流表测量短路电流。不同组串短路电流测量值的偏差不应超过2%～3%。

3. 逆变器启动检测顺序

以下是典型的太阳能发电逆变器启动的检测过程。检测过程应完全按照特定逆变器生产厂家的使用说明进行，包括：

（1）验证所有的连接；

（2）验证交流电压是否加到断路器上；

（3）验证直流断路器上的直流电压和极性；

（4）关闭交流断路器；

（5）验证逆变器输出端的交流电压；

（6）关闭直流断路器；

（7）验证逆变器输入端的直流电压和极性；

（8）打开逆变器开关，使逆变器完成内部启动顺序；

（9）根据逆变器的启动要求，需要给逆变器 15min 的内部温度稳定的时间。

7.9.8　现场测量装置

现场检测需要以下装置：

（1）电压表——测组串开路电压，量程为 0～1000V；

（2）钳形电流表——测组串短路电流，量程为 0～100A；

（3）辐射温度计——测量光伏电池表面温度；

（4）手持式辐射强度计——测量太阳辐照度。

7.9.9　安全注意事项

太阳能发电测量必须委托给经验丰富的从事电力或太阳能发电的技术人员。在所有情况下，太阳能发电检测人员都必须穿合适的消防隔热服并佩戴绝缘手套。

7.10　故障诊断和排除过程

当有自然光或较强的环境光照射时，所有的光伏组件被激活并开始发电。与常规的发电系统一样，太阳能发电设备需要精心维护。太阳能发电系统不允许没有授权的电工或没有经验的维护人员在此工作。

为确定一个光伏组件的功能完整性，单个组件之间的输出比较必须在相同的运行条件下进行。

应当注意，光伏组件的输出是太阳光和现场温度的函数。因此，电力输出可以从一个极端到另一个极端波动。

检查组件输出功能最好的办法是与另一个组件进行电压比较，如果差值超过 20%，就说明组件工作不正常。

当测量太阳能发电组件电流和电压的输出值时，必须对照厂家的说明书比较其短路电流和开路电压。

要获得短路电流，万用表（测电流）必须放到组件电路正负极输出端之间短接。要获得开路电压，万用表（侧电压）仅需要与光伏组件的正负极引线交叉放置。

对于载流较大的电缆或导线，必须使用钳形电流表测量电流。因为钳形电流表不需要打开电路或断开导线，光伏阵列中不同的点可以同时测量。读数偏差过大时表明阵列故障。

需要指出的是，当光伏系统启动或调试时，出现问题一般不是由于组件的故障或失效，大多数情况下问题来自连接的不正确或端子连接的不牢固或变形。

如果发生连接器或接线损坏的情况，应该让训练有素的技术人员进行维修。在质保期内，发生故障的光伏组件应该返厂或更换。

请注意不要断开直流馈线电缆，除非这个光伏组件不工作或表面覆盖帆布或不透明材料。

对于屋顶型光伏发电系统安装时，建议在距离系统合适的位置设一个 DN20 的给水软管，便于定期冲洗光伏组件。

所有的安全警示标志必须一直保护太阳能发电系统组件。

太阳能发电工程安装完成后，承包商必须为甲方的技术人员提供合适的培训资料和培训课程。课程应包括光伏现象基本的物理知识；太阳能发电技术介绍，重点是面向工程的软硬件技术；所有硬件系统操作和运行过程的介绍；太阳能发电系统配置基本原理的介绍；太阳能发电系统光伏电池阵列、子阵列、光伏元件、电缆、护线管、设备标识及识别的介绍；光伏组件、组件串，直流合路器、交流输出特性检测和测量方法的介绍。授课人员还需要讲解设备安全问题以及紧急情况下的处理措施。

如前所述，大规模太阳能发电系统的安装包括相当多的技术。同样，每个设备和太阳能发电系统组件的运行和维护都需要专门的技术和知识。用户培训资料和课程对甲方的技术人员尤为重要，他们才是太阳能项目最终的维护责任人。

用户培训资料和课程提供下面特别定制的文本，涵盖了不同背景和经验的技术人员需要掌握的基本知识。

精通太阳能发电系统技术对甲方技术人员和运行人员是最重要的。针对这个情况，太阳能发电技术要把多个学科协调并结合起来，培训课程必须包括多种课程的综合，需要特别设计并讲授给技术、运行和维护人员。下面推荐的太阳能发电教育课程概述，涵盖了所有太阳能发电相关的技术。

1. 入门研讨

讨论环境污染，全球变暖和能源对生态的影响。

2. 光伏技术物理学原理

（1）光伏效应；

（2）光伏物理学；

（3）光伏技术。

3. 太阳能发电产品制造介绍

（1）单晶硅技术；

（2）多晶硅技术；

（3）膜技术；

（4）染料敏化太阳能电池；

（5）多结技术；

（6）聚光技术。

4. 太阳能发电系统的系统应用

（1）太阳能发电系统结构分类，例如屋顶型、地面型及车棚型；

（2）独立的、并网或混合式系统；

（3）材料和组件；

（4）光伏组件；

（5）集气盒（collector boxes）；

（6）逆变器；

（7）光伏支撑系统（support system）；

（8）蓄电池系统。

5. 太阳能发电系统应用

（1）并网的单体住宅应用；

（2）并网的商业系统；

（3）并网的工业系统；

（4）独立的灌溉系统；

（5）太阳能农场；

（6）NEC 规范管理；

（7）电力服务和太阳能发电集成过程与协调；

（8）系统接地注意事项。

6. 太阳能发电工程设计和系统集成

（1）平台分析与发电量预测；

（2）太阳辐射物理学；

（3）阴影分析；

（4）服务转换及并网连接系统需求；

（5）系统补贴评估；

（6）可行性研究报告。

7. 特殊案例

（1）民用的；

（2）商业的；

（3）工业的；

（4）工业用途；

（5）太阳能发电农场；

（6）农业太阳能灌溉。

8. 太阳能发电系统可行性研究

（1）能源审计；

（2）服务提供者协调和收费研究；

（3）折扣和地方税豁免综述；

（4）折扣申请过程；

（5）电力电器开关设备和计量系统负荷分析；

（6）地面系统分析；

（7）LEED 设计；

（8）污染影响范围。

9. 太阳能发电系统成本及经济分析

（1）能源成本的增加；

（2）设备与劳动力成本。

10. 太阳能发电设计方法

（1）屋顶型平台容量评估；

（2）地面型平台容量评估；

（3）已建和新建项目阴影分析；

（4）详细的太阳能发电容量评价程序；

（5）商用屋顶型系统支撑柱和硬件。

11. 太阳能发电设计方法续

（1）大型聚光器；

（2）太阳跟踪系统；

（3）白金级别建筑设计实例研究。

12. 学生中开展工程设计讨论

开放的论坛式的讨论，提问及回答。

13. 学生中开展工程设计讨论

工程设计评论。

7.11 太阳能发电系统安全隐患综述

太阳能光伏组件暴露在阳光辐射下产生直流电流而不能关掉，除非输出端短路或帆布覆盖。

当串联连接时，太阳能光伏组件产生的直流高压可达 $300\sim1000\mathrm{V}$。如果不慎暴露在高压电路下就会造成严重的人身伤害。在特定的条件，高压电路的破坏也会产生电火花并可能引起火灾，危及生命安全或造成财产损失。

设计太阳能发电系统时，必须考虑以下危及生命安全的问题：

（1）建筑物发生火灾时，消防员需要进入屋顶，在潮湿的条件暴露在高压下会有电击的危险。还可能导致严重的烧伤、人身伤害及随之产生的法律纠纷。

（2）地震会使太阳能发电支撑结构变形，损坏高压电缆和护线管。在特定的条件下，馈线损坏会产生电火花，导致建筑火灾和财产损失。

（3）在直流高压环境下，维修技术人员经常要面对偶然的电击危险。

（4）地震时，车棚型太阳能发电系统会产生错位，露出地下馈线，导致严重的短路并对维修人员造成电击的危险。

（5）因为环境条件，大规模太阳能发电园区更容易遭受严重的火灾和生命安全危害，例如地震、森林火灾、洪水、闪电和暴风都可能移动大面积的光伏阵列，由于强电流（如 1000amps）载体的破裂产生巨大的电火花，危及生命安全并带来材料和财产损失，还可能导致地面火灾和严重的环境破坏。

为了减少生命安全危害和火灾危险（对于前面描述的每种情况），所有的太阳能发电配置都必须在光伏组串引入安全防护装置，允许有序地关掉每一个光伏组件，光伏组件可以通过控制系统或中央数据采集系统激活。

这样的系统应该内嵌一个硬触点继电器，可以根据单元地址接收的指令或由数据采集及控制系统发出的全局关闭消息采取激活或非激活操作。

可以激活太阳能发电系统全局关闭的危险信号有：

（1）来自中央或局部（按钮）火灾报警系统的干式节点输入信号；

（2）来自地震监测仪的数字信号或干式节点信号；

（3）来自火灾或 CO_2 报警器的干式节点信号；

（4）来自水位指示浮子的干式节点信号；

（5）来自紧急按钮的干式节点信号。

本书作者开发了名为 WISPR（Wireless Intelligent Solar Power Reader，无线智能太阳能发电阅览器）电路系统，并申请了专利，该系统特性如下：

（1）可实现太阳能发电系统中每个光伏组件的独立数据采集和控制；

（2）实时监测每个光伏组件的电压、电流和单元温度；

（3）跳频通讯系统；

（4）组件适用于模拟和数字和模拟传感器及执行机构；

（5）单元可获取光伏组件白天发电运行工况下的微安值；

（6）每个组件配有耐用的锂离子电池备用系统，在多云时光伏组件休眠情况下，可以维持组件正常运行；

（7）WISPR 操作完全不影响光伏组件的使用性能；

（8）组件输入、输出连接的设计，符合标准的美国光伏组件正负极输入、输出引线；

（9）组态式单元物理运行改装并安装到已有的太阳能发电系统上；

（10）WISPR 电子产品也可以被加工成紧凑型混合电路形式（compact hybrid circuit）像 OEM 产品一样出售，该产品可以在制造过程中嵌入光伏组件的接线盒中。

7.12 太阳能发电系统损失预防

下面是影响太阳能发电系统功率输出性能的因素和条件，可由 WISPR 系统监测和诊断：

（1）光伏组件早期的故障或失效数；

（2）由不适当的层叠引起的快速功率下降；

（3）光伏组件内置的反向二极管故障；

（4）氧化腐蚀引起光伏组串连接电阻的增加；

（5）闪电对光伏阵列片段的损坏；

（6）光伏组件或组串污垢；

（7）邻近植物或树木生长造成的阴影；

（8）光伏组件支撑系统的错位，如固定角度的支撑结构或单轴太阳跟踪系统；

（9）土壤沉降或侵蚀引起的支撑结构沉降；

（10）直流终端盒保险故障；

（11）交流终端盒断路器差错；

（12）冰雪厚度的增加；

（13）跟踪系统的电机故障；

（14）逆变器故障；

（15）馈线电缆故障；

（16）变压器故障。

第8章 聚光光伏系统

8.1 引言

通过使用光伏电池（PV）将太阳能高效地转化为电能是解决未来能源供应问题的关键因素之一。光伏发电技术的难点是在增加光电转换效率的同时要显著降低成本。发展聚光光伏技术（Concentrator Photovoltaic，CPV）是实现这一目标的有效途径。利用CPV技术，可将昂贵的PV电池材料替换成低价的光学器件，使更大口径光伏接收器成为可能。

CPV系统的发展可以追溯到20世纪70年代末，由美国Sandia国家实验室在整合大型丙烯酸菲涅尔透镜和晶体硅太阳能电池技术的基础上，设计出了CPV系统。利用传统晶体硅太阳能电池，CPV系统由于制造光学聚光系统花费过高，虽然具有更高的电能输出效率，但并没有成功转化为一种可行的商业产品。不过，在过去的几年间，CPV技术在提高电能输出效率和降低成本方面有了重大改进。最近，CPV系统的制造商已经开始使用最先进的多结Ⅲ-Ⅴ族太阳能电池，并经实验验证其效率高达40％以上。CPV制造商还开发了低生产成本的系统技术，并成功进驻了大规模并网太阳能电力市场。当前，太阳能电网CPV系统效率已高达25％，并开启了低成本发电的大门。

当前全世界已装机容量达2TW（太瓦）。据估计到2030年，能源消费增长量和更新旧式电厂造成的电力缺口将达到6TW。

仅仅依靠化石燃料来满足不断增长的电力需求会严重影响环境和自然资源储备，因此必须要使用替代能源。太阳能是世界上最丰富的可再生能源，1h内太阳照射地球产生的太阳能可以满足当前全球1年的能源需要。事实上，人类可以为了生活的需要使用这些免费燃料，这些能源也应该被充分利用。在各种实用的太阳能技术中，越来越多的人认为CPV是最有希望迎接世界能源挑战的一种技术。

8.2 聚光光伏技术

汇聚太阳辐射以进行光伏发电的方式，在降低成本和增加电力输出方面具有较大的潜力，促使其在制造CPV系统过程中得到了广泛应用。如前所述，利用低成本的大孔径的光伏接收器取代昂贵的光伏电池材料使CPV技术的成本大幅度降低。效率的提高则与开路电压（V_{oc}）增大有关。最近，大多数对CPV系统进行的实验室测试都证实了对太阳辐照度进行56000倍会聚的可行性。

8.3 与传统光伏技术相比 CPV 系统的优势

CPV 技术最适宜在炎热气候下使用。III 到 V 族多结聚光太阳能电池具有非常低的温度系数，这意味着同其他光伏技术相比（大约 1/3 的晶体硅光伏组件可比），其性能受温度影响更小。对于建立在炎热沙漠气候条件下的太阳能电站来说，这一点是至关重要的。相比其他光伏技术，即使在高温条件下，CPV 系统的效率和发电量也只会受到轻微的影响。

具有高聚光度的 CPV 系统总是被制造为双轴跟踪系统。由于这样的双轴跟踪系统可以使太阳能电池板始终垂直于太阳照射的方向，因此一天中的发电量较为平稳。最重要的是当正午电力需求处于高峰时，系统的发电能力也处于较高水平。良好的发电量曲线以及较高的发电效率，使得 CPV 系统可以在每个使用区域都达到较高的发电能力，而且在那些具有良好太阳能资源的地区，最高温度校正因子可提高到 34%。

平均来说，最高的转换效率使得聚光技术可以达到最低的电力成本（LCOE）。事实上，降低传统光伏技术电力生产成本的主要挑战来自于太阳能电池、层压材料、玻璃、钢铁以及铜的成本费用。

8.4 被动冷却模块的聚光器设计

在讨论不同的光学设计之前，需要介绍两类 CPV 模块或系统的组成方式。第一种类型的 CPV 模组由许多中小型聚光器电池部件组成，这些部件以一种阵列形式排列，采用被动冷却。第二种类型的 CPV 模组具有一个大型的聚光器和一个中央接收器模块，需要主动冷却。

CPV 太阳光聚光系统也被分为成像式和非成像式太阳能聚光系统。这种划分是基于反射、折射、衍射和荧光等光学原理。如前所述，传统类型的 CPV 系统通常使用菲涅尔透镜和反射镜式聚光器作为聚光器件。在一般情况下，使用菲涅尔透镜和聚光镜并不能满足太阳能聚光器的基本要求。为了符合成本效益，CPV 技术使用光学效率高的聚光器，这些聚光器可以吸收均匀光照，而且对跟踪直接日射的偏差和大气环境的变化不敏感。

如今，菲涅尔透镜由丙烯酸树脂和硅橡胶玻璃（SOG）制造，并被作为主要聚光光学器件。其主要优点是模块由相距为一倍焦距的第一个聚光平面和第二个接收平面组成，比较容易制造。因为没有光学孔径的约束，使得第二个平面上比较容易设置一个简单的电力互联接收器。各种 CPV 设计之间的主要区别是主要光学部件的尺寸和所使用的太阳能电池的类型。在具有小型镜片和电池的 CPV 模组中，一般使用成像设计技术；而在大型电池的 CPV 模组中，则往往使用非成像设计技术，从而改善太阳能电池所接收辐射的均匀性。

通常主光学器件的镜面都采用离轴抛物面和紧凑成像设计。不过采用离轴抛物面设计很难实现超薄的模块。次光学元件一般包括圆顶，截锥，倒金字塔以及复合抛物面型聚光器。

8.5 CPV 技术的最新进展

虽然在 20 世纪 70 年代末，人们已开发出以硅电池为主的 CPV 系统，并且对其进行了测试，不过使用多结太阳能电池的高聚光度的 CPV 技术在最近几年才被开发出来。目前，世界各地约有 50 家公司正在开发或市场化 CPV 系统技术。最近，CPV 系统效率已超过 30%。有了这项技术，就可以通过提高光照强度或者延长阳光照射在模块上时间等方式，将反射镜用于增加功率输出。聚光器的主要缺点是无法使散射光汇聚，这限制了它们在沙漠这样的光线集中地区的使用。本章将介绍一种专门用于大规模并网的新型高效聚光光伏发电系统。需要注意的是，本章内容并不是进行产品的推广。

8.6 AmonixCPV 技术

Amonix7700（图 8.1）是一套 53kW 高聚光 CPV 发电系统，配备有 MegaModule® 组件，该组件由高效耐用的多结电池 Amonix 菲涅尔透镜单元组成。每个单元包括 7 个 MegaModules® 组件，并配有专用双轴跟踪系统。这是第一套能够将实现 25% 转换率的光伏发电系统。

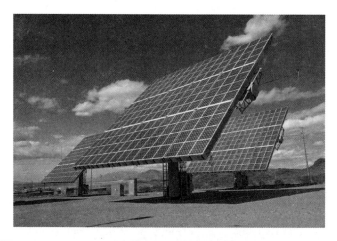

图 8.1 Amonix7700 型高效 CPV 系统（照片由 Amonix 公司提供）

Amonix7700 是专为产业化规模研发的，其尺寸为 23.5m×15m，也是世界上最大的安装在支座上的太阳能电池阵列。

Amonix7700 型系统于 2009 年进驻大型太阳能发电市场。2009 年 10 月，Amonix 公司在加利福尼亚州 Seal Beach 建设了生产 Amonix7700 型系统的工厂。2009 年 11 月，Amonix 新增大量投资，并扩大了其商业团队以向大型太阳能市场进一步扩张。利用 2010 年出台的"恢复计划"中获得的 590 万美元投资税收抵免资金，Amonix 计划到 2010 年年底，在北拉斯维加斯地区建立新的生产基地，最大生产能力可达每年 150MW 的太阳能发电机组。图 8.1 是 Amonix7700 型高效 CPV 系统的照片。

8.6.1 主要功能

Amonix7700 太阳能发电系统是一种高聚光度，高效率，有保证的太阳能光伏发电系统，与同类平板光伏技术相比，这种系统单位面积太阳能发电量更高。通过使用高效太阳能电池、聚光菲涅尔透镜和双轴跟踪系统，该系统可达较高的太阳能发电效率。据生产商介绍，该系统是第一个能实现 25% 转换效率的地面 CPV 系统。考虑到其与平板太阳能光伏发电系统相比，在输出功率性能方面所具有的优势，CPV 技术的短期市场是巨大的。根据加利福尼亚能源委员会的（California Energy Commission，CEC）消息，计划到 2017 年，仅加利福尼亚州新增太阳能发电能力将达到 3000MW。

8.6.2 现场安装及性能

Amonix7700 系统生产 1MW 电力仅需要约 5 英亩的场地面积，还不到其他太阳能技术所需面积的一半。除了具备高发电效率，CPV 系统可优化太阳能发电厂安装和运作过程。对于构成一个独立的 CPV 系统的 7 个 7.5kW 的组合模块，每个模块都由自动机器人系统在工厂组装而成。透镜、安装结构以及太阳能电池的自动化工厂式整合大大节约了生产成本。巨型模组设计使大部分组装工作在工厂完成，从而使现场安装时间从几个月减少到几天。

为了尽量减少现场安装和建设成本，AmonixCPV 系统已经被设计和开发作为一个整体系统产品，这使得该系统易于运输和现场安装，并且需要最少的人力和安装的时间。巨型模组系统整个分为 4 段，可用大型平板车运输。架设单一 53kW 的 CPV 系统的现场安装时间仅需要短短的 3 天。基座安装使得太阳能发电系统最大限度地减少了挖掘施工量，较高的离地间隙则使原生植被在设施下繁茂生长，可实现对当地环境的最小影响。该系统可以安装在崎岖不平的地形上，因为安装过程并不需要对场地进行特别清理。

大型发电系统的运行，要求跟踪系统具有满足正常情况、紧急情况下或维护需求的能力。7700 型发电系统使用了 Amonix 的专利——"闭环双轴跟踪器"，以保持太阳光线直接照射到菲涅尔聚光透镜上和太阳能电池上。这使系统能够全天保持最大程度的发电能力。Amonix7700 具有行业领先的光电转换效率，其系统效率为 25%，模块效率为 31%，电池效率为 39%。Amonix 的 CPV 系统被确认为世界市场上最强大和最高效的太阳能发电系统。

维护 7700 太阳能发电系统比较容易，因为某一个太阳能电池的损坏并不影响其他电池的工作，而且每 30 个电池的接收板都可现场修理或更换，以确保系统发电能力始终保持最佳。具有可更换部件的特点，使得该太阳能发电系统的寿命可延长至 50 年。

在开发 7700 型太阳能系统之前，Amonix 的利用晶体硅光伏电池的 CPV 系统也是相当成功的。约 13MW 利用这种早期技术的太阳能发电系统投入使用，发电量约占全世界所有已装 CPV 系统的 73%。利用非常高效的多结太阳能电池（纪录效率大约为 41.6%）代替之前硅太阳能电池（纪录效率大约为 27.6%），CPV 系统的电力生产成本显著降低，土地使用量也大幅度减少，而这两者对于太阳能发电与化石燃料实现电网平价至关重要。值得注意的是 CPV 系统中使用的多结太阳能电池已被广泛用于空间飞行任务。

8.6.3　AMONIXCPV 系统的巨型聚光器设计

CPV 系统通过使用透镜或反射镜将阳光集中到太阳能电池从而提高电池效率。通过减少电池的尺寸，采用高聚光度的工艺，少量的半导体材料可产生大量的电力。一个 7700 系统中的巨型模组使用 1080 个高效率多结光伏电池。Amonix 在与波音公司全资子公司 Spectralab 的合作中开发出这种用于高效聚光的多结电池技术，而在这之前，Spectralab 公司已经在当前很多通信和军事卫星上应用了这项技术。这项合作促使了在 Amonix7700 系统中所使用的高效太阳能电池的诞生。

每一个电池的表面积约为 1cm²，利用 Amonix 菲涅尔透镜，聚焦 500 倍强度的阳光照射其表面。Amonix 菲涅尔透镜是一种廉价耐用的丙烯酸材料制成的透镜。如图 8.2 所示，Amonix 菲涅尔透镜采用折射光学部件，将太阳辐射集中到太阳能电池上。一个由圆形平面合并而成的方形透镜将太阳光引导汇聚到一个焦点上。太阳能电池就安装在这个焦点上以将太阳能转换成电能。30 块菲涅尔透镜被制作为一个整体部件。安装的太阳能电池板在每个透镜焦点的相应位置上。一块 C 形钢制结构使透镜与接收板的位置保持对齐。

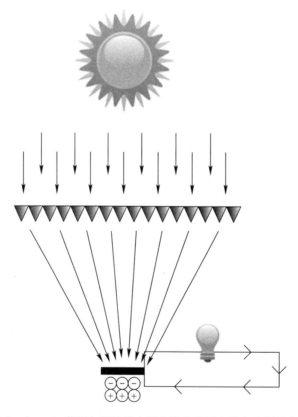

图 8.2　Amonix 菲涅尔透镜将太阳光聚焦到超高效率太阳能电池上

在标准 850W/m² 的辐射量条件下（垂直辐射和 20℃ 的环境温度），每个巨型模组额定交流发电量约为 7.5kW/m²。7 个巨型模组安装在同一个太阳跟踪结构框架上，组成了发电能力为 53kW（交流）阵列。每个巨型模组包含 36 个接收板，每个接收板又有 30 个电池和 30 个菲涅尔透镜相匹配。

所有使用高聚光装置的 CPV 系统都配备有太阳位置的跟踪装置，使太阳光线直接照射到透镜或反射镜上，然后由这些透镜或者反射镜将光线重新定向到光伏电池阵列上。7700 型系统通过将 Amonix 专利技术，液压驱动的双轴跟踪装置整合入系统，从而使系统拥有了卓越太阳跟踪能力。

Amonix CPV 系统的架构最大限度地减少了个别太阳能电池故障的问题。第一，每块电池都设置有旁路二极管保护，一个太阳能电池的故障不会影响到同一行列或者同一模块中其他电池的工作。第二，Amonix CPV 系统的架构使得太阳能电池可以现场修理和更换，对太阳能电池故障提供进一步的保护。第三，这种太阳能电池和接收器板的更换能力让 Amonix CPV 系统具有了在现场更新改进的可能。根据第三方工程公司对 Amonix 系统评估的结果，显示 7700 型系统具有以下优点：

（1）与平板太阳能系统相比，7700 具有可以升级和更换部件的优势。

（2）光伏发电系统可以延长系统的寿命。

（3）Amonix 系统组件，如钢制外壳和跟踪辅助系统，拥有长达 50 年的寿命。

（4）寿命短于 50 年的组件，如电池和透镜组件都可以被替换，一般都会更换为具有更高效率而且更便宜的组件。这种通过更换新的电池和镜片所具有的更新能力，可以将系统可更换组件的寿命有效延长至 50 年以上。

8.6.4 系统配置的详细信息

Amonix7700 主要由以下子系统组成，如图 8.2 所示：

（1）巨型模组：巨型模组将太阳能汇聚到太阳能电池上并通过电池转换成电能。它由菲涅尔透镜，太阳能电池以及一个机械结构组成，每个 7700 型系统拥有 7 个巨型模组。

（2）驱动器子系统：这一系统可以令巨型模组旋转至合适的方位角和仰角以对太阳进行跟踪。该驱动系统由基座，底盘，旋转轴承头，液压制动器，扭矩管组成。

（3）液压子系统：这一部件利用液压制动器的一侧的液压变换来移动扭矩管和巨型模组至合适的方位角和仰角，以保持系统正面指向太阳。液压系统由液压阀，蓄电池，泵，储液缸和压力传感器组成。

（4）跟踪控制子系统：系统中的监控传感器计算出所需的运动，然后发出控制指令，并向液压阀发出信号驱动系统移动至指令位置。根据需求，可令系统跟踪太阳，或在夜间、大风条件下移至放置位置，或进入维修位置。

（5）交流/直流控制子系统：这一系统将直流电转换为交流电，并与交流电网连接。它由直流熔断器，断路器，变频器组成。

8.6.5 总系统的模块化设计

Amonix 创建出一种总系统的方式生产 7700 型系统，这种方式表现为一种"从车间到电网"的思想，在制造过程中的每一环节都考虑到可降低成本的因素。这一过程首先是将超高效率（25%～39%）Ⅲ至Ⅴ型多结电池在 Amonix 工厂组装到一个一体化结构的巨型模组之中。经济的制造工艺使得分布式制造成为可能。将镜头、安装结构、太阳能电池集成到一个单元的过程，同其他聚光光伏系统相比减少了超过 75% 的零件和成本，而且在制造安装和维护方面却具有特别的优势。巨型模块组设计时最大限度地减小表面，在平板车上同时堆放 4 个模块可以进行运输。当到达目的地后，安装速度很快，所需的时间仅为大型薄膜模组的 1/2。巨型模组的一个显著特点是从装配和现场的系统整合时间，可从 1 个月减少到仅仅 1d。

在模块化设计的基础上，对 7700 型系统的操作和维护是流水线式的。经过 Amonix公司 15 年的现场测试，7700 系统证明了其可靠性。

8.6.6　电力生产

目前，Amonix7700 被认为是市场上最大的 CPV 系统。每个单位具有 53kW（交流）的发电量，而其最大竞争对手的 CPV 系统发电能力仅为 30kW，Amonix7700 发电能力相当于其对手的 2 倍。这意味着 7700 型系统"单元发电量"远超过其竞争对手。最近，Amonix CPV 系统在物理尺寸和装配方面的优势也得到了绿色科技媒体公司网站（http：//blogs. greentechmedia. com/articles/print/Solar-Roundup-Heliovolt-Hoku-Petra-Amonix-et-al/）的认可。

近年来，Amonix 系统性能的现场评估数据都被记录下来。Amonix 巨型聚光器的现场测试数据表明与其他 CPV 系统竞争对手相比较，单元发电量高一个数量级。图 8.3 和图 8.4 是 Amonix7700 安装过程中的照片。

图 8.3　Amonix 系统现场组装过程　　图 8.4　Amonix 系统现场组装过程

8.6.7　Amonix 的 CPV 太阳能发电系统效益

美国能源部（DOE）和电力研究所（EPRI）的研究结果表明，CPV 系统最终可以达到比现有平板式光伏发电系统更低的成本。成本的降低来源于如下两个方面：

（1）减少太阳能电池的材料使用。由于太阳能电池的半导体材料是所有光伏系统的主要成本，所以将较大范围内的太阳辐射会聚到一个相对较小的太阳能电池的表面上能减少所需的电池面积，从而降低相应的成本。Amonix 使用便宜、坚固且耐用的丙烯酸菲涅尔透镜将太阳能聚焦到电池上，从而使所需的电池面积/材料减少了近 500 倍。在平板式光伏发电系统所使用的一块 6 英寸的硅晶片具有约 2.5W 的发电能力相比，同一块硅晶片用于多结电池的 Amonix7700 系统发电能力超过 1500W。

（2）更高的效率。聚光光伏电池比普通平板光伏电池具有更高的效率。平板电池模块直流电转换效率的范围在 15%～20% 左右，而 Amonix 巨型模组年均发电量的直流电转换效率在 31% 以上。使用太阳跟踪系统亦可增加年发电量，进而获得每千瓦装机容量产生额外的年发电量。

目前，由于 CPV 系统距离其电池极限效率还有很大的空间，制造商预计在未来 3～5 年系统效率仍然会稳步提高。由于其采用了高度模块化的设计，CPV 系统可更换具有更高效率电池片的太阳能电池，在对系统硬件和结构不产生任何影响的情况下对系统进行升级。

8.6.8　生命周期及环境因素

由于采用了许多降低环境影响的方法，使用高效聚光器的 CPV 技术是所有太阳能技术中对环境影响最小的一种。布鲁克海文国家实验室和美国哥伦比亚大学的环境科学家对 Amonix7700 系统进行了生命周期分析（Lifecycle Analysis，LCA），评估其自始至终的全部能源需求，温室气体排放以及有毒气体的排放。

由制造商对 CPV 系统进行的 LCA 分析已证明，在美国西南部运营的 Amonix CPV 系统能够在约 8 个月的运行中，生产足够其生命周期内需要的所有能量，并且其整个生命周期的温室气体排放量在光伏产业中是最低的。在另一个 LCA 分析中，制造商还证明了在拉斯维加斯运营的 Amonix7700，其能源回收期为 0.70 年（8.4 个月）。

一般来说，公用级 CPV 系统的最佳环境是沙漠类地区。出于这个原因，CPV 技术往往面临缺乏电池组冷却水的问题。然而，系统的设计是依靠空气被动冷却，因此在操作过程中不需要冷却水。这是一个显著的优势，特别是在阳光充裕而水源不断减少的干旱地区。Amonix CPV 只是偶尔需要少量的水来清洗模块。

2010 年 1 月 8 日，根据"美国复苏与再投资法案"中的清洁能源生产税收抵免条款，Amonix 收到政府拨款 950 万美元，用于在内华达州建立 CPV 发电厂，还有 360 万美元用于在亚利桑那州兴建发电厂。目前，该公司正在计划在 2010 年年底开始在内华达州建设新的工厂。

8.6.9　成本与产出

对于制造商来说，特殊工艺制作、专利技术以及现场快速安装的能力使得 Amonix 巨型模组聚光系统具有显著的成本优势。Amonix 公司的技术使用便宜却高度可靠的丙烯酸菲涅尔透镜聚焦阳光。同其他聚光设计相比，集成到一个单元上的透镜、固定结构和太阳能电池，减少了 75% 以上的零件和成本，同时还提供了制造，安装和维护方面的优势。Amonix 产品的工艺特点使得巨型模组的单元组件等支持大批量生产。自动化装配过程具有多项优势，如利用生产机器人进行装配和质量控制提高产品质量，而这又有利于产品现场装配过程。

8.6.10　运行与维护

Amonix 巨型模组的模块化设计，确保该系统的操作和维护过程得到简化和流水线化。

巨型模组可以很容易地修复或更换。此外，不必更换整个系统就可以完成电池的更新。

8.6.11　现场安装程序

Amonix7700 每个单元的发电能力为 53kW（交流），适用于分布式发电或者集中式太阳能发电厂。7700 型系统是专门为公共太阳能发电设计，因而非常适合于太阳能市场。最近的行业报告对全球太阳能市场预测结果显示，到 2013 年太阳能市场将达到 1000 亿美元的规模，其中公共太阳能发电产业预计将构成 75% 的市场份额。

根据美国西部和西南部州长联合会的报告，在加利福尼亚，亚利桑那，新墨西哥和德克萨斯等州将会安装大量大型分布式太阳能电站，以充分利用这些州丰富的太阳能资源。加州的太阳能发电倡议计划（California Solar Power Initiative Program，CSI）所增加的潜在太阳能市场，预计将达到 33 亿美元。加利福尼亚州近期目标是到 2017 年新建 3000MW 的太阳能发电能力。加州能源委员会（CEC）也发表了一份拟议的能源项目清单，Amonix 已经由 CEC 认证获得加州退税资格。

基于其庞大的规模，模块化，便于安装的特点，Amonix 的技术引起了公共电力部门特别的兴趣，其中很多都必须遵守关于太阳能发电的可再生能源配额制（Renewable Portfolio Standards，RPS）。到 2010 年，加州公共电力公司所需要使用可再生能源生产的电力占发电总量的 20%，到 2020 年这个数字为 33%，其中太阳能发电是新增可再生能源发电量的主要来源。公共电力公司 PG&E 已经宣布，计划在未来五年内，通过一系列从 1MW 到 20MW 的中型项目的建设，最终达到 500MW 的太阳能发电量。

根据对可再生能源及效率的州经济刺激数据库（Database of State Incentives for Renewables & Efficiency，DSIRE），29 个州和哥伦比亚特区都已经建立了可再生能源组合标准（RPS）。风能，生物质能，水电是可再生能源中的主要资源，将用于满足 DSIRE 要求。但是，越来越多的州将太阳能设备包含在其中，并明确规定可再生能源的主体应该来源于太阳能资源。目前，16 个州和哥伦比亚特区已采取了更广泛的分散式绿色发电设备，而这将成为他们的 RPS 政策的一部分。为了遵守联邦和州的强制规定，根据目前的计划，美国各种替代能源系统的发电能力，到 2011 年将达到 502MW，到 2025 年则将达到 8447MW。

8.7　Concentrix FLATCON®CPV 技术

FLATCON 型 CPV 模块设计可以追溯到 20 世纪 90 年代末。其特点是每个主透镜拥有一个由玻璃制成的盖板和底板，以及一个相对较小的孔径，以阵列形式组装而成。这些都是由 Concentrix 公司开发的。电池安装在散热片上，这些散热片同时也作为模块内部电力连接的接触片。使用两块玻璃主要的原因是耐用性高和成本低，而且热膨胀系数（Coefficient of Thermal Expansion，CTE）也比较低，这样可以确保在不同的工作温度下焦点都能保持在电池上。玻璃的热膨胀系数比铝低 3 倍。如此，使用玻璃可以保证在工作温度范围内都可以将焦点保持在距电池 $100\mu m$ 的范围内。需要注意的是底板是不导热的，这是因为散热片是用高导热材料制成的，可以有效进行散热。防划盖板也是用玻璃制成的。菲涅耳透镜阵列是由硅橡胶玻璃（SOG）制成，是一种紫外线下极其稳定，成本低廉，可以大规模制造的材料。采用相对较小的透镜孔径的原因是散热好而且模块深度浅。对于主透镜来说，采用具有良好导热系数的金属散热片已足够满足散热的要求。CPV 模块中的电池温度不会超过环境平均温度 40℃。而且，较小的透镜就可以使得电池尺寸也相应缩小，这有利于电池具有更高的效率，因为较小的电池其电阻损失也较小。该装置保持尽可能简单的设计，以使得稳定性最高而生产成本最低。

一个独立的 FLATCON 模块只由一个主镜头和太阳能电池板以及装在一个小平面散热器上的旁路二极管组成。这样的平面设计使得该装置可以使用标准的半导体封装和印刷电路板机器大规模制造。图 8.5 显示的是一个 FLATCON 第二代模块 CX-75。照片上右上方是一整块制造的硅橡胶玻璃透镜阵列，右下方是由焊线互连的太阳能电池组件阵列。透镜和底板安装时使用的是建筑玻璃装配行业成熟的标准技术。生产方法则从一开始就采用了模块化设计。Concentrix 现有的生产线拥有每小时 50 个模块的生产能力，相当于 30MW 的年发电能力，而且可以根据需求迅速扩大生产。现在，FLATCON 模块 CX-75 有 27％的平均效率。

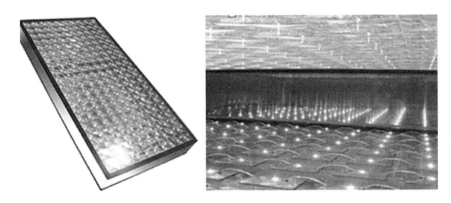

图 8.5　左侧为 CX-75 模块照片，右侧为照射面板

Concentrix 公司的 FLATCON 型 CPV 系统由模块，跟踪器，变频器，辅助装置以及负责监测与控制的软件和硬件组成。在 2008 年，跟踪器配有 120 个一代模块，其中每个模块有一个面积为 $0.24m^2$ 的光圈和 150 块透镜，所以每个跟踪器所有模块光圈的总面积为 $28.8m^2$。由于模块效率的不断提高，当垂直日照辐射量为 $850W/m^2$ 时，这些跟踪器的额定总功率为 5.4～5.6kW。产品的生产是在西班牙的聚光光伏系统研究所（ISFOC）的两个工厂完成的，一个在 Puertollano，另一个在塞维利亚附近。利用其专有的控制系统，这些跟踪器的精度可以达到 0.1°以内。每组跟踪器都有自己的变频器，这些变频器兼具机械跟踪的控制系统功能而且还拥有独立 IP 地址的通信端口。这些 CPV 系统中非常新颖的变频器是由弗劳恩霍夫太阳能系统研究所（Fraunhofer ISE）与 Concentrix 协作开发的，目前效率可达 96％。图 8.6 展示的是 Concentrix 聚光器系统的几何结构。图 8.7 描绘了 Concentrix 系统聚光器的图形。

第一批 100kW 发电厂是在 2008 年安装完成和并网发电的。图 8.8（a）、（b）展示了第一批系统的安装情况，这些在西班牙 Puertollano 的系统一直表现出良好的性能和可靠性。

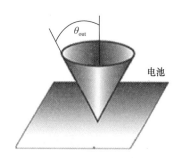

图 8.6　Concentrix 聚光器几何图示

图 8.7　Concentrix 系统聚光器图示

　　为了更好的展示 FLATCONCPV 系统的性能，示范系统的现场数据也用于西班牙塞维利亚附近的工程。该系统在近几年的运行显示出具有 99％的可靠性。图 8.9（a）、（b）显示的是每天正常直接日射资源情况。这些图片表明，仅在日射水平较低的情况下，如冬季，系统的效率下降。在夏季，大部分时候系统能量转换情况良好，很少出现系统效率降低的情况。因此，在整个运行期间系统生产交流电的效率在 20％左右。

图 8.8　（a）2008 年安装在 PuertollanoISFOC
太阳能电站的 FLATCON®CPV Concentrix
太阳能系统

图 8.8　（b）2008 年安装在 PuertollanoISFOC
太阳能电站的 FLATCON®CPV Concentrix
太阳能系统

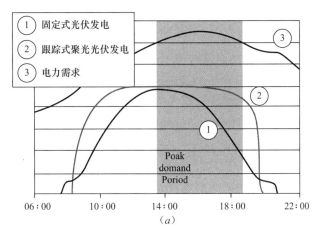

图 8.9 (a) 固定两轴跟踪光伏发电装置电力生产概况以及电力需求

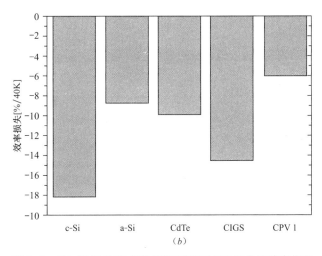

图 8.9 (b) 温度升高 40K 情况下不同 PV 技术的效率损失

2009 年新装系统都安装了相同的跟踪器，这些跟踪器装有 90 模块的 CX-75（即这些跟踪器具有相同的光学孔径）。因为这些质量良好而且规格一致的 CX-75 的模块是第一种由完全自动化的生产线生产的 CPV 模块，其系统效率的测试值甚至优于期望值。在标准太阳辐照度 $850W/m^2$ 的情况下，该系统的测试效率为 25%。

8.8 SolFocusCPV 技术

SolFocus 公司 CPV 系统采用的聚光技术与之前讨论的技术相类似，其技术上的区别之处在于，增加了一个光学系统将大范围内的阳光聚焦到独立的光伏电池上。SolFocus 公司 CPV 系统中使用的太阳能电池与一般的硅光伏电池是不同的，因为它们能够以非常高的效率将大量的太阳能转换成电能。

SolFocus 公司聚光光学系统的成本远低于光伏电池的生产成本。由于每个聚光器单位对应使用的电池表面积较小，因而降低了系统的整体制造成本。SolFocus 公司 CPV 系统使用的是表面积为 $1cm^2$ 的多结太阳能电池，可接受 650 倍的阳光照射。这意味着将

650cm² 范围内的阳光会聚并投射到一个表面积为 1cm² 的电池上，从而比传统的光伏技术显著降低了单位能源成本。

实际上，SolFocus 公司 CPV 系统就像一个望远镜，每组单位都需要毫无阻碍的接受太阳直接辐射，还必须积极跟踪太阳的轨迹。在一般情况下，CPV 系统很难接收到非直射的太阳光，或由云团等造成的散射太阳光以及云或其他物体反射所形成的反射太阳光。当 CPV 系统部署在天气晴朗而且有很多日照时数的地区时最有效，尤其是与一个精确的太阳跟踪系统相结合的情况下。应当指出，约 30% 的地球表面符合 CPV 系统所需的阳光充足的条件。而这些地区上居住了 40% 的世界人口。在这种气候条件下，CPV 系统具有最低的能源利用成本，也是生产清洁和可再生电力的最佳方法。图 8.10 展示了 SolFocus 公司的太阳能发电装置。

图 8.10　SolFocus 公司太阳能装置

8.8.1　SolFocus 公司的 CPV 设计

高效率的光伏电池和精密光学部件是所有 CPV 技术必要的组成部分。为了提供最好的 CPV 设计方案，SolFocus 公司引进了世界上性能最高的高效耐用的光伏电池。SolFocus 公司的设计依赖于易获得、高效率和低成本的精密玻璃元件。

8.8.2　反射光学系统

SolFocus 公司采用了拥有精确定制镜面的反射非成像光学系统（图 8.11（a）、（b）），用于收集和汇聚太阳光。该系统使用一个较大镜面收集直射阳光，然后将反射光汇聚到一个较小的副镜上。然后副镜将反射光重定向到一个玻璃棱镜，引导阳光进入光伏芯片。因此这是一个紧凑高效的 CPV 系统。

SolFocus 公司经过在机械、机电、材料等方面的研究，已经设计出一套可靠、高效的光学元件。虽然一些 CPV 设计方案使用的是折射光学系统（通常是通过塑料透镜使太阳光聚焦），不过 SolFocus 公司的 CPV 系统采用的是玻璃反光光学元件，具有优越的光学性能和不易退化降解的长期耐久性。反射光学系统可以实现更高的效率和更好的聚光比。此外，玻璃反光光学系统可暴露在室外高温环境中几十年却保持良好的性能。

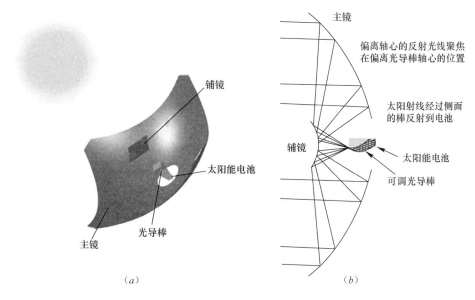

图 8.11 (a) SolFocus 反射镜面系统;(b) SolFocus 公司反光镜系统图解说明

简单形状的镜子设计非常适合于大批量的精密制造过程。精密光学技术使得在装配过程中可以进行被动校准。因此,这样组装的太阳能板成本低廉,可以进行大批量的自动化生产。

8.8.3 高效多结光伏电池

SolFocus 公司 CPV 系统的光伏电池不同于传统光伏发电系统的晶体硅电池。SolFocus 公司 CPV 电池称为多结电池,其可提供的能量转换效率约为 38%。相比之下,典型的晶体硅电池为 12%~17%。这些电池是基于太空应用的太阳能设备技术而研发的。

需要指出,目前通用的 CPV 电池技术,在低于设备的理论效率极限 60%情况下运行良好。有不少公司正在研究新型先进的光伏技术,目标是转换效率超过 45%。一些先进的光伏电池研究工作包括应变平衡量子阱、量子点、中间带隙设计等技术的发展。这些研究工作和产品开发,被认为有可能开发出效率超过 45%的光伏电池。

8.8.4 SolFocus 公司 CPV 面板

如图 8.12 所示,SolFocus 的每个 CPV 面板,是由 20 个独立的光学组件或发电元件组成。独立的光学组件包括一个主镜,辅镜,非成像光导棒以及约 $1cm^2$ 高效光伏电池。在 CPV 面板上,每套光学组件都被铝背板和厚厚的玻璃保护膜封闭起来。铝和玻璃外壳包围起来的空间,为所有用于发电的光学组件提供长期保护,而且这样的设计也便于对该装置进行清洗。

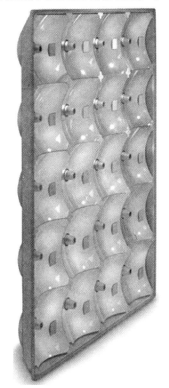

图 8.12 SolFocus 太阳能板

由于 CPV 面板使用的组件精度很高且设计简单,所以使其便于利用完全自动化的方式进行组装,不需要主动校准封闭发电元件以满足设计效率。因此,在保证低成本和长期可靠性的前提下,这样的制造过程有利于快速的配置和规模化推广。

为了确保其长期性能,CPV 面板的设计需要依赖于质量可靠的玻璃和铝,已应对长时间在极冷和极热环境中工作。

8.8.5　跟踪技术

SolFocus 公司 CPV 板安装在双轴跟踪系统上,以使其直接对准太阳的方向。在不提高成本的情况下,这些 SolFocus 公司特制的跟踪器提供了足够的定位精度。控制系统通过精确的传动装置和刚性嵌入式面板可提供跟踪精度为 0.1°。控制系统还可以利用 CPV 面板本身的性能对任何系统安装或操作过程中发生的机械失准进行主动校准。此外,控制系统还被设计为能够收集遥测数据并与中央服务器进行通信,以进行分析和预见性维护。

如上所述,SolFocus 公司 CPV 板使用的多结电池,其平均效率为 38%,系统能量转换效率超过 25%。应当指出的是,CPV 的效率是降低太阳能发电系统所生产出电能的成本的关键因素。图 8.13 显示的是 SolFocus 公司的反光镜。

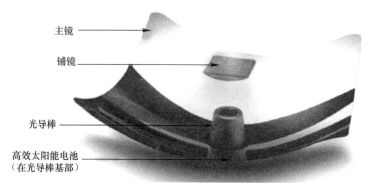

图 8.13　SolFocus 公司的反光镜面

8.8.6　在炎热气候下的最高能效

特别的工艺和产品制造方法,使得 SolFocus 公司技术同光伏硅或薄膜相比,不容易受到温度的影响,所以其 CPV 面板即使在最热气候条件下也能维持高性能。图 8.14 显示

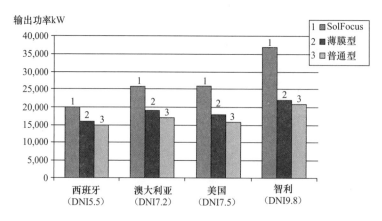

图 8.14　在不同国家进行测试的 SolFocus 光伏系统与传统光伏系统现场性能对比

了在 4 个不同国家环境温度 40℃ 条件下，3 种额定功率均为 300W 的光伏电池输出功率情况。普通 PV 和薄膜型电池与 SolFocusCPV 相比，实际功率明显低很多。其制造商宣称，在环境温度 40℃/104℉下（这是在世界阳光充足地区很常见的温度），SolFocus 公司的 CPV 阵列仅会失去其 4% 输出功率，而传统的硅 PV 电池板将会失去其功率的 22%。

8.8.7　每 1MW 装机的最高发电能力

不是所有的技术都拥有相同的额定功率和输出功率。在炎热的气候下，SolFocusCPV 每 1MW 装机容量能够产生更多的电力。这一优势与 3 个因素有关，其中包括：温度对 SolFocusCPV 影响较小，可精确追踪太阳的移动，以及在炎热地区可获得更高比例的直射光。这意味着，为满足同一发电目标，同其他技术相比，使用 SolFocusCPV 技术只需要建造一个发电能力相对较低的电厂。另外，对于同一装机容量，SolFocus CPV 可以最大限度地提高实际发电量。

8.8.8　高能量输出曲线

SolFocus 公司高效的 CPV 系统太阳跟踪的设计，可以比固定的光伏系统提供更高的日输出功率。图 8.14 显示，CPV 跟踪系统在一整天而不仅仅是在日照最强的正午时期，提供最大的输出功率和电量产出。通过控制阵列平台跟踪太阳，CPV 系统可以从早到晚最大程度的收集太阳能并生产电能。

8.9　CPV 技术与环境的可持续发展

生产清洁、绿色可再生能源的一个关键因素是保证技术本身支持环境的可持续性发展。

CPV 技术的优势和效益可归纳如下：

（1）可扩展性

CPV 技术具有可扩展性，允许将中型或者大型电站建设在靠近负荷需求的地区。不但减少了电力传输的距离，而且可以显著降低功率损耗以及对环境敏感地区的干扰。

（2）对土地使用情况的优化

高转换效率 CPV 技术在单位土地面积上可提供更多电能，因此对土地面积的破坏更少。此外，CPV 系统可以部署在不规则形状的土地上，可以使用已建成的地区，如路旁、电源线和管道等。通过使用单极跟踪器，CPV 系统立足点都很小，仅仅需要使用很小一部分土地表面。另外，由于太阳能电池阵列及其支架下有较大空间，安装了 CPV 系统的地区也可以用于其他用途。SolFocus 公司正在运行的系统，其下面的土地既可用于能源生产，同时还可以用于农业生产。

（3）不存在永久的阴影

CPV 技术所使用的跟踪器是高于地面的，这样就整个一天来说不存在永久的阴影。永久的阴影会影响到植物和动物的生命，以及设施附近的自然生态系统。此外，施工结束后，设施附近可以允许其完全恢复天然植被，因此最大限度地减少了土地的维护费用。许多其他技术都需要保持电站周围的砾石或其他人工地面，以方便维护和保证安全。

（4）不需要消耗水

利用 CPV 技术生产电力过程中没有水的消耗。一般情况下，太阳能技术都需要利用水（无论洁净与否），这样就会与水资源贫乏的沙漠生态系统以及工农业生产活动产生矛盾。据国家可再生能源实验室估计，太阳能发电系统在湿冷却运行过程中，Rankin 循环系统会消耗约 $3.64m^3/MWh$ 至 $4.55m^3/MWh$（CSP 是一个例子）；

（5）高度可回收

CPV 系统的制造过程主要使用玻璃、铝、钢等材料，所有这些材料都是高度可回收而且无毒的。由于在产品报废后超过 97% 的材料都可以回收，这些产品未来都可以很容易地转化用于其他目的；

（6）较小的碳排放量和较短的能源回收期

与其他太阳能技术相比，CPV 技术产生的温室气体（GHG）更少，能源回收期更短。CPV 技术的能源回收期同硅光伏系统相比要短很多。

第9章　太阳能发电系统工程的项目管理

9.1　引言

项目管理是一种方法和规划准则，它要求对项目实施过程中的人力、物力进行规划、组织和管理。这是一个项目成功完成的先决条件。

一般来说，所有的项目从开始到结束包括一系列的任务环节，受工期以及目标的约束，必须在规定的工期及预算范围内执行，并按雇主的具体要求完成任务。为了满足该项目的目标，合格的项目经理需要按要求准备项目相关的执行计划，并且在项目实施过程中，能够自始至终的提供有效地控制和管理项目的方法或流程。为了完成上述要求，作为项目负责人必须充分认识项目的各个方面，包括项目规划、调度、施工、系统集成和调试等。要取得成功，项目负责人必须努力实现项目的目标，并确保该项目满足其基本目标，同时保持对进度和预算目标的掌控。

9.2　项目发展阶段

一般来说，所有的太阳能发电系统项目都包括 5 个发展阶段，具体如下：
（1）启动阶段；
（2）规划或设计阶段；
（3）执行或生产阶段；
（4）监测和控制阶段；
（5）完成阶段。

在某些情况下，项目并不遵循一个结构化的规划或模板似的流程。例如，一些项目可能会多次涉及阶段 2、3 和 4。

一个典型建设项目的发展阶段包括初步设计、总体设计、图纸设计、原理图设计、施工图设计、合同文件、施工管理（所有这些都适用于太阳能发电项目）。

9.3　关键链项目管理

关键链项目管理（Critical Chain Project Management，CCPM）是一个规划和管理项目的方法，重点强调执行项目任务所需的资源（物质和人力）。被称为"约束论"（Theory of Constraints，TOC）的项目管理理论已经成功地用于项目目标的建立，以提高项目的完成率。TOC 使用了 5 个项目实施阶段的前 3 个。从本质上讲，所有重要的事件和约束的关键链具有较其他过程更高的优先级。此外，项目在规划和管理时，要确保关键链任务一且启动时，资源必须到位，所有的附属资源都服从关键链的调遣。

无论项目类型如何，项目规划都要强调资源平衡，资源约束时间最长的任务被确定为关键链。多项目环境中，如大规模的太阳能发电系统，对于资源平衡应该在整个项目中进行。

本章将具体介绍项目管理方法，特别用于解决大型太阳能发电项目管理过程中的具体问题。

9.4 合同事宜

一般情况下，当规划一个大型太阳能发电项目（如前面提到的）时，项目经理必须详熟有关财务、经济、技术等太阳能发电项目方面的内容。其中可能包括以下几个方面。

1. 技术问题

（1）光伏组件的直流输出功率（kWh）；

（2）光伏组件的交流或 PTC 输出功率（kWh）；

（3）预计太阳能系统在安装后第一年的交流输出功率（kWh）；

（4）预计生命周期内直流输出功率（kWh）；

（5）预计生命周期内交流输出功率（kWh）；

（6）可保证的最低年交流输出功率（kWh）。

2. 财务问题

（1）合约条款；

（2）实际性能未达设计要求的罚款或赔偿；

（3）合同结束时客户不支付费用的价格结构；

（4）合同结束时客户支付 50% 费用的价格结构；

（5）合同结束时客户支付 100% 费用的价格结构；

（6）合同生命周期内的预期年均指标；

（7）合同生命周期内预期平均每年性能衰减；

（8）假定的购电协议（Power Purchase Agreement，PPA）价格；

（9）PPA 的初始投资成本；

（10）PPA 合同上规定的年电费的上涨率，用装机成本的特定百分数表示；

（11）超过 25 年的净现值；

（12）提出的成本削减措施；

（13）净现值的缩减措施；

（14）全年通胀率；

（15）预计的年度电力成本上升；

（16）第 1 年节省的能源成本；

（17）全生命周期节能量（kWh）；

（18）全生命周期 PPA 的支付；

（19）生命周期结束时 PPA 的收购成本；

（20）PPA 的成本；

(21) 全生命周期的税前节省；

(22) 完成项目的时间节点，以月为单位；

(23) 客户培训；

(24) 保险费率。

所有上述需考虑的基本问题，项目经理均应在程序启动之前熟悉。因此在启动一个太阳能发电项目时，必须有一个项目经理在其建设过程中进行全程监管。

9.5 技术事宜

项目经理除掌握项目的管理技能外，还必须充分掌握太阳能发电系统的技术知识，才能完成项目目标，其中包括以下内容和技术：

(1) 光伏组件制造商和类型；

(2) 光伏组件技术；

(3) 光伏组件效率等级；

(4) 光伏组件直流功率；

(5) 光伏组件 PTC 功率，根据列于 CEC 中的设备及上市合格产品目录中的产品；

(6) 光伏组件总的数量；

(7) 光伏组件输出功率年衰减百分比；

(8) 在正式验收后光伏组件的保修；

(9) 逆变器制造商和型号，根据列于 CEC 的设备和合格产品；

(10) 逆变器的额定功率；

(11) 逆变器的使用数量；

(12) 逆变器的运行效率；

(13) 逆变器的基本和延长保修；

(14) 太阳能发电跟踪系统；

(15) 跟踪系统在东、西方向的倾斜角；

(16) 太阳能发电跟踪系统组件数；

(17) 每个跟踪系统所带光伏组件的功率；

(18) 100kW 跟踪系统所要求的地面或底座面积，对大型太阳能发电园区，需以每1MW 发电能力跟踪器占地面积的形式提出；

(19) 跟踪或支持基座地面渗透的要求；

(20) 跟踪系统距地面基础的高度；

(21) 跟踪系统地下基础的高度；

(22) 抗风能力；

(23) 系统安装前后对环境的影响；

(24) 防雷方案；

(25) 电机功率转换和改造计划及设备平台要求；

(26) 设备安装平台；

(27) 地下或地上的直流或交流管道安装；

（28）光伏组件的清洗方式，如永久承压水管，自动喷淋或高压清洗车；

（29）在 PPA 生命周期内的服务和维护。

9.6　承包商经验

为了成功地设计和建设大规模太阳能发电系统，太阳能发电系统承包商必须具备下列工程经验和项目管理技能：

（1）承包商的工作人员必须在光伏发电或中小型发电工程方面具有丰富的设计经验。

（2）承包商最好有自己的安装人员，分包成员必须经过充分训练，以确保与承包商的施工方法一致。

（3）承包商必须有至少 3~5 年的施工经验，以及具有各类大型太阳能发电系统的安装施工经验。

（4）承包商必须提供建议书，并参考以往的建设工程，其中可能包括典型的设计文件，施工图纸，测试和集成流程，客户培训课程，施工方法等；承包商还必须提供长期工作人员的信息，包括工作人员的简历、经验和其在项目中的角色。

（5）对于 PPA 合同形式，承包商必须提供至少 3 个成功的合同和参考文件的名册。

（6）承包商必须阐明其管理原则，工程位置，设计团队，以及安装和维修站。

（7）承包商必须提供光伏组件和太阳能发电设备的 PPA，及国内外制造商或供应商。

（8）承包商必须披露其财务状况，在财政上可行，以获取债券，购买材料，并保证薪酬。

9.7　购电协议（PPA）合同

不同于传统的资本密集型项目，PPA 的合约完全绕过成熟的工程设计措施，只涉及项目的可行性研究、初步设计和计量分析、设计文件、施工文件、设计规范、采购评估（这是基于工作的具体标准）。为确保可以控制项目过程并使其与项目需求始终保持一致，建议客户雇佣一个经验丰富的顾问工程师或法律顾问，该人一定要熟悉购电协议（PPA）类型的项目。

在购电协议（PPA）方面，为了避免或减少意外的不利后果，客户应在建议书（RFP）中纳入下列文件、报告和研究：

（1）对于地面装配的安装，聘请合格的设备工程顾问准备环评报告，场地平整、排水以及土壤方面的研究报告。

（2）提供统计功耗和峰值功率，进行当前和未来电力需求的分析。

（3）提供电气计划，包括单线图，主要设备的开关装置，电力需求计算。

（4）进行能源审计。

（5）提供有关安装地点的拓扑图，目前和未来土地用途的详细数据。

（6）提供当地的气候条件，如风，沙子、灰尘和周期性洪水的情况。

（7）对于屋顶安装系统，提供空中拍摄的照片，以显示屋顶规划，包括机械设备，通风口，天窗等。图纸还必须包括建筑图，标明护栏的高度和可能造成遮光物体。

（8）列出目前的电气关税协定。

（9）该文件也应纳入与财产租赁合同相关的所有特殊的协议、条件和限制。

（10）为了保证系统硬件的可靠性，在计划书（RFP）中必须包含一个通用的硬件和数据采集，监控软件的需求大纲。

（11）细则中必须要求供应商披露所有可能引起的违规问题。

（12）必须约定可保证的预期输出功率参数，以及预计每年的发电量。

客户也应该进行前期的可再生能源发电系统调研，这将使他们能够评估系统发电潜力，以及一个可替代方案的经济分析。

9.7.1 太阳能发电系统 PPA 合同框架

为了准备一个购电协议（PPA）的建议性文件，业主的法律顾问和管理人员必须熟悉各种有关合同协议的条款。协议涉及第三方的所有权由两部分组成：法律和技术。以下是 PPA 类合同最关键的一些要点，也是第三方采购供应商必须负责并评估的要点。

如第 4 章所讨论的长期投资协议，在本质上是非常复杂的。正因为如此，他们需要业主/客户，律师，咨询工程师尽职地广泛调查。为了成功实施一个购电协议（PPA），甲方必须充分认识专家的集体力量，并在准备建议文件的细则及要求时，广泛协作。即使太阳能发电系统的初投资巨大，但是其长期的利润和环境上的优势意义重大，所以应在现有项目的部署中给予特殊考虑。太阳能发电项目（如果按建议的计划执行）会是一个很好的投资，既可以在该项目的全生命周期内大幅度地节约能源，又可以弥补不可避免的二次能源浪费。

9.7.2 项目评估

如前所述，长期的融资协议（如购电协议）本质上是复杂的，需要由业主，律师，工程咨询师广泛尽职的调查来完成。鉴于上述购电协议（PPA），要求业主在合同文件的编制上，必须充分认识密切合作的重要性。对于合同细则和评价要点的前期准备，如果能运行得当，将使业主对 PPA 供应商在价格评估方面占有优势。

鉴于现有的折扣资金不足的问题，在美国各州建设太阳能发电系统之初，应仔细研究折扣计划，并且应尽早在项目开始时申请折扣资金。此外，由于涉及到太阳能发电系统与电网的设计集成，必须在施工设计文件的开始阶段就决定项目实施计划的进程。

9.8 项目完成进度

下面是一个典型的 1MW 太阳能发电项目进展的施工进度：

（1）太阳能项目现场评估和可行性研究。工程和技术支持可能需要大约 2～4 周的时间。这一阶段对于所有类型的太阳能发电项目都是强制性的。可行性研究报告基本上涵盖了该项目潜在的发电能力以及项目相关的经济分析。这项研究提供了所有重要组成部分，如光伏组件的数量，逆变器，支撑结构数量等。在此阶段，工程师应协助客户完成退税申请。

（2）详细的设计文档。根据可行性研究结果，启动太阳能发电工程设计。在这个阶段，需制定详细的设计文件和施工规范，该项工作可使太阳能发电系统集成商根据统一的文件提供报价。对于 1MW 太阳能系统的工程设计，大约需要 14～16 周的时间。

（3）工程合同的评估、谈判和签署。这个过程可能需要大约 4 周的时间。

（4）建筑施工图绘制。这项任务可能需要 12～16 周。

（5）进场准备与平整场地。从开始到结束可能需要大约 8～12 周。

（6）太阳能发电系统的基础工程。根据不同太阳能发电系统的基础和基础设施工程的类型，可能需要约 12～20 周。

（7）平整场地后的太阳能发电系统安装阶段。若承建商拥有大规模的太阳能发电系统安装经验，这个过程可能需要约 12～16 周。

（8）系统测试和调试。系统测试必须是一个持续的过程，必须在太阳能发电系统集成期间进行。系统测试是任何太阳能工程集成商的重要责任之一，项目经理一定要做好测试工作的监督。系统测试所需的时间大致是 12～16 周，这相当于系统安装的时间。

（9）最后的测试和验收。最好由独立的专家完成。竣工验收测试必须进行的内容已在第 7 章提及。

9.9　太阳能发电系统支出概况

以下是典型太阳能发电系统项目的费用支出情况，并可能适用于所有类型的太阳能发电系统。通常情况下，如下所示的支出进度顺序需要随项目进展而进行修订：

（1）工程设计咨询付款时间表：

1）可行性研究报告——总工程费的 10%～15%；

2）50% 的设计文件完成——总工程费的 20%～25%；

3）100% 设计文件完成——总工程费的 40% 或该项目设计费的差额。

（2）施工的付款时间表：

1）建设开始后，承包商要最低支付 20%～30% 的合同额，用于商业产品的定金，如光伏组件，逆变器，以及基础设施支持硬件等。

2）施工图的完成和验收后，承包商请求合同金额的 10%～20%，用于采购五金电器材料以开展太阳能发电工程建设。

3）施工完成后，承包商会要求 20%～30% 合同金额，以支付供应商以及在项目上安装人员的人工费。

4）成功地完成了系统测试和验收后，支付承包商工程款的余额，通常是合同的 20%。

（3）每年数据采集和维护费用一般都是由业主/客户支付的。

9.10　加利福尼亚州能源委员会和贴现计划

由于目前加利福尼亚州能源委员会（CEC）贴现资金的匮乏，建议在可能情况下尽早提出贴现计划申请。此外，由于需要并网，必须在施工设计文件的开始阶段就决定是否申请贴现计划。

9.10.1 加利福尼亚州议会条例草案32

以下是加利福尼亚州议会法案 AB 32 内容的概括，其完整的文本摘要可以在网址："http//www. environmentcalifornia. org/html/AB32-finalbill. pdf"[1] 上下载，法案的制定旨在强调卫生和与空气污染有关的安全法规的重要性。根据这一法案（也被称为 2006 年全球变暖解决方案），该法律规定了加州空气资源委员会，加州能源资源保护和发展委员会（能源委员会），和加州气候行动注册小组在控制排放温室气体方面要承担的责任。在政府的气候变化活动中，环境保护司还负责协调温室气体的减排。

为实施条例草案，州议会被要求采取法规以获得关于全州范围内的温室气体排放的报告，并监测和强制该项目的执行。法案要求州议会同意采纳温室气体排放标准在 2020 年时达到 1990 年的水平。该法案将要求州议会采取一个公开的过程去制定规则和条例，采用所有可行的技术，减少温室气体的排放成本。该法案还授权州议会采取市场为基础的履约机制。此外，它要求州议会根据现行法律遵守并监督任何组织执行的任何规则、章程、命令、限制排放、减排措施。该法案指定授权州议会采用被控温室气体排放源的付费时间表。

加州宪法要求州政府偿还当地机构和学区因州政府强制性花费的部分。法定程序正在制定规范偿还的程序。

9.10.2 加利福尼亚议会法案 32 的影响

加州目前 50% 的电能主要是通过煤、天然气发电机组和核电站产生的。水电和核电只占当地电力很小的比例。因此，在加利福尼亚州，从外部能源供应商进口电能是维持电能平衡的重要措施。这种能量是由煤、燃气，水电，核电发电站产生的。通过强制减少温室气体的排放，加州将在不久之后通过购买和进口电能，弃购以煤炭为基础的汽轮机发电的电能。最显著的是，在整个以煤为基础的发电站内，加州将授权使用污染程度较低的天然气发电机组。

参照图 9.1 得知电能生产成本将以更快的速度上涨。如上所述，平均每年在加州的电能成本在以 4.18% 的平均速度上涨。然而，由于制定了 AB32 法案和受其他因素影响，预计在不久的将来，电能成本率将以更高的速度增加。

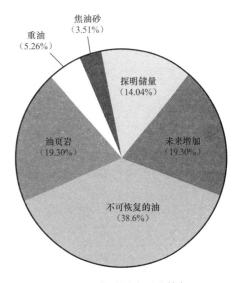

图 9.1 世界原油石油储备
（由能源部提供）

9.10.3 电力能源成本上升

影响加利福尼亚州的电能成本上升的因素很快也会波及到其他州。影响因素如下：

（1）在过去的 5 年中，天然气的成本已经上涨了 13%，而天然气产量在过去 10 年一直下降。

（2）在美国没有新的天然气精炼厂正在兴建。

（3）3 年内，加州所有的发电公司使用的燃煤汽轮机将被转换为天然气发电机。

（4）在不久的将来，对于天然气的需求将导致价格增长 $20\%\sim25\%$，这将不可避免地被转加到消费者身上。

（5）目前，在加州生产的电力只有 7% 是来自天然气，这一比例预计在不久的将来会增加 $50\%\sim60\%$。

（6）由于天然气发电的生产成本高于水力发电，在市场规律作用下，发电成本的提高将带来电价的上涨。

在可预见的未来，每年的电力成本增加将介于 $6\%\sim12\%$。鉴于以上的能源成本上升，太阳能发电项目所需的初投资也是完全合理的。图 9.1 是全球原油储量的图形，图 9.2 是不同能源的使用率，图 9.3 是各国水电能源，图 9.4 是美国天然气消费量，图 9.5 是 2009 年美国发电量数据源，图 9.6 是世界能源图，图 9.7 是 2009 年底世界可再生能源的利用情况。

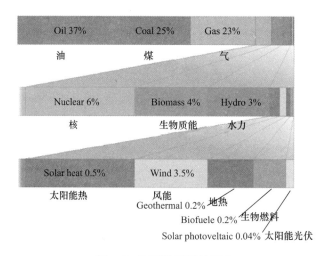

图 9.2　不同能源的使用率

国家	每年的水电能源生产	安装容量（GW）	容量因素	所有电的（%）
中国（2009）	652.05	169.79	0.37	22.25
加拿大	369.5	88.974	0.59	61.12
巴西	363.8	69.080	0.56	85.56
美国	250.6	79.511	0.42	5.74
俄罗斯	167.0	45.000	0.42	17.64
挪威	140.5	27.528	0.49	98.25
印度	115.6	33.600	0.43	15.80
委内瑞拉	86.8	—	—	67.17
日本	69.20	27.229	0.37	7.21
瑞典	65.5	16.209	0.46	44.34
巴拉圭（2006）	64.0	—	—	—
法国	63.4	25.335	0.25	11.23

图 9.3　水电能源生产

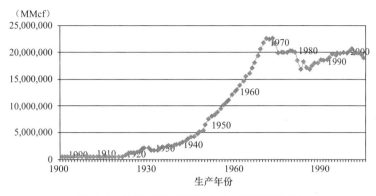

图 9.4 美国天然气消费量（由能源部提供）

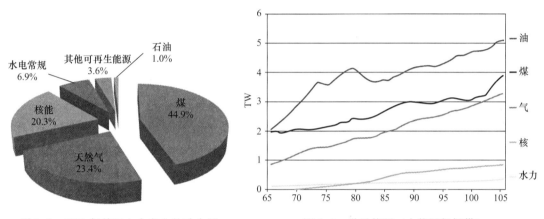

图 9.5 2009 年美国电力发电的动力源
（由能源部提供）

图 9.6 世界能源（由能源部提供）

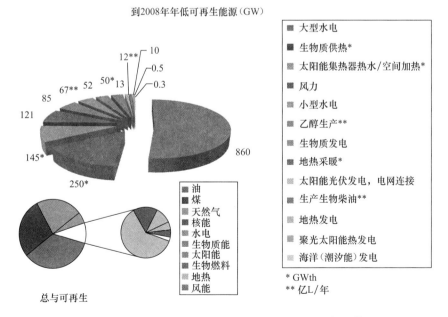

图 9.7 2008 年底世界可再生能源利用（由能源部提供）

211

9.11　项目管理培训课程

以下是对项目管理人员开设的为期 2～3d 的简明课程，课程内容涵盖以下主题：

(1) 光伏现象；

(2) 光伏物理；

(3) 光伏技术；

(4) 太阳能发电系统的应用和系统概述；

(5) 太阳能发电系统的建设；

(6) 商业太阳能发电系统的介绍；

(7) 工业太阳能发电系统的介绍；

(8) 大型太阳能发电系统的并网；

(9) 现场调查和可行性研究；

(10) 服务供应商的协调和关税的研究；

(11) 贴现和当地免税政策介绍；

(12) 贴现申请过程；

(13) 电气电源和计量系统的负载分析；

(14) 地质及气候分析；

(15) 系统安装平台分析；

(16) 太阳能发电系统测试和集成程序；

(17) 验收测试和调试的程序和标准；

(18) 太阳能发电成本和经济性概述；

(19) 能源成本上升；

(20) 设备和劳动力成本；

(21) 施工的协调；

(22) 购电协议（PPA）的融资。

第 10 章 智 能 电 网

10.1 引言

在全球范围内，随着太阳能与风能发电的迅速普及，应用规模不断扩大，现有电网的输送能力已无法满足新能源发展的需求。此外，传统电网也缺乏智能调控、快速协调供需平衡的能力，而这些恰恰是电力系统大规模应用太阳能或风能发电所必须具备的。

智能电网包括智能的输电网和配电网，它是依靠信息与网络测量技术，利用数字控制技术优化电力传输与分配，能够将常规火力发电、地热能、风能和太阳能等各种发电形式的电力提供给终端消费者使用的电网。目前，电网智能化发展正在世界范围内积极推动国家能源独立、国家安全以及全球变暖等问题的解决。

智能电网将采用智能化的监控系统，可实时监视并优化控制电力系统中的潮流分布。智能电网将采用新型材料导线，甚至是革命性的超导输电线，比传统导线载流量更大，损耗更小。所以说智能电网技术对整合未来分布式的可再生能源发电系统，如太阳能和风能发电，是必不可少的。智能电网还将利用网络通信技术控制家用电器的工作状态，控制工厂的生产状态，提高电力系统中负荷低谷段的电力需求，降低高峰段的需求，以此实现对终端用户的智能化用电管理。图 10.1 是电力系统组成的示意图，它包括发电厂、输电线路、变压器、配电线路与终端用户的负荷设备；除该图所示之外，电力系统还包括了用于监视、测量、控制与保护以上设备的电力电子系统。

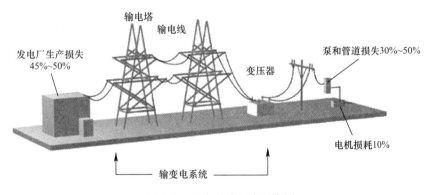

图 10.1　二次系统组成示意图

智能电网也可以看作是 20 世纪传统电网的升级版，但较传统电网更加节能，运行成本更低，同时还提高了系统可靠性和信息透明度。在传统电网中，通常会建设大型发电厂，集中安装多台大容量发电机组。他们所发出的电力汇集到电厂的升压变电站送入电

213

网，经过远距离的传输最终送到千家万户。这样的运行模式导致电网潮流容易集中、堵塞，也很难对用户的电力需求进行调控或干预。而智能电网一方面会考虑多约束条件下的潮流优化控制，另一方面也通过动态电价来引导用户的电力消费。

10.2 美国联合智能电网计划

目前，在北美地区的长距离联络线中，连接洛杉矶电网和西北太平洋电网的输电线有1400km 长。其中最著名的太平洋交流联络线通过两回 500kV 架空线，能够输送 3100MW电力。还有一回高压直流输电线输送容量为 2000MW，长 1200km，跨越了魁北克、加拿大与新英格兰地区。但是规划中的美国联合智能电网不仅是要将各地区电网简单地进行点到点的连接，还要能兼容多种接入模式，允许包括地区电力供应商、太阳能和风能发电站，或电网储能设备组成的各种虚拟发电集群的接入。

美国联合智能电网是一个国家级智能电网计划，它将充分利用 800kV 高压直流输电的优势，依托大容量骨干输电线路建立一个全美范围内互联的输电网；发展成为一个高电压等级、大容量的智能输电网，将全美各地区级电网和发电厂互联起来。奥巴马总统已经要求美国国会"毫不迟疑"通过相关法案，倍增可再生能源规模，在不久的将来建设一个全新的美国智能电网[1]。

10.3 欧洲洲际智能电网计划

在 20 世纪 50 年代，类似洲际智能输电网的概念曾经在欧洲被讨论过。当时设想在欧洲大陆的 24 个国家（跨越 13 个时区）范围内建立起一个同步电网，将欧洲电网、俄罗斯、乌克兰以及其他前苏联加盟共和国的电网统一起来。但由于该工程规模巨大，涉及国家众多，并存在网络复杂，输电阻塞，故障快速诊断，大系统运行的协调和控制等技术难题，一直未能实现。但是，这一计划的倡导者始终坚信——当未来电力系统出现重大的技术革命（比如现在的智能电网技术）后，一定会在欧洲大陆建立起洲际输电系统。

当前，欧洲也在发展类似美国的智能电网计划，称为超级智能电网（Super Smart Grid system），但这一计划仍在概念性阶段。它的目标是要将分布在欧洲大陆上广阔地域间的电力生产者和消费者通过智能的输电网互联起来，并提供廉价、大容量和低损耗的输电服务。超级智能电网还可以将地区输电网和配电网内的分布式发电，储能装置和用户负荷整合作为一个虚拟电厂进行协调控制。

10.4 智能电网的概念

迄今为止，对智能电网的定义众说纷纭，各有侧重，但都反映了建设智能电网的共同目标，即电网的自愈、灵活、安全、兼容、经济、协调、高效等。其中，IBM 高级电力专家Martin Hauske 认为智能电网有 3 个层面的含义[2]：智能电网首先是利用传感器对发电、输电、配电、供电等关键设备的运行状况进行实时监控；然后把获得的数据通过网络系统进行收集与整合；最后通过对数据的分析、挖掘结果来指挥对整个电力系统的运行优化管理。

因此，无论智能电网未来如何发展，其基本特点都是：无需或仅需少量人为干预，通过连续的评估自测，能够检测、分析、响应甚至恢复电力元件或局部网络的异常运行；能有效抵御由外部攻击造成的对电力系统本身的伤害，即使发生供电中断也能很快恢复运行；能提供标准化接口，连接太阳能或其他分布式电源和储能装置，并使其能够以简单的"即插即用"的方式向用户供电；电网运行过程中能利用通信系统与用户设备进行交互，为用户提供增值服务；能利用先进的信息和监控技术，建立广域范围上的电网互连，优化资源的使用效率，降低运行成本。

10.5　智能电网的网络结构

一般情况下，美国的输电网是由 345~800kV 及以上电压等级的交流和直流输电线路组成的，主要完成远距离、大容量的输电任务；美国的地区配电网主要由 132kV 及以下电压等级的交流输电线路组成，为居民或企业用户提供电力供应。不同电压等级的电网间通过电力变压器连接，不同类型、不同容量的发电厂通过升压站接入输电网或配电网。电力调度控制中心负责电网、发电厂与用户间的协调控制。

传统的电力调度控制中心对输电网、配电网和发电厂的协调控制，多以人工方式实现。当电网中广泛接入分布式能源、需要实现交互式服务等智能电网功能时，控制中心这种人工协调控制方式显然无法满足要求。因此，智能电网必将发展自动控制系统，提升电力生产商、用户与电网三方间的协作水平。无论用户距离远近，电网都可以将生产出的电力输送给消费者使用。

居民或商业用户使用自己的太阳能或风力发电系统时，可能产生过剩的电力，反送电网给其他用户使用。因此，对这样的分布式发电系统必须采用实时功率管理和具备双向计量功能的电表，以便与电网结算。尽管现有的输电网已经采用实时控制系统，但美国的许多州和欧洲国家的运行控制标准陈旧，阻碍不同智能电网间的互联。

综上所述，从网络结构的角度，智能电网可以说是传统输电和配电网的升级版。这种升级的主要目的是促进电力供应商间的充分竞争，建立强大的电力监控系统提高各种能源的利用效率，以更加节能方式实现电力的大规模、远距离（洲际）输送，满足用户需求、提供更优质的服务。

10.6　电网的同步互联

不久，整个北美区域内的电网都将实现同步互联，也就是将北美各地区级的输电网全部互联，同步运行于一个系统频率。电网同步互联的优点是易于电源接入和均衡线路负载，降低输电、发电费用；不同区域间可共享备用容量；有利于提高系统频率稳定性；便于发展新能源市场。

欧洲大陆的欧洲输电运营商联盟（ENTSO-E）也是基于同步运行的电网，接入了总容量达到 603GW 的发电厂。在 2008 年，欧洲输电运营商联盟在欧洲能源交易所（EEX）每天交易超过 350MWh 的电量。世界最大的同步电网为俄罗斯的统一电力系统/联合电网

（UPS/IPS），包含了前苏联的大部分加盟共和国电网。图 10.2 描绘了欧洲的智能电网（Super Smart grid）计划，该计划可以将欧洲电网和非洲的可再生能源基地连接起来，将非洲的电能输送给欧洲国家使用。

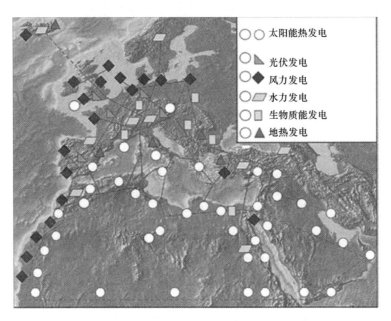

图 10.2　欧洲的智能电网系统及非洲可再生能源基地

北美的同步互联系统的频率标准多为 60Hz，而欧洲的频率标准为 50Hz。不同频率标准的电网可以通过高压直流输电（HVDC）或是变频变压器（VFTs）实现异步互联。其中，变频变压器是一种新型异步联网装置，具有网间传输潮流可控，可隔离装置两侧运行不同频率（60Hz 或 50Hz）等特点。

10.7　美国电网简介

北美地区有两大互联电力系统，分别是：美国西部电网和东部电网。其中，西部电网覆盖了从加拿大西部跨过落基山，经过美国西部大平原地区，直到墨西哥的下加利福尼亚广大的地区。东部电网的范围东到加拿大中部的大西洋沿岸，南到佛罗里达，向西回到落基山脉脚下（不包括魁北克和德克萨斯州大部分）。

两大互联电网的运行频率标准都是 60Hz，但他们之间通过 6 座背靠背直流换流站，实现非同步互联。根据美国的发展计划，图 10.3 展示了美国未来智能主干输电网。北美地区还有三个较小的独立电网，分别是魁北克（加拿大）电网、德克萨斯电网和阿拉斯加电网。

美国的输电企业多采用独立系统操作员（ISO，Independent System Operator）组织形式，提供交易管理、辅助服务和输电服务。在 ISO 基础上，小的输电组织联合组成大的区域输电组织（RTO，Regional Transmission Organization）。图 10.4 是美国和加拿大各区域输电组织的分布图。

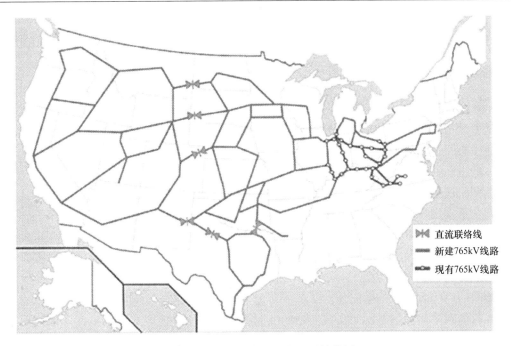

图 10.3　美国智能电网的地理接线图

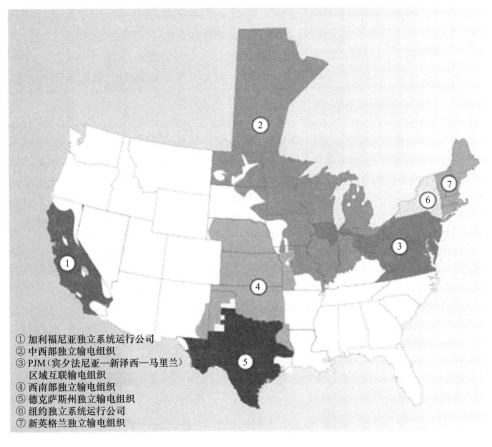

①加利福尼亚独立系统运行公司
②中西部独立输电组织
③PJM（宾夕法尼亚—新泽西—马里兰）
　区域互联输电组织
④西南部独立输电组织
⑤德克萨斯州独立输电组织
⑥纽约独立系统运行公司
⑦新英格兰独立输电组织

图 10.4　美国和加拿大地区输电组织

10.8　智能城网与配电系统

10.8.1　城市电网的智能化发展

随着城市规模的不断扩大，城市的用电负荷往往也会随之增长，高压电网开始直接进入负荷中心，形成高压受电——变压器降压——低压配电的城市供电方式。在美国，城市电网一般由私营企业负责运营，但城市的政府当局无论是否负责管理电力生产或交易，都有责任和法律授权，在紧急情况下接管该城市的电力系统。紧急情况下，市政当局还能通过控制非重要用户的用电需求，来确保重要用户的供电可靠性，如：城市中的医院、消防局和应急避难所等重要用户。当前智能电网已经念引入城市电网建设，正推动城市配电网从传统的供方主导、单向供电、基本依赖人工管理的运营模式向用户参与、潮流双向流动、高度自动化的方向转变。

美国的一些大城市中率先开始了统一智能电网计量标准的工作，建设了用于电力系统的光纤通信网络，规划电网间交换功率的控制机制，以便各地区的智能城网未来能够顺利整合。值得一提的是，美国 Xcel Energy 公司从 2008 年起在科罗拉多州的一个 9 万人的小镇博尔德（Boulder）建设全美第一个智能电网城市。其主要技术路线是：构建配电网实时高速双向通信网络；建设能够远程监控、准实时数据采集和通信，以及优化性能的智能变电站；安装可编程家庭用电控制装置和全面自动化家庭能源使用所必需的系统；并整合基础设施，支持小型风电和太阳能发电、混合电力汽车、电池系统等分布式发电储能技术接入。波尔德智能电网城市被认为是当前国际上最为系统的智能配电和用电系统实践。

10.8.2　住宅的智能配电系统

传统住宅或家庭配电系统，是由配电设备、控制设备和配电线路组成，配电设备与控制设备间通过有线建立通信联系。而智能家居的配电系统可以采用无线通信方式，如 ZigBee[1]、INSTEON[2]、Zwave[3] 和 Wi-Fi 联盟[4]等组织制订的无线协议。当前最流行的智能电网通信标准，是美国国家标准与技术研究院（NIST）开发的，该标准推动了不同无线协议间的相互兼容。此外，另一种由 OSHAN 联盟[5,4]开发的通信协议也旨在提高家用家设备间的互用性上。

通常情况下，发展家庭智能配电系统所需通信带宽要远大于传统电力控制所需。家庭

---

[1]　ZigBee 是一种低速短距离传输的无线网络协定，主要由 Honeywell 公司组成的 ZigBee Alliance 制定，于 2001 年纳入 IEEE 802.15.4 标准规范之中。底层是采用 IEEE 802.15.4 标准规范的媒体存取层与实体层。主要特色有低速、低耗电、低成本、支援大量网络节点、支援多种网络拓扑、低复杂度、快速、可靠、安全。——《维基百科》

[2]　Insteon 是一种复杂度低，功耗低，数据传输速率低，成本低的双向混合通信技术，具有即时响应，易安装，易使用，经济可靠和与 X10 兼容的特点。Insteon 被称为混合通信技术是因为它通过电力线和无线两种方式来实现家庭设备间的互联。——《百度百科》

[3]　Z-wav 是由芯片与软件开发商 Zensys 与另外多家组建的联盟。——《百度百科》

[4]　Wi-Fi 联盟成立于 1999 年，主要目的是在全球范围内推行 Wi—Fi 产品的兼容认证，发展 IEEE802.11 标准的无线局域网技术。目前，该联盟成员单位超过 200 家

[5]　OSHAN，Open Source Home Area Network

智能配电系统将采用现有的 802.11 无线通信标准，该标准能够提供数兆至几十兆的通信带宽，支持安全、消防、医疗和环保等领域的通信服务，支持闭路电视（CCTV）、局区域网络（LAN）和有线电视网络。

10.8.3 负荷需求侧管理

智能电网技术允许电力供应商在负荷峰期和谷期向居民用户收取不同费率的电费，以反映供电成本差异。如美国夏季，一般中午 12：00 到下午 17：00 是负荷需求的高峰段。这时，电力供应商必须高价购买更多的电力以满足所有用户的需求。为了减少高峰段的电力需求，智能电网可以利用通信和远程测量技术，跟踪居民用户、商业用户或工业设备的电力消耗，根据用电情况采取大幅提高用电价格的方式抑制需求，降低电力供应商的平均购电成本。反之，在负荷低谷段，智能电网通过降低用电价格来引导和鼓励用户用电。这种将部分高峰段负荷需求转移至低谷段的调控方法，称为削峰填谷。

如今，在一个典型的美国家庭，电器设备会消耗全家一半以上的电力。因此，在电力需求高峰段，如智能电网的控制系统能够直接关闭用户的家用电器或使其待机，将会大幅降低用户的电力需求。比如，关闭家庭中的空调、电热水器等大功率用电设备，以降低用户的负荷需求。这一方式可以促进高耗能设备在系统低负荷期的运行比例，起到削峰填谷的作用，即降低了用户的用电费用，也降低了电网的购电成本。但是这里存在的问题是，电力供应商是否可以自行决定中断对消费者用电设备的供电，而不征得用户同意。

10.9 可再生能源与电网运行

可再生能源的生产是受自然环境影响和制约的，如太阳能或风能发电，他们间歇性发电的特性是无法满足传统电力系统对电源稳定性的要求。

因此，如果要大规模应用具有间歇性发电特性的太阳能发电系统，智能电网就必须具备快速响应能力，具备对负荷的统筹管理和自动控制能力，根据系统负荷与太阳能发电情况，快速平衡负荷需求，甚至同步并列或解列网内的太阳能发电系统，达到稳定用电（这里指电网提供的电力）的目的。此外，在太阳能发电的峰期，通过降低太阳能发电的税率，提高常规电源费用的手段来鼓励用户主动优化用电，提高太阳能的利用率。这种模式缺点是，电力系统运行可能受到更多气候和环境条件变化的影响，增加运行和调控的难度。

10.10 智能电网的增值服务与设备

为实现各种智能用户设备的接入与可控，智能电网需要积极发展网络通信技术，无线驱动技术，先进能耗和发电传感器技术，先进材料以及分布式计算技术。这些技术将帮助用户获得高效、可靠和安全的电力服务。如火警的监控与电源管理，该系统在事故情况下，可自动关闭设备电源，甩掉负荷。

10.10.1 负荷控制设备

负荷控制器可用来远程遥控用户的空调、电热水器等大功率电器。该装置一般由通信模块和控制开关模块组成，通过统筹启停客户的用电设备，来提高电网整体的能源利用效率。该装置的工作方式类似于传呼机，它可接受电力公司发出的指令关闭用电设备电源，并可在给定的时间后自动恢复。目前，大多数的负荷控制器都是单向接收控制命令的，而先进负荷控制器将具备双向交互通讯能力，便于电力公司定位发生故障的负荷控制开关。因在电网事故情况下，负荷控制器可完成对用户负荷的紧急控制，为预防电网的严重故障甚至全停，在美国大多数电力公司会免费给他们的用户安装该设备。其另一个重要作用是，电力供应商可以利用它控制用户负荷高峰段的电力需求，减少高峰段向发电商购买昂贵的电力，提高经济性。图 10.5（a）、（b）是住宅电能控制器和智能电表的例子。图 10.6 是一个商业的负荷控制器，用于控制各种电气设备，减少高峰需求。

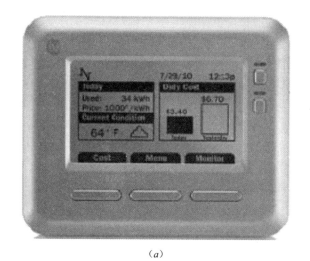

（a）

图 10.5　（a）住宅电能管理装置

（b）

图 10.5　（b）智能电表

图 10.6　商用负荷控制器

10.10.2　导线材料

1. 高温导线（HTC）

智能电网除了发展控制和通信技术外，高温导线（HTC）材料也是其重要研究领域。输电线路要能承受更大的额定电流，就必需提高线路的额定运行温度；要想提高线路杆塔间的跨距，导线材料的强度也需增强。

目前，新型的高温导线（耐热型导线）主要有 3 种：铝基陶瓷纤维复合芯导线（AC-CR），碳纤维复合芯导线（ACCC），钢芯软铝绞线（ACSS）。这三种新型导线主要的优点是兼容现有设备，无需改变杆塔结构即可更换。但它们额定的运行温度都很高，检修人员维护时需格外小心。

2. 铝基陶瓷纤维复合芯导线（ACCR）

ACCR 导线由耐热的铝锆合金外层绞线和氧化铝内层芯线组成的。ACCR 外层绞线形状通常是圆形或梯形的，内层芯线用高强度陶瓷纤维沿着与导线同方向嵌入到高纯度铝复合而成。这种导线在极高的运行温度下也不会软化、不会降低强度，比传统导线的膨胀系数低。ACCR 导线采用了类似传统钢芯铝绞线结构，而它的内芯较钢芯轻得多，其耐热性、导电性和膨胀系数传统导线好得多。ACCR 导线额定的连续运行温度为 210℃。

3. 碳纤维复合芯导线（ACCC）

碳纤维复合芯导线是用梯形铝绞线缠绕在碳纤维复合芯制成的。其复合芯是由碳-玻璃纤维和聚合物材料组成，以碳纤维为中心层，外面包覆无硼玻璃纤维绝缘层，隔离碳纤维与外层的铝绞线。外层的梯形铝绞线是采用全退火处理的软铝材料（传统导线采用硬化铝材料），这种铝材具有导电率高、高温运行膨胀系数小的优点。ACCC 导线额定的连续运行温度为 180℃。ACCC 导线主要缺点是软铝绞线强度低，安装或操作不当容易损坏。

4. 钢芯软铝绞线（ACSS）

钢芯软铝绞线是由圆形或梯形铝绞线组成的，结构特点类似传统的钢芯铝绞线（AC-SR）。不同的是，ACSS 导线采用了全退火处理的软铝导线和加强钢芯，由钢芯承担全部导线的机械荷载，减少了导线弛度。ACSS 导线额定的连续运行温度为 250℃。类似 AC-CC 导线，软铝绞线强度低，安装或操作不当容易损坏。

10.11　智能电网的数据通信

智能电网所需的数据通信带宽要远小于居民或商业用户用于语音、安全、互联网和数字电视的带宽，大多数智能电网的通信系统都能满足电网与用户间的交互服务需求。在北美和欧洲，由于政府的管制且通信公司一般都独立于电力企业，智能电网的通信系统建设必须得到政府的支持和大型通信设备制造商的协作，才能促进相关企业、用户规范互联通信协议。只有得到像思科这样的大型通信设备制造商的支持，提供专用的智能电网通信和控制设备给用户，才能真正地促进用户使用智能电网，实现交互式服务。而目前这样的设备由银泉网络（Silver Spring Networks Inc.）或谷歌（严格来讲谷歌是数据集成商，而不是设备制造商）提供，标准还有待统一。

10.12　智能电网与网状网络通信

智能电网需要建立起网状的通信网络，以便接入电网中的电源、控制中心和用户间能完成实时通信。没有这样的通信网络结构，就不可能建立现代同步互联电力系统。网状网络是一种典型的网络结构，在这种网络中，每个节点都可以担当独立路由功能，网络可以保持每个节点间的连线完整，当网络中某节点故障失效或无法服务时，允许使用"跳跃"的方式形成新的路由后将信息送达目的地。网状网络中当每一个节点和其他节点均有链路连接时，称为全连接网络。

网状网络还可以是一种自组通信网，如移动自组网（MANET）是一种由移动节点互联的网状网络，它可以实现无线和有线系统混连，但是控制复杂。网状网络具备自愈功能，当一个或多个节点故障或失效，网络仍可运行，源和目的地之间可以有多个通信路径。图 10.7 为智能电网的网状通信网示意图。

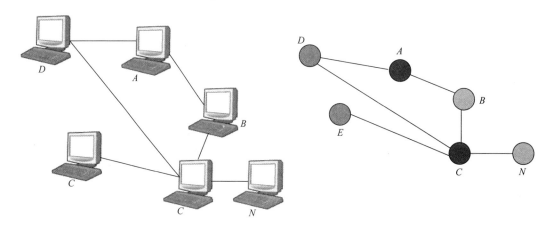

图 10.7　智能电网的网状通信网示意图

无线通信系统的网状网络架构最初是为军用研发的。目前，该结构的无线通信系统大多在网内支持客户端访问、回传服务和扫描等功能。网络传输和接收设备的小型化既降低了系统成本，也促进了节点设备的模块化和多功能化的发展。这样的多功能化网络节点（设备）也是具备控制通信带宽功能。

在 2007 年初，美国 Meraki 通信公司在乡村[5]建造了一个小型的无线网状系统，该系统仅使用了一个简单的单无线网状网络，采用了 IEEE802.11 标准，针对达到 250m 的长距离通信进行了优化，传输速率可达 50Mb/s。不久，这样的系统就可以作为基础设施，在社区内提供物美价廉的多功能通信服务。

最近，为帮助发展中国家的贫困学校，麻省理工学院（MIT）的媒体实验室正在研发一种廉价网状网络系统。该系统也是采用了 IEEE 802.11 的标准，可利用 OLPC 计划（One Laptop Per Child）资助给这些贫困学校的 XO-1 笔记本电脑，具有坚固耐用和价格低廉的优点[6]。该系统的优势在于减少了对外部通信基础设施的依赖，系统的通信节点能够与网内的笔记本电脑更加便捷的建立连接。

SMesh 网络是另一种分布式的网状通信系统，由约翰·霍普金斯大学的网络实验室开发。它也采用 IEEE802.11 标准，使用无线多跳网络。SMesh 网络的显著特点是，它提供了一种网内快速切换方案，让移动客户能在网内漫游中不中断连接，保障实时通信。

最新的有线通信标准已经允许 1Gb/s 的网络速度，并且兼容现有的家庭网络布线、电话线或是同轴电缆。

10.13　G.hn 家庭网络标准

G.hn 家庭网络标准是新的线缆网络标准，兼容已有的家庭有线网络，与无线 Wi-Fi 标准形成互补。G.hn 标准提供高达 1Gb/s 的数据通信，兼容电话线、同轴电缆和电力线[7]传输，允许接入电视机、机顶盒、家用网关、个人电脑和网络存储器等设备。G.hn 标准也将被用于家庭电源控制中心，整合家庭各种电器的控制。在不久的将来，G.hn 系统将可能成为家庭有线网络的全球标准。

10.13.1　G.hn 标准的通用器件

G.hn 系统的一个主要目标是发展综合化半导体器件，它可用于任何家庭有线网络布线，便于用户自行安装 G.hn 系统设备。因此，该标准的应用最终会降低用户、服务供应商的设备研发和安装费用。

10.13.2　G.hn 安全策略

G.hn 通讯协议使用 128 位密钥的加密算法，以提高保密性和信息完整性。G.hn 系统提供域内点至点的安全连接，每个发送和接收对之间使用的专用密钥，不能被同一个域中的其他设备使用。例如，如果节点 A 传送数据给节点 B，在同一个域中的节点 E 不能窃听他们之间的通信。

G.hn 系统支持中继功能，网络的中继设备可以从一个节点收到消息传递到同一域的另一个节点，这为大型网络扩展了应用范围。为确保中继传输过程中的信息安全，G.hn 标准制订了端到端的加密策略。例如，节点 A 通过中继节点 N 传送数据到节点 B，数据在传输中事先被加密，中继节点 N 不能对数据进行解密或是修改。G.hn 标准未来还可能采用逐跳加密策略，数据从节点 A 传送至节点 N，由 N 解密后再加密传输至最终节点 B，节点 B 做最后的解密。逐跳加密的缺点是数据在中继节点 N 会被解密，系统中的转发节点容易受到攻击。

10.13.3　家庭网络论坛（HOME GRID FORUM）

家庭网络论坛是一个全球性的非营利联盟，致力于推广国际电信联盟（ITU）的 G.hn 标准在下一代家庭网络中的应用。家庭网络论坛促进技术标准的推广、认证，市场拓展以及设备间的互操作性。论坛的成员包括大型的跨国公司，如：英特尔、领特（Lan-tiq）、松下、百思买、英国电信、德州仪器、K-Micro、Ikanos 通信、Aware、DS2、Gigle Networks、讯盟科研设计（Sigma Designs）、新罕布什尔大学互操作性实验室、九旸电子

（IC plus）、韩国电工研究所（KERI）和美国北极星网络（Polaris Networks）。

10.13.4 IP 授权供应商

目前，众多芯片供应商，如：英飞凌、义传科技和英特尔，都在积极研发 G.hn 标准的通讯和控制设备，用于现有的家庭有线网络。英特尔的家庭网络产品事业部和讯盟科研设计公司正在开发的新一代产品，不久即可投入使用。这些工作都将促进 G.hn 系统应用市场的蓬勃发展。

10.13.5 网络服务供应商

2009 年 2 月，AT&T 公司宣布支持 ITU-T 制定的 G.hn 家庭网络标准。AT&T 公司拥有全美最大的有线家庭网，向千家万户提供有线网络连接服务，它对 G.hn 标准的支持意味着其用户可以自己安装系统，极大地推动了 G.hn 标准的发展。

10.13.6 设备销售商

百思买是美国最大的消费电子零售商，在 2009 年 3 月加入家庭网络论坛董事会，表示支持 G.hn 技术成为有线家庭网络的唯一标准，支持 G.hn 标准下的同轴电缆、电力线载波和电话线设备互联，并积极推动该技术的全球普及。

虽然 Wi-Fi 技术是当今消费者家庭中最流行的网络应用，但是 G.hn 技术与其能够优势互补。不久，G.hn 技术将能为使用无线系统的用户提供合适的解决方案，兼容电视、网络设备等固定设备的有线互联。

10.13.7 消费电子设备

当前，消费电子产品正向着多类型设备兼容互联的方向发展。大多数消费类产品使用 Wi-Fi、蓝牙或以太网技术实现设备或网络互联。一些以前与计算机无关的产品，如电视和高保真音响，现在也可以利用家庭网络设备实现互联网或计算机的连接。在不久的将来，G.hn 将成为大多数带有高清显示器的设备提供高速网络连接。用户设备的电力消耗在 G.hn 网络中得到了优化整合，达到节约能源之目的。特别是像家用电热水器和热水锅炉这样的耗电设备，如能通过网络优化控制，将极大的节省电能消耗。

10.14 智能电网与环境保护

除了电力的智能传输和负荷需求控制的优势外，据估计，智能电网建设也促进了全球温室气体排放（GHG）从 2005 年的水平减少了 5% 至 9% 的水平，使 2030 年瓦克斯曼-马基（Waxman-Markey）温室气体减排目标提高了近 1/4。智能电网通过利用电网节能技术和提高用电设备的效率，优化电网运行，整合分布式的可再生能源生产，将可再生能源生产的电力提供给电动车充电，减少大气污染。图 10.8 是美国家庭电能消费结构图，图 10.9 是美国家庭年电力消费构成图。

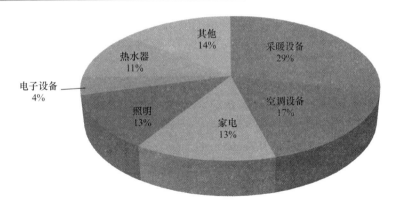

图 10.8　美国家庭电能消费结构

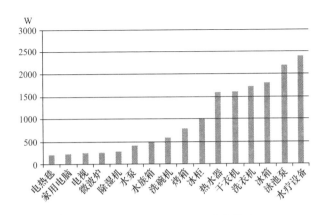

图 10.9　美国家庭年电力消费构成

10.14.1　智能电网与用户节能

智能电网技术可以利用通信系统实时提供给用户能源消耗和分时电价反馈信息,引导用户能源消费方式,达到节能的效果。有研究表明,利用这种模式的负荷管理,用户可以减少 5%～15% 的电力消耗。在美国,如果终端用户电力消费能减少 2%,二氧化碳和温室气体排放量就可以降低约 100 万吨。

10.14.2　智能电网的传输损耗

目前,由发电厂至用户间的电力传输损耗高达 10%,智能电网可以利用先进的电压控制系统,优化网络的无功潮流,降低电网中的线路损耗。据测算,如智能电网技术能够减少 1% 的网络损耗,美国的二氧化碳和温室气体能减排 30 多万 t。

10.14.3　智能电网整合可再生能源

智能电网的建设极大地推动了太阳能、风能及其他可再生能源发展。如前所述,智能电网技术将用户静态的负荷需求转化为电网主动的需求响应控制,适应了可再生能源发电的间歇特性。此外,智能电网技术发展了安全风险识别和管理系统,将与常规分散式发电系统相关的人身安全风险降到最低。从长远来看,电网和分布式可再生能源的发展都将更多受益于电网储能技术进步，实现其低谷存储、高峰发电的运行模式，达到节能环保之目标。

10.14.4　智能电网与电动汽车

电动汽车的出现，并开始逐步代替常规内燃机车辆，是美国减少温室气体排放量的绝佳机会。电动汽车可以利用低谷的可再生能源充电，相当于使用可再生能源能减少了由交通工具产生的碳排放。但是，这一运行模式也是必须依靠智能电网接入技术才能实现。据西北太平洋国家实验室估计，使用电动车可以使美国总碳排放量减少 27％，同时也可以显著减少石油的进口。如果电动汽车的使用在目前的基础上增加 50％，美国的二氧化碳和温室气体排放可相应减少约 100 万 t。

第 11 章　太阳能热发电

11.1　引言

希腊神话中曾提到阿基米德使用磨光的盾牌,将太阳光反射聚焦到前来入侵的罗马舰队上,从而迫使其从锡拉库扎港溃退。而早在 1866 年,法国人 AugustinMouchot 也曾使用抛物槽聚焦太阳光,来产生蒸汽,进而发明了第一台太阳能蒸汽机,图 11.1 记载了此项技术。

图 11.1　历史上被动式太阳能发电技术用于印刷机

本章将综述被动式太阳能技术及其应用的基本原理。所谓"被动式",是指通过直接加热液体获得太阳能的方式,如加热水或其他液体,使其转化成蒸汽。所产生的蒸汽可用于驱动汽轮机,或用于空调、制冷设备中。

太阳能源自太阳,离开太阳,地球上的万物将无法生存,而太阳能被人类利用的历史也非常悠久。众所周知,用放大镜聚焦太阳光可产生大量热能,从而点燃木料或使水沸腾。在近代科技发展中,这一简单原理被广泛使用在太阳能利用及太阳能发电之中。

将充满液体的管路直接暴露在太阳光下,是获取太阳能最常见的方式。现代被动式太阳能集热器多由放大镜及充液管组成,所产生的热水用于加热游泳池或提供家用生活热水。通常,管中充注特定的工质,如溴化物,其特点是温升快。水也是一种常用工质,被加热后通过水泵循环使用。为了更好地聚集太阳能,会将充液管涂成黑色,将反射面涂成银色。

太阳能聚光技术主要包括:"槽式"太阳能聚光器,"线性菲涅耳反射式"太阳能聚光器,"碟式"太阳能聚光器,"塔式"太阳能聚光器等,其原理都是聚焦太阳光加热工质,然后用于发电或储能,区别在于每种技术跟踪和聚焦太阳能的方式不同。

近地太阳能是可预测的间歇性能源,不是任何时候都可用,但可较为准确地预测其可用时间。在太阳能集热技术中,常有一个蓄热单元,其目的是将多余的太阳能以热能的形式储存,在夜间或太阳能不足时用来发电。应当指出,大气层以上的太阳光强度远高于近地太阳能。因此,装备在卫星上的太阳能发电系统可持续获得太阳能,而不受间歇性问题的困扰,从而可提供更高的太阳能发电效率。图 11.2 和图 11.3 分别是被动式太阳能热水板及被动式太阳能热水系统的示意图。

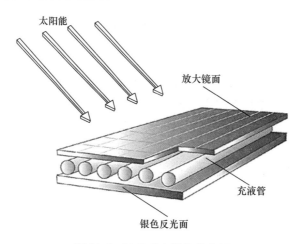

图 11.2　被动式太阳能热水板

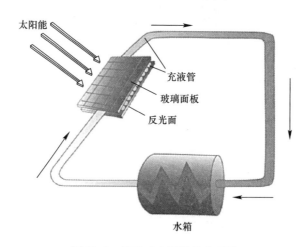

图 11.3　被动式太阳能热水系统

太阳能聚光发电技术(Concentrating solar Power,CSP),一般由太阳能聚光设备将太阳光聚集起来,然后产生高温热量,随后将其转换成电能。目前使用的三种最先进的CSP 系统有槽式(Parabolic troughs,简称 PT),中央聚光式(Central receivers,简称CR)和碟式(Dish engines,简称 DE),以上 CSP 系统被认为是当今效率最高的发电方式之一。聚光式太阳能发电量非常可观,该技术有望在不久的将来替代化石燃料发电。可供CSP 系统发电的太阳能资源非常丰富,例如,只要在内华达州的 9% 的土地上(约$100km^2$),安装 PT 系统,就能为美国提供足够的电力。

由 CSP 系统提供的发电量取决于阳光直射量。同太阳能光伏技术类似，太阳能热发电技术只能使用太阳光的直射部分。CSP 系统提供并网的规模可从几千瓦到 200MW。目前，现有的 CSP 系统多采用蓄热技术，并与天然气结合，形成混合能源电力系统，从而做到并网时电力可调。

美国西南部的太阳能资源非常丰富，是切实可行的可再生资源。最近，美国国会要求能源部制定一个计划，要求在未来五年内，西南部地区安装 1000MW 的 CSP 系统。除发电外，CSP 系统也是一个为商业和工业生产提供热能的理想热源。

11.2 太阳能聚光集热发电技术的优势

带有蓄热系统的 CSP 技术可以不消耗化石燃料，因此不会产生氮氧化物（NO_x）和硫氧化物（SO_x）等温室气体。通过几十年的发展，CSP 技术的可靠性及其与电网并接的兼容性已被充分证实。而在过去 10 年中，太阳能集热发电技术已成功应用于南加利福尼亚州的沙漠中，并为 10 万个家庭提供了充足的电力。加利福尼亚州现有 CSP 发电厂的电价约 11 美分/千瓦时，随着技术的改进和建设规模的扩大，预计在未来 20 年内，电价将下降至 4 美分/千瓦时以下。CSP 多采用相对成熟的技术和材料，如玻璃、水泥、钢材、标准规模的通用汽轮机等，因此装机容量可快速增长到数百 MW/年。

有无蓄能系统，是否与其他能源互补，形成混合动力系统或供热系统，是太阳能集热发电系统能否降低污染排放的关键。带蓄能系统的 CSP 技术可基本实现污染物的零排放，而混合动力系统可减少约 50% 的污染物排放。

11.3 槽式太阳能聚光集热发电系统

在槽式太阳能集热系统中，抛物型太阳能聚光集热器被固定在单轴太阳能跟踪系统上，呈模块化阵列式平行布置，每个太阳能聚光集热器可全天追踪太阳轨迹。充液管安装在抛物型集热器的聚焦中心上，外套透明玻璃管路，起到保温的作用，充液管内介质（如矿物质油）通过循环泵循环，当管内介质被加热到足够高温度后，在换热器处将吸收的太阳能传递给另一侧的介质-水，水在换热器中获得热量后，蒸发成过热蒸汽，驱动汽轮机做功，随后冷凝，并返回换热器吸热，如此循环工作。通常情况下，抛物型聚光集热器采用单轴或双轴追踪，只有个别情况下是固定安装。CSP 系统也可通过使用透镜、反射镜及跟踪系统，实现大范围太阳光的聚焦。槽式太阳能聚光集热系统能够实现太阳能技术土地利用系数的最大化。图 11.4 是一个槽式太阳能聚光集热系统的示意图。

目前，槽式太阳能聚光集热技术已成功应用于太阳能集热发电中。1984 年安装在加利福尼亚州莫哈韦沙漠的一个 354MW 太阳能发电厂就是一个成功的案例。此外，在 2008 年完工的葡萄牙 46MW 莫拉光伏电站和德国 40MW 的 Waldpolenz 太阳能公园，体现了该技术向大型化光伏电站发展的趋势。

11.3.1 槽式集热器种类

槽式太阳能聚光集热系统主要包括：Luz，Euro Troug 和 Solargenix。

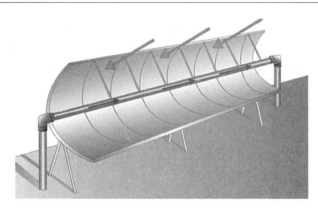

图 11.4 槽式太阳能聚光集热系统

1. Luz 系统集热器

Luz 系统集热器是其他所有槽式集热器的基础标准，集热器本体由镀锌钢板制造，适用于大型商业发电厂，其可靠性也早已被证实，现有的大多数太阳能发电厂都在使用 Luz 系统，主要包括 LS-2 和 LS-3 两种型号。

LS-2 型集热器设计精确，管状结构易于架设并提供足够的扭转刚度。LS-2 有 6 个轴管集热模块，均分在驱动器两侧。每根轴管带有 2 个 4m 长的接收器，该系统的主要缺点是，耗钢量大，制造工艺精度要求高。

为了降低制造成本，Luz 工程师研制了 LS-3 系统，它允许较大的加工公差，从而减小了耗钢量。至今，LS-3 已被证实非常可靠。LS-3 使用桁架结构代替轴管，在驱动器两侧设置桁架组件，每个桁架配有 3 个 4m 长的接收器。显然，LS-3 桁架设计没有如预期那样大大降低制造成本。它还存在扭转刚度不足，而导致光学性能和热性能低于预期值的问题。

直线型集热单元（Heat collection element，简称 HCE）也可称为直线型接收器，是 Luz 槽式聚光集热系统具有高转换效率的核心部件，是一根长约 4m，直径 70mm，且涂有特殊太阳能选择性吸收膜的不锈钢管，外套直径 115mm 的抗反射玻璃管。直线型接收器安装在抛物面的聚焦线上，管中的导热流体可被循环加热。图 11.5 是一个槽式太阳能聚光集热发电系统示意图。

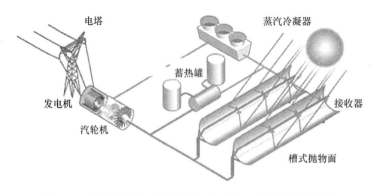

图 11.5 槽式太阳能聚光集热发电系统（美国能源部提供）

由于钢和玻璃的热膨胀系数不同，为解决其密封问题，直线型接收器采用特殊的玻璃-金属密封措施，并用金属波纹管连接，这些做法有利于保证玻璃管和钢管之间的真空度，而真空度的存在可使接收器在高工作温度时，显著降低热损失，同时也可防止太阳能选择性吸收表面被外界空气氧化。钢管上的选择性涂层具有高吸收率和低发射率，可以减少热辐射损失。玻璃管涂有抗反射涂层，能最大限度地提高太阳能透过率。当发现原有 Luz 接收器存在密封不佳及可靠性不稳定的问题后，Solel Solar Systems 公司和 Schott Glass 公司开发出新型接收器，提高了其可靠性、光学性能和热性能，大大改善了 Luz 系统性能，并提高其使用寿命。

除了直线型接收器外，槽式太阳能聚光集热系统还包括：控制、通讯和维持系统平衡的部件，如构架、基座、驱动机构、连接件等。

（1）构架和基座架

用于支撑抛物型集热器，使集热器能够旋转，并跟踪太阳移动。构架安装在能够承重和承受集热器风荷载的混凝土基座上，同时支撑集热器的传动机构和控制机构，以及直线型接收器间的轴承，如位于接收器底部的桁架或轴管。

（2）驱动器

每个太阳能集热器装备一个驱动器，白天驱动器使太阳能集热器定位跟踪太阳，从而将太阳光不断反射聚焦到直线型接收器上。在 LS-2 系统中，常使用标准电机和齿轮箱的配置，而 LS-3 系统，EuroTrough 系统及 Solargenix SGX-1 集热器使用液压驱动系统，详细可见下文。以上系统的驱动控制机理均被设计成可准确定位集热器，使其适合追踪太阳运动。

（3）控制系统

自控系统采用集散式监控系统，实现太阳能集热器的集中管理与分散控制。每个太阳能集热器均设置就地控制器，实现太阳跟踪的控制、报警信号的监测，如接收器内液体的低温报警或高温报警。两个相邻集热器之间的接收器采用球形连接，使其能够独立跟踪。上位机集中监视管理所有太阳能集热器，控制跟踪太阳的启停时

（4）集热器间的连接

每个集热器末端都设置了一个绝缘挠性接头，其作用是将独立的太阳能集热器连接在一起，使管内液体通往总管，并确保每个集热器可独立工作。

2. EuroTrough 系统集热器

目前，欧洲集团—EuroTrough，在 Luz 技术优势的基础上研发了新型集热器。EuroTrough 集热器采用扭矩框设计，将高扭转刚度的轴管设计和低耗钢的桁架设计结合在一起。

3. Solargenix 系统集热器

根据美国能源部（DOE）的"美国槽计划"，Solargenix 能源公司通过成本共享与美国国家可再生能源实验室（NREL）签订合同，开发了一种新的太阳能集热器结构。Solargenix 集热器由铝合金制成。它采用了独特的有机枢纽结构，这一技术由 Gossamer Spaceframes 公司开发，并应用于桥梁和建筑中。新设计有以下设计特点：

（1）质量轻于原始的钢结构设计；

（2）紧固件少；

（3）无需焊接及特制；

（4）易于组装；

（5）无需现场调整。

Solargenix 槽式太阳能集热技术采用抛物面反光板或镜子聚焦太阳光，可将管内工作

液体-矿物油加热到 300℃，经过热交换器，使换热器另一侧的工作液体蒸发，蒸汽进入 Ormat 发动机，驱动汽轮机发电，然后凝结成液体，如此往复循环。

槽式太阳能技术中，为将水转化成蒸汽，驱动汽轮机发电，一般需要数十兆瓦的装机容量。槽式太阳能系统将相对低成本的抛物型槽式太阳能技术向商业化推广，采用小型汽轮机，一般与低温地热能发电站联合使用。

11.3.2　槽式太阳能集热发电系统的商业应用实例

在图森市北边约 30 英里的红石镇坐落着萨瓜罗发电站，该电站属于亚利桑那州电力系统（APS），其中萨瓜罗槽式太阳能发电系统发电量为 1MW，可提供近 200 个普通家庭所需的电量。该太阳能热电站由 Solargenix 能源公司建造，由 Ormat 公司提供发动机，于 2005 年 4 月完成。图 11.6 为槽式太阳能聚光集热器的实物图片。

图 11.6　抛物型槽式太阳能集热系统（由 Solargenix 公司提供）

亚利桑那州立委员会的环境标准要求：亚利桑那州电力系统在 2007 年，可再生能源占其总消耗能源的比例达到 1.1%。因此，萨瓜罗槽式太阳能发电站在为用户提供电力的同时，也有助于实现上述目标。图 11.7 为大规模槽式太阳能聚光集热的应用图片。

图 11.7　大规模抛物型槽式太阳能集热系统园区

11.4 塔式太阳能聚光集热发电技术

另一种太阳能集热发电技术是塔式太阳能集热发电系统，该系统由成千上万的太阳能跟踪镜组成，通常称为定日镜，它们将太阳光反射到塔顶的接收器上，随后的过程与槽式太阳能集热发电系统类似，接收器内的液体被加热，随后将吸收的热量传递给热交换器，产生蒸汽，然后驱动汽轮机发电。图 11.8 展示的是一个塔式太阳能集热发电系统原理图。

塔式系统的定日镜群呈圆周状阵列分布，每个定日镜将太阳光聚焦到塔顶的中央接收器中，然后利用吸收的太阳能驱动汽轮发电机。计算机控制和双轴跟踪系统使定日镜群能精确聚焦，将太阳光精确反射到接收器上。循环液体将热量从接收器带到储热系统，驱动汽轮机发电，或者直接为工业生产提供热能。接收器内的温度变化范围是 538～1482℃。图 11.9 为塔式太阳能集热发电的照片。

第一座塔式太阳能发电站"太阳能 1 号"建于美国南加州的巴斯托，该电站的运行成功地证明了该技术用于发电的可行性。"太阳能 1 号"电站在 80 年代中期建成运行，采用水/蒸汽系统，发电能力 10MW。1992 年，美国公用事业委员会（U. S. utilities）决定改造"太阳能 1 号"电站，采用熔盐接收器和蓄热系统。蓄热能力的提高使发电塔在高达 65% 的荷载下能够保证可靠的电力调度，这一改进使塔式太阳能集热发电技术脱颖而出。该系统中，熔盐从 288℃ 的"冷"侧，由泵送到接收器，被加热到 565℃ 时，回到"热"侧。然后热盐在需要的时候用来发电。目前设计允许存储时间从 3～13h 不等。

加利福尼亚州的塔式太阳能发电站"太阳能 2 号"，电站设计容量为 10MW，作为大规模商业化电站使用。该电站 1996 年 4 月首次发电，同年进入为期 3 年的试验评估阶段，运行同时证实熔盐技术的可行性。蓄热池中可储存 550℃ 的熔盐，使太阳能发电站昼夜不停，风雨无阻地发电。"太阳能 2 号"的成功，推动了塔式太阳能集热发电站商业化的进程，促使了美国和西班牙等大规模商用塔式太阳能发电站的建立。目前，塔式太阳能发电站发电量可达 400MW。

相比其他的 CSP 技术，塔式太阳能发电站具有更高的投资效益，更好的效率以及更强的蓄热能力。塔式太阳能发电技术示范项目有，加利福尼亚州巴斯托的"太阳能 2 号"以及西班牙桑路卡拉马尤的"普朗特太阳能 10 号"，这些电站都是大型塔式太阳能发电的代表性工程。

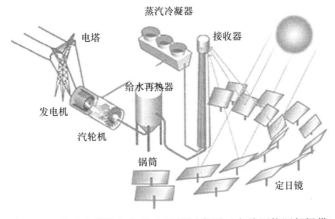

图 11.8 塔式太阳能集热发电系统示意图（由美国能源部提供）

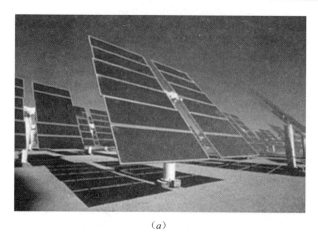

(a)

(b)

图 11.9 塔式太阳能集热发电站

11.5 碟式太阳能聚光集热发电技术

碟式斯特林太阳能发电系统以及其他碟式太阳能聚光集热发电系统,都是由一个独立的抛物面反光镜,将太阳光聚集到处于焦点的接收器上,反光镜采用双轴跟踪技术追踪太阳的移动。在太阳能聚光集热发电技术中,碟式发电技术热电转换效率最高。在澳大利亚堪培拉,有一个 500m^2 的碟式太阳能系统,被称为澳大利亚国立大学"Big Dish",是碟式太阳能聚光集热技术与斯特林发电机相结合的技术典范。碟式斯特林太阳能发电系统相比光伏电池的优点在于光电转换效率高,使用寿命长。塔式太阳能发电站采用阵列的跟踪反光镜(定日镜)将太阳光聚集到塔顶的中央接收器。太阳能聚光碗是一个固定的碟形球面镜,与跟踪抛物面镜子产生"单点聚焦"原理相反,斯特林发动机接收器可实现"线聚焦"。图 11.10 为碟式太阳能热利用系统的示意图。

斯特林发动机接收器内的工质被加热到 1000℃后,直接用于驱动小型发电机。目前正在应用的发电机有斯特林循环发电机和布雷顿循环发电机。在美国不同地点已经建造了若干个从 7kW 到 25kW 规模不等的碟式太阳能聚光集热发电站。高光效，低启动损失，使碟式太阳能聚光集热发电技术成为目前最高效的太阳能发电技术。目前，碟式斯特林太阳能发电系统保持着光-电转化效率的世界纪录，1984 年在美国加利福尼亚的兰乔米拉奇测得该系统净效率为 27%。

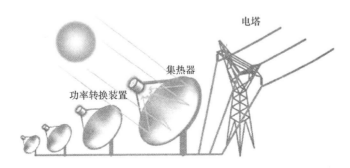

图 11.10　碟式太阳能集热发电系统（由美国能源部提供）

此外，这种太阳能热发电系统由于模块化设计，即可以独立运行，作为电网无法到达的边远地区的小型电源（一般功率为 10~25kW，聚光镜直径约 10~15m）；也可把数台装置并联起来，组成兆瓦级的太阳能热发电站接入电网。图 11.11 为碟式太阳能发电系统的照片。

图 11.11　碟式抛物型太阳能发电系统（图片由 Solar Power Technologies 提供）

11.5.1　碟式太阳能聚光集热发电技术应用实例

目前，碟式太阳能技术已经在大量案例中取得成功应用。从 1982 年到 1989 年，在佐治亚州谢南多厄地区进行的名为"Solar Total Energy Project（STEP）"的项目，共有 114 个直径为 7m 的聚光碟。该系统利用高压蒸汽发电，中压蒸汽供针织工业企业应用，低压蒸汽用于驱动附近毛织厂的空调系统。直至 1989 年 10 月，由于主发电汽轮机故障，导致了系统的停用。之后，桑迪亚国家实验室和康明斯发电厂合资，尝试将 7.5kW 的碟式太阳能发电系统商用化。然而，目前仍缺乏足够的验证，生产还未达到商用化的阶段。

美国能源部下属的公司中目前生产的太阳能热电系统，斯特林发动机，和底特律柴油机，都已取得认证，并与 Science Applications International Corporation 合作，投资 3600 万美元，开发 25kW 的薄碟式/斯特林系统。目前，美国国家可再生能源实验室（NREL）和康明斯发动机公司正在测试两种新型太阳能碟式/发动机热电系统接收器：池沸腾式接收器和热管式接收器。池沸腾式接收器原理如炉子上的双重沸腾器，液态金属在底部沸腾，将热能传递给顶部的发动机。热管式接收器也采用液态金属，它是通过毛细作用将熔化的液体传递到球状接收器中。

11.5.2　斯特林太阳花发动机

如图 11.12 所示的斯特林太阳花发动机采用先进理念，摒弃传统的光伏电池技术，采用表面剖光且涂有塑料反射材质的轻质花瓣结构铝片，每个花瓣由基于微处理器的电机控制器控制，能够独立跟踪太阳。这种热发动机实质是将太阳光聚集到低位的储水室，生产热水。

图 11.12　斯特林太阳花发动机（图片由 Idea Laboratories 提供）

目前，太阳花技术在进一步完善，以提高效率并控制成本，该公司正致力于开发大型设备，用以大规模使用太阳能热水加热装置。

11.6　线性聚焦菲涅尔反光镜

线性聚焦菲涅尔反光镜利用一系列薄镜带取代抛物面反光镜，将太阳光聚集到两根充液管上。线性聚焦菲涅尔聚焦技术体现了平面镜的优势，成本远低于抛物面反光镜。同时，相同空间可以布置更多的反光镜，使更多的太阳光得到利用，大小型电站均适用。图 11.13 为线性聚焦菲涅尔太阳能热发电系统的示意图。

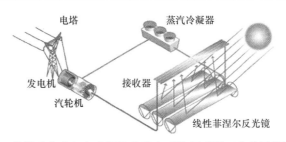

图 11.13 线性聚焦菲涅尔太阳能热发电系统原理图（由美国能源部提供）

11.7 太阳能热发电实验系统

太阳能通风塔，也称为太阳能烟囱或太阳能塔，中央塔与大型温室连接。当太阳光照射在温室上，室内空气被加热，在热压作用下，热空气上升到中央塔，然后热气流驱动汽轮机发电。在西班牙雷阿尔城建造的 50kW 的试点项目，1989 年停用，共运行了 8 年。

11.8 热电太阳能发电系统

热电及"光伏"发电系统的机理是将不同材料间温差转化成电流。该系统首次提出是在 1800 年，由法国太阳能先驱 Mouchout 作为一种储存太阳能的方法提出。

20 世纪 30 年代，热电系统在前苏联再次提出。在前苏联科学家亚伯兰洛夫的指导下，聚焦集热系统成功为 1hp（马力）发动机提供电力。温差发电机后来被用于美国的太空计划，作为深空飞行任务的能源转化技术，如卡西尼号，伽利略号和维京号。这一领域的研究主要集中在提高设备效率，已从 7%～8% 提高到 15%～20%。

最近，由美国爱达荷国家实验室开发了一项新技术，采用纳米天线接收太阳能，将太阳的红外辐射转换成能量。白天，部分红外辐射透过地球大气层，剩余部分被大气层吸收。夜间地球向外界发散红外辐射。

表 11.1 列出了三种太阳能技术的主要特点。塔式技术和槽式技术适用于 30～200MW 与电网连接的大型发电项目，而碟式发电系统是模块化的，既可单一应用，又可成组应用，建造大功率的发电工程。槽式太阳能集热发电是目前最成熟的太阳能发电技术，该技术最有可能被近期推广。塔式发电站，具有低成本和高效蓄热的特点，在不久的将来会建成电力可调，大容量因数的太阳能独立发电站。碟式技术以其模块化的特点，适用于小型，高价值的应用中。塔式发电和碟式发电提供了实现更高太阳光电效率和低于槽式发电成本的可能性，然而，这些技术是否可以降低资金成本并获得有益的改进，仍存在不确定性。槽式发电技术目前已是一个被证实可用的技术，只是在等待机会改进并推广。塔式发电仍需证实熔盐技术的可操作性、可维护性，同时需要研发低成本定日镜。碟式发电系统需要至少一个商业化发动机的发展和低成本集热器的发展来配合。

主要太阳能热发电技术比较			表 11.1
	槽式发电技术	碟式发电技术	塔式发电技术
发电量	30～320MW	5～25kW	10～200MW
工作温度（℃/℉）	390/734	750/1382	565/1049

续表

	槽式发电技术	碟式发电技术	塔式发电技术
年容量因数	23%～50%	25%	20%～77%
峰值效率	20% (d)	29.4% (d)	23% (p)
每年净效率	11 (d) -16%	12 (d) -25% (p)	7 (d) -20%
商业状态	商业规模化样机	示范	可用型示范
技术发展风险	低	高	中
可否蓄能	有限	电池	可以
混合设计	是	是	是
成本（美元/W）	2.7～4.0	1.3～12.6	2.5～4.4
应用	发电厂由电站连接，产生工业用热	单机小功率系统，电网支持	发电厂由电站连接，产生工业用热
优势	可调峰；具有 4500GWh 运行经验；混合型（太阳能/化石燃料）	可调电力；高转换效率；模块化；混合型（太阳能/化石燃料）	基本负荷电力可调；高转换效率；能源存储；混合型（太阳能/化石燃料）

注：(p)＝预测；(d)＝证实，此表由美国能源部提供。

11.9　太阳能集热发电成本及发展问题

太阳能集热发电系统的发电成本取决于很多因素，其中包括资本、运营、维护以及系统性能。然而，重要的是要注意技术成本和最终发电成本受到"外部"因素的影响。例如，小型独立的槽式或塔式太阳能发电项目成本很高。为了降低技术成本，与当前的化石燃料技术竞争，将太阳能发电项目规模升级和发展囊括多个项目的太阳能园区是非常必要的。此外，因为太阳能热电技术将从本质上取代传统燃料的主体设备，初投资和税金问题将强烈影响该技术的竞争力。

11.9.1　成本与收益

通过采用蓄热技术和混合能源，太阳能热电技术可提供稳定的可调电力。"稳定"意味着电源具有高可靠性，可以随时提供电能。因此，稳定可调的电源在实用中很重要，因为它满足了建立运行一个新电站的实用需求。"可调"意味着生产的电力可以转移到需要时使用。这说明太阳能热电站虽然成本较高，但是它还会有更高的收益。

11.9.2　太阳能热发电系统的优点

太阳能热电站可提供 2.5 倍于传统化石燃料发电站的高技术、高收入的工作机会。加州能源委员会研究表明，即使在现有的税收优惠政策下，太阳能热电站较同等规模天然气混合循环电站，需要多缴纳 1.7 倍的税收给联邦、州和地方政府。如果电站纳税水平相同，那么它们的电力成本可大致相同。太阳能热发电，只需利用地球上沙漠的 1％ 土地，发电量就能超过目前整个地球用化石燃料的发电量。

11.9.3　太阳能热电技术的未来

据估计，截止到 2010 年在美国和国际上部署的太阳能热电系统将超过 5000MW，目前能满足 700 万人的生活需求，相当于每年节省 4600 万桶石油。

11.10　总结

各种基于集热技术的太阳能发电技术正处于不同的发展阶段。槽式技术是现在较为流行的技术，目前在加利福尼亚州的莫哈韦沙漠建有一个 354MW 的电站。塔式太阳能电站处于示范阶段，有巴斯托 10MW 的"太阳能 2 号"试点发电站和加州目前正在测试和运行的电力塔。在科罗拉多州戈尔登有几种系统正处于研发阶段。太阳能发电技术的显著特点，使他们在不断扩展的全球可再生能源的市场中，成为具有吸引力的能源选择。

在过去的几十年中，太阳能热发电系统已经走过漫长的道路。不断的研究和发展太阳能热利用技术，将使其从成本上提高与化石燃料的竞争力，提高可靠性，使其成为满足日益增长电力需求的重要选择。

第 12 章 太阳能发电补贴、融资及上网电价方案

12.1 引言

本章探讨影响大型太阳能系统可行性的若干金融问题。类似于其他大型投资项目，判断大型太阳能项目是否可行的先决条件是经济方面的合理性。因此，全面的经济评估与太阳能系统本身的设计同等重要。这一章详细讨论了美国加利福尼亚州（以下简称加州）的太阳能项目电价补贴方案，该方案为全美国的太阳能项目提供了可参考的标准。

12.2 加州太阳能计划的补贴方案

本章重点概括了加州太阳能激励政策（CSI）和上网电价（Feed-In Tariff）方案，充分理解这些政策和方案对运作大型太阳能项目十分重要。值得注意的一点是，所有相关政策以及有关申请太阳能设备认证标准由加州能源委员会（CEC）制定，这些政策和标准在全美以及海外其他国家都投入使用。本章讨论的太阳能激励政策（CSI）和上网电价（Feed-In Tariff）方案对美国所有州都适用。

2007 年 1 月 1 日，加州公用事业委员会及加州参议院授权加州政府为光伏热电联产项目设立太阳能补贴基金，为未来 10 年划拨了 21.67 亿美元的财政预算（法案 SB1）。

加州太阳能激励政策（CSI）作为太阳能补贴方案，是基于光伏系统的产出性能进行奖励，而并非像较早的方案那样根据项目预计的电量输出来分配补贴。新的补贴激励政策（CSI）根据装机容量分为两类，一类是为 100kW 或更大的光伏热电联产项目提供补贴政策（被称为 PBI），该政策根据 5 年以上的实际发电量给予补贴；另一类是为容量在 100kW 以下的太阳能系统一次性提供补贴（被称为 EPBB），补贴根据系统预期发电量来分配补贴金额。

CSI 基金的管理和分配委托给三个主要的公用事务服务商，它们分别服务不同的地域。太平洋燃气电力（PG&E）为加州北部、南加州爱迪生（SCE）为加州中部、圣地亚哥地区能源办公室（SDREO）/圣地亚哥燃气电力部门（SD&G）为圣地亚哥和加州南部提供服务。要注意的是，使用市政电力的客户不能通过上述 3 个公用事务服务商申请 CSI 基金。

每个管理 CSI 基金的服务提供商都设置了网站，顾客可以上网访问在线注册数据库，下载项目手册，预约表格，合同协议以及其他所有 CSI 要求的表格。所有 CSI 申请表格和预约表格都可以在 www.csi.com 上查到。CSI 方案的原则目标：截止到 2017 年，在整个加州再安装 3000MW 以上的太阳能设备。

12.2.1　CSI 基金分配

加州的三个主要代理商（这里指上述的公用事务服务商，后文又称项目管理部门）负责管理 CSI 基金分配，根据各地区的能源需求及能源分布的人口统计比例进行特定的预算划拨，CSI 资金预算分配值见表 12.1。表 12.2 给出按照客户类别不同分配 CSI 太阳能单位发电量所给予的补贴情况，表中给出的 CSI 客户群被分为三类，即住宅、商业、政府部门。

CSI 各主管单位的预算额度　　　　　　　　　　　　　　　　　表 12.1

单位名称	预算额度百分比（%）
太平洋燃气电力（PG&E）	43.7
南加州爱迪生（SCE）	46
圣地亚哥燃气电力部门（SD&G）	10.3

CSI 住宅、商业、政府的太阳能发电目标　　　　　　　　　　表 12.2

	MW	EPBB 支付（单位/W）			PBI 支付（单位/kWh）		
		住宅	商业	政府	住宅	商业	政府
1	50	N/A	N/A	N/A	N/A	N/A	N/A
2	70	$ 2.50	$ 2.50	$ 3.25	$ 0.39	$ 0.39	$ 0.50
3	100	$ 2.20	$ 2.20	$ 2.95	$ 0.34	$ 0.34	$ 0.46
4	130	$ 1.90	$ 1.90	$ 2.65	$ 0.26	$ 0.26	$ 0.37
5	160	$ 1.55	$ 1.55	$ 2.30	$ 0.22	$ 0.22	$ 0.32
6	190	$ 1.10	$ 1.10	$ 1.85	$ 0.15	$ 0.15	$ 0.26
7	215	$ 0.65	$ 0.65	$ 1.40	$ 0.09	$ 0.09	$ 0.19
8	250	$ 0.35	$ 0.35	$ 1.10	$ 0.05	$ 0.05	$ 0.15
9	285	$ 0.25	$ 0.25	$ 0.90	$ 0.03	$ 0.03	$ 0.12
10	350	$ 0.20	$ 0.20	$ 0.70	$ 0.03	$ 0.03	$ 0.10

12.2.2　CSI 太阳能发电目标

为了弥补安装太阳能设备所花费的高成本，促进光伏产业的发展，CSI 激励方案中提出了鼓励客户群直接从补贴方案获益的计划，该计划为期 10 年。为了使太阳能发电量不过剩（不超过 3000MW），CSI 方案根据发电量设定 10 个档次的限值，根据档次高低施行缩减补贴。CSI 的目标发电量被管理者按照一定比例分摊到住宅和非住宅客户群（见表 12.2）。CSI 申请依据发电量在 10 个限值中查找相应的档位，表 12.2 显示了 SCE 和 PG&E 项目管理部门为客户群制定的一套档次限值。一旦达到该限值的分配额，中止该档位的预约过程，重启下一档位的分配处理。超过该限值的多余部分，移转到下一档位计算相应分配额。

表 12.2 给出的 CSI 太阳能发电目标基于如下前提：未来 10 年太阳能发电的产出和客户群对太阳能发电的认知程度逐渐增长；激励方案最终会使太阳能发电产业具有顽强的生命力；太阳能发电可以为加州提供可靠的可再生能源。

12.2.3　激励政策的支付结构

如上文中提到的，CSI 提供的 PBI 和 EPBB 两种激励方案都是基于真实的光伏系统产出性能。EPBB 激励发电产出的特性基于太阳能平台的放置位置、系统的大小、采光遮挡条件、倾斜角度及前几章讨论的所有因素。另一方面，PBI 严格执行基于 5 年以上实际产出的每千瓦时能源统一支付费率。激励支付等级被设计为依据 10 个档位逐步自动递减，这些等级直接和表 12.2 中的兆瓦预约发电量成正比例。

从激励补贴基金分配表中可以看出，补偿款项随着太阳能发电接近 3000MW 而逐渐减少。缩减激励补贴的主要原因是太阳能发电厂家在接下来的 10 年预计可以生产出更多更有效且成本更低的光伏模块。到那时，由于受限于加州的经济规模，加州将不再需要使用公共基金设置特别的鼓励政策来促进光伏产业的发展。

12.2.4　基于预期性能的买断（EPBB）

之前提到的 EPBB 是根据预估的光伏发电性能而一次性发放补贴。这样做主要是为了减轻对小规模系统（不超过 100kWh）的项目管理负担。影响评估发电性能好坏的因素相对简单，需考虑光伏板的数量，光伏模块认证的规格，太阳能平台的放置位置，日照条件，光伏板的朝向，倾斜角度和采光遮挡损失。这些条件都输入到一个预先定好的公式里，即得出一次性发放补贴的数额。

EPBB 方案适用于除了太阳能建筑一体化（BIPV）之外的所有新项目。一次性付清的激励补贴额度按公式（12-1）计算：

$$EPBB\ 激励支付 = 激励价格 \times 系统额定功率(kW) \times 设计因素$$
$$系统额定功率(kW) = 光伏模块数量 \times CECPTS\ 值 \times CEC\ 逆变器效率 /1000$$

$$(12-1)$$

下列是强制的特殊设计要求：

（1）所有的光伏模块的朝向都要在 180°～270°之间；

（2）为提高夏季发电效率，不同朝向模块的最佳倾角应在 180°范围进行内优化设计；

（3）系统必须考虑气候和采光遮挡的减额因素；

（4）系统必须在最佳的参照位置；

（5）光伏板的倾角必须对应当地纬度。

注意：所有的住宅太阳能发电装置也在 EPBB 激励支付的规定范围内。

12.2.5　基于实际运行指标的激励补贴（PBI）

在 2007 年 1 月 1 日，发电功率等于或大于 100kW 的太阳能发系统都适用于此种补助，到了 2008 年 1 月 1 日，发电功率的指标减少至 50kW，到了 2010 年 1 月 1 日减至 30kW。竣工验收测试后运行满五年的发电系统才可以申领 PBI 激励补贴，此项激励政策同样适用于客户定制的太阳能光伏建筑一体化系统（BIPV）。

12.2.6　主持客户

CSI 政策的所有受益者被称为主持客户，主持客户不仅包括电力公用设施客户还包括零售配电组织，例如 PG&E，SCE 和 SDG&E。依据 CSI 的政策，申请者、主持人或系统拥有者都可以担当申请补贴的实体。一般来说，主持客户要和其太阳能热电联产项目所在地的电力公用设施服务商之间有应收账款，换句话说，加州太阳能发电申请项目的建立地点必须位于以上三个项目管理部门中任意一个所服务的地域。

当资金预约申请获得批准后，主持客户被认为是系统拥有者同时持有对其预约的独占权。资金预约由 CSI 承担付款保证，故资金预约不能被业主随意转移；然而，系统安装者可以被指定为业主的代理人。

为推进该太阳能发电项目，申请者或业主必须收到一份管理部门签发的书面凭证，然后申请并网许可。如果工程延期超过基金预约时间的允许范围，客户为了得到授权，必须再次申请另一次补贴。根据 CSI 的规则，有几类客户没有资格获取奖励金。它们是从事发电和输电的组织机构，以公众名义拥有燃气和电力公用设施的组织机构，以及为了批发或零售而购买电力及天然气的任意实体。

按规定，客户持有鼓励补贴金的完全所有权，故而严格按照法律意义来说，客户也就要对整个太阳能发电系统的运行和维护负责。值得注意的是，CSI 申请者被认为是要完成和提交预约协议表格的实体，在整个项目运行过程中，申请者作为主要联系人和项目基金管理人保持联系。但是，申请人也可以指派工程组织者或系统集成商，甚至设备租赁商来担当指定申请人的角色。

12.2.7 太阳能发电的承包商及设备商

太阳能发电承包人除了要精通太阳能发电设备外，还必须拥有加州相关地域的承包许可，申请者为了从项目管理部门取得项目补贴权，太阳能发电系统的承包商和设备供应商必须提供以下信息：

（1）企业名称及地址；

（2）负责人姓名及联系方式；

（3）企业营业执照号码；

（4）承包商执照号码；

（5）承包商的债券（如有）和相关联的有限责任企业实体；

（6）设备商的执照号码（如有）。

设备商提供的所有设备如光伏模块，逆变器和仪表都必须通过 UL 检验，并具有加州能源协会（CEC）认证。所有提供的设备必须是新的，且经过一年以上的检测，严禁以旧充新的行为。需要注意的是，实验用、演示用和概念性的产品和材料不能申请补偿金。因此，项目管理者评估设备性能时要检验是否所有的设备都有 UL 证书和使用许可。

根据 CEC 的证书准则，所有连接电网的光伏系统必须具有 10 年质保期且符合以下规定：

（1）所有的光伏模块必须符合 UL-1703 标准；

（2）所有用于计量并网电量且发电量低于 10kW 系统中的电表的精度±5%，用在高于或等于 10kW 系统中的电表的精度为±2%；

（3）所有的逆变器必须符合 UL-1741 标准。

12.2.8 光伏系统的规模限定

太阳能热电联产的首要任务是提供一定的电量抵偿部分用电负荷。因此，设置光伏系统的发电量时不能超过过去 12 个月中实际的消耗量。电力系统最大发电量的计算公式如式（12-2）所示：

$$系统最大发电量(kW) = 12 个月的能耗(kWh)/(0.18 \times 8760h/a) \qquad (12-2)$$

分母是 $0.18 \times 8760 = 1577h/a$，实际上是按平均每天发电 4.32h 来计算的，这基本反映了系统输出性能，是 CEC 光伏系统输出电量计算值的下限指标。

现有激励政策允许的最大光伏系统功率是 1000kW 或 1MW。然而，如果计算满足许可，客户可以安装最大功率为 5MW 的并网系统，但只有 1MW 的部分可以申请补助。对于一个新的工程项目，如果所在地区没有以前的历史耗电量作为参考，申请者必须计算工程系统的电负荷作为开发项目的参考，计算要包括项目现在的负荷及未来增长的负荷。所有的计算依据包括相关设备说明书、仪表说明书、曲线图及建筑能耗模拟软件（例如 eQUEST、EnergPro 和 DOE-2）。

12.2.9　能效审计

2007 年 1 月通过的条例中规定，所有既有的民用和商用的电力系统客户若要申请 CSI 补偿金，需要提供一份公证过的相关建筑能效审计书。审计书和太阳能光伏补偿申请表都交由项目管理部门作为评估的依据。

进行能效审计时，既可以请专门的审计师来，也可以登录有关网页提交经营数据。在某些情况下，如果申请者可以提供过去三年的经营审计书复印件就不用通过能效审计；如果能够提供由专业机械师认证的加州能源认证 24 条（California Title 24 Energy Certificate of Compliance），可以不用进行能源审计；如果开发项目有国际认证书（LEED™），也可以不用能源审计。

12.2.10　对担保人和项目指标永久性的要求

如前所述，制造商和安装者要保证所有系统元件的最短寿命为 10 年。所有的设备，包括光伏模块和逆变器，在损坏的情况下，都要免费为客户更换。太阳能发电系统的发电量计算时必须考虑光伏模块的性能衰减率。持续在整个光伏模块生命周期内的性能衰减必须在太阳能系统的发电输出量中得到反映。

为了通过 CSI 审核，所有的太阳能发电系统都要被永久牢固地安装在平坦的地区。由于光伏模块易被损坏，安装在旋转平台或拖车上的太阳能发电系统是不合理且不稳定的。

在整个项目进行过程中，业主或者它指定的代理人必须和项目基金管理者保持密切联系，提供所需要的相关设备说明书、保证书、平台配置、设计书修订稿、系统变更资料、更新的施工进度计划、实际的施工进度等相关资料。

有时在同一项目中，光伏板在项目周期或服务区域内被移动、拆除或更新时，业主必须通知 CSI 管理人员并且修改 PBI 基金的补助时间段。

12.2.11　保险

最近，CSI 项目基金管理部门要求补贴功率等于或超过 30kW 的业主或者主持客户签订一份最小金额的普通责任险。安装者必须持有工人补偿金保险和商业车险。因为美国政府的实体有自己的保险，所以只需提供一份相关保险的证明。

12.2.12 并网和计量仪表

并网的主要准则是保证太阳能发电系统永久地与主要电力服务网连接。因此，便于携带的发电机不适于并网。为了获得补偿金，需要提交给资金管理者上网电量的记录证明。为了获得附加补贴，以提高投资回报率，主持客户的电力需求与加州的高峰电力需求相吻合时可申请收取分时电价。所有的计量仪表必须安装在易于检测的位置，以便于项目管理部门授权的检测单位进行测试或安全检测。

12.2.13 性能指标检测

所有额定功率 30~100kW 的非 PBI 发电系统都需要被指定检查员检测。为了获得补贴，检查员必须证明系统工作性能指标合格，安装情况与申请时的安装内容一致，与电网连接符合要求。申请 EPBB 激励补贴的业主，光伏板放置朝向和输出电量要与其在申请书里的相关叙述相符。若检测不合格，基金管理者将告知申请者不合格的原因（如材料缺陷或与申请书不一致）并要求其在 60 日之内对缺点进行整改。若不能进行改进，申请人将会被取消申请资格，使安装者、申请人、供应商等任何与此项工程相关人员的前期努力付之东流。如果 3 次整改失败，第 2 年会被取消参加 CSI 项目的资格。

12.2.14 CSI 激励政策的限制

CSI 项目的可行性是建立在业主的工程总花费不超过某一数目基础上的。因此，业主或者申请者必须提供详细的工程花费统计表，统计要标识出与太阳能发电系统相关的所有花销。统计表单可以在加州太阳能激励网页 www.csi.com 上下载。

值得注意的是，客户不允许从其他地区的项目管理者处重复得到补贴。如果项目的开发价值很高，值得从另一项目管理处获得附加的补贴，那么第一份补贴的额度也将会扣除掉与第二份补贴等值的额度。无论如何，所有的补贴额度之和一定不能超过工程花费的总数目。在项目实施整个过程中，项目基金管理人有权在任何时间点随机抽查账目，确保所有的补贴金的使用符合 CSI 规定。

12.2.15 CSI 补贴的预约步骤

以下是申请 EPBB 补贴的主要步骤：

（1）申请表格一定要填写完整并且由业主或申请人签名后提交；

（2）申请文件必须要有电力公用服务事业出具的证明或账号，若是一项新工程，业主要获取临时账号；

（3）在 CSI 网页上下载的系统介绍表一定要填写完整；

（4）发电系统设备选型的计算文件要附在申请表后面；

（5）若是免税工程，政府和非营利机构的专用表格 AB1407 要附在申请表后面；

（6）对于既有工程，能效审书或者加州能源认证 24 条的认证书要附在申请表后面；

（7）利用网页（www.csi-epbb.com）上提供的计算器计算 EPBB 项目；

（8）要附上太阳能发电系统的承包人或者供应商的购买协议书复印件；

（9）如果项目持有权要转交给其他人，要附上合同协议的复印件；

（10）电网的入网许可书复印件尽量也附上，不然需告知项目管理者有关协议的安全措施。

请求补贴支付时，以下文件需向项目管理部门提交：

（1）在 CSI 网页上提交填好的催询单；

（2）入网许可证明；

（3）建造许可书和最终检测验收报告的复印件；

（4）设备供应商及安装者的资质证书；

（5）工程最终成本清单；

（6）工程最终成本陈述书。

对于适合申请 BPI 的项目或发电量超过 10kW 非住宅的发电系统，申请者要遵循以下流程申请 BPI 补贴：

（1）申请表格一定要填写完整并且由业主或申请人签名后提交；

（2）申请文件必须要有公用电力服务事业出具的证明或账号，若是一项新工程，业主要获取临时账号；

（3）在 CSI 网页上下载的系统介绍表一定要填写完整；

（4）发电系统设备选型的计算文件要附在申请表后面；

（5）需要缴纳数额为 CSI 补贴额度的 1% 的申请费；

（6）若是免税工程，需附政府和非营利机构的专用表格 AB1407；

（7）对于既有工程，需附能效审计书或者加州能源认证 24 条的认证书；

（8）使用网页提供计算 PBI 项目的计算器计算，需把计算结果打印付上；

（9）要附上太阳能发电系统的承包人或者供应商的购买协议书复印件；

（10）如果项目持有权要转交给其他人，要附上合同协议的复印件；

（11）电网的入网许可书复印件尽量也附上，不然需告知项目管理者有关协议的安全措施；

（12）附加项目竣工验收书；

（13）附加主持客户保单的复印件；

（14）如果主持客户和业主不是同一人，须附加业主保单复印件；

（15）附加项目成本清单复印件；

（16）附加电力系统所有权转让合同（租赁或购买）的复印件；

（17）如果客户是政府、非营利性的组织或者公共组织，需附招标或者询价文件的复印件。

请求补贴支付时，业主和客户需向项目管理部门提交以下文件：

（1）在 CSI 网页上提交填好的催询单；

（2）入网许可证明；

（3）建造许可书和最终检测验收报告的复印件；

（4）设备供应商及安装者的质检证书；

（5）工程最终成本清单；

（6）工程最终成本陈述书。

若提交的文件不完整，项目管理部门允许申请人在 20 日之内补全需要提交的材料。

材料必须是纸质版，且由美国邮政机构投递。不能使用传真或者其他快递。

有关项目预约申请的所有变更处理需要递交正式申请信，给出合理的解释。项目补贴最长保留期为 180d。在撰写延长时间申请时必须明确的提出客观条件超出能力控制范围，如允许范围内的加工，制造过程延期，光伏模块或者关键设备运输滞后，自然条件不允许等。所有延期说明必须要通过书信形式传达。

12.2.16　激励补贴的支付

对于 EPBB 项目，提交完以上提及到的材料并获得许可后，项目管理部门在 30 天内将会发放出所有款项。对于 PBI 项目，在 30 日内，查看电表读数分析出早期发电性能指标后，开始发放第一笔奖励金，所有的补贴金的发放都要根据实际输出电量发放。在某些情况下，主持客户可以要求项目管理者一起与第三方签订完全支付协议。这种支付金再分配的情况下，主机客户必须填写由资金提供者提供的一系列详细的表格。

EPBB 一次性付清所有款项的数额是根据公式（12-3）计算：

$$EPBB\ 补贴额度 = 被\ CSI\ 确认的发电系统规格 \times EPBB\ 预留激励比率 \qquad (12\text{-}3)$$

PBI 支付适用于具有 5 年运行经验且发电功率 100kW 或以上的发电系统。支付金额是由实际光伏系统发电量决定的。如果发电量 100kW 以下系统的业主也申请到 PBI 补贴，也可以按这种分配制度来发放补贴。

PBI 支付额度由公式（12-4）计算：

$$每月\ PBI\ 项目的支付金额 = 预留金比率 \times 测量得到的发电量(kWh) \qquad (12\text{-}4)$$

如果光伏发电系统的规模发生变化，要及时更新起初的项目预留申请表，补贴额度也要重新计算。

12.2.17　加州太阳能发电补贴的实际工程案例

接下来的案例是帮助读者熟悉 CSI 各项要求的细节。预留表格除了要求填写主持客户信息和工程位置信息外，还要求有相关太阳能发电系统性能的计算。不管系统发电量多少或者属于 EPBB 还是 PBI，都要提供相关太阳能系统发热发电量的计算文件。

为了开始进行预留金计算，设计者必须着手处理以下的设计准备工作：

列出太阳能发热发电系统可覆盖到的区域；

用经验公式计算将要投入使用的其中一个光伏模块的每平方英尺的功率。例如：一个光伏模块的面积是 $2.5' \times 5' = 12.5$ 平方英尺（美国加州光伏标准测试 PVUSA Test Condition，以下简称"PTC"）测试发电功率为 158W，那么每平方英尺的发电量将估算为 14W；

可覆盖到的区域面积除以 12.5 平方英尺（光伏板的面积）可以得到所需要的光伏板的数量。

为了完成以上提及的 CSI 预约表，设计师还必须要给出 CEC 认证的逆变器的类型、型号、数量和效率。例如：假设我们计划在农场建造一个输出量为 1MW 的太阳能发电系统，可以占用 6 英亩大小的地区。这样大小的一块地足够用来安装一个单轴追踪太阳能系统。我们选择太阳能发电模块和逆变器时要从 CEC 认证的设备中挑选。

太阳能发电系统组成元件有：

光伏模块：选用 SolarWorks Powermax 牌 175p，功率为 175W（直流电），PTC 测试发电功率为 158.3W（交流电），要求安装 6680 块光伏模块；

逆变器：选用 Xantrex Technology 牌，PV225S-480P，225kW，效率 94.5%。

为了能更快的完成 CSI 预约表，设计师需用 CSI 的 EPBB 计算器（可在 www.csi-epbb.com 上找到）来计算功率小于 30kW 的项目补贴额度。由于 EPBB 项目计算表格需要填写设计影响因素，所以不能完全由电子计算表计算得到（PBI 项目的计算可由 CSI 预约电子计算表自动计算得到）。

1. EPBB 计算步骤

为了进行 EPBB 项目计算，设计师必须在空白区域输入以下数据：

项目所在区域的邮政编码，如：92596

项目地址

客户的类型，如住宅式、商用或政府/非营利组织

光伏模块的制造商、类型，包括直流模块和 PTC 评级和模块数量

逆变器的制造商，类型，输出功率和效率

阴影面积的测量和分析

倾斜排列角度如 30°。为了效率最大化，倾斜角度接近当地纬度

方位角度数，如坐北朝南方位角为 180°

在输入以上数据的基础上，CSI 计算器将计算并输出以下结果：

推荐在设计定方位角下的最佳倾斜角度

每年发电量（朝南向最优角度的条件下）

夏季每月的发电量（5 月～10 月）

CEC 评价的交流电级别——评价 100kW 以上的系统

有待改进的设计部分——计算 CSI 预留金时需填写进表格

地理方面的改进

设计要素

补贴比率——$/W

如果项目属于 EPBB，会显示补贴额度

2. 加州太阳能起始预约表格计算

像上文提到的 EPBB 项目时介绍过的，CSI 预约也可以通过 www.csi.com 的网页上的电子计算表来计算。除了 EPBB 设计因素源于之前的计算之外，完成 EPBB 申报需要的数据和 PBI 申报的数据十分相近。

加州太阳能起始项目预约金电子计算表需要输入以下 6 个主要信息：

（1）主持客户：信息包括客户姓名、企业类别和公司信息，纳税身份证明，承包人姓名，头衔，联系地址，电话，传真和电子邮箱；

（2）申请人信息（如果系统采购者不是主持客户）；

（3）系统拥有者信息；

（4）项目位置信息，和 EPBB 项目一样。详细写明系统平台是在建筑上还是在平地上。在这个信息空白格里，设计师还要提供公用电力服务账号和仪表测量数据（如有）。对于新项目，在资金预约表格后附加一份采购状态账目表；

（5）光伏和逆变器等硬件的信息和在计算 EPBB 使用的信息一致；

（6）在项目补偿金计算这个格内，设计师要填入系统发电功率（kW）和 EPBB 项目表格计算出的设计参数。

完成以上的填写内容后，CSI 预约金电子计算表单将会自动计算出发电系统的发电输出，单位为瓦特。在填写符合条件的项目总成本一栏时，设计师需要填入建造发电系统的项目成本。CSI 会自动计算出发出每瓦电的装机成本，CSI 的补贴金数目和系统拥有者自己需要负担的开销。

用与之前计算 EPBB 项目中的硬件相同的条件，接下来计算 CSI 项目预约金。这些数据的输入和计算步骤如下：

平台为单轴追踪太阳能的形式

没有遮挡

日照量邮政区码为 92596，圣伯纳迪诺市，加州 5.63h/d

光伏模块型号 SolarWorld model SW175 mono/P

直流电瓦数为 175W

平均每英尺的光伏模块发电量 158.2W

光伏模块总数 6680

总发电量 1057kW（交流）

电子计算表单计算的发电量为 1032kW（交流）

逆变器 Xantrex Technology 公司生产，型号为 PV225S-480P

发电电容 225kW（交流）

效率为 94.5%

最后发电量的计算结果为 $1057 \times 94.5\% = 999$ kW

CSI-EPBB 设计因数为 0.975

CSI 系统的发电量为 $999 \times 0.975 = 974$ kWh

光伏系统每天的发电量 $= 974 \times 5.63$（暴晒条件下）$= 5484$ kWh/d

每年的发电量 $= 5484 \times 365 = 2001660$　kWh/a

假设 2007 年有一个奖励金提供给政府或者非营利组织的太阳能发电系统，按照性能指标分配奖金数目为 0.513　\$/kWh

5 年的奖励金是 $5 \times 2004196 \times 0.513 = \$5134258$

安装总共花了 \$8500000

太阳能系统的拥有者需要自己出 \$3365742

申请费为奖励金数额的 1% = \$33657

12.2.18　关于设备供应商

设备生产厂家和公司需向 CEC 提供设备销售信息表格（CEC-1038R4），表格需包含如下内容。（所有的 CEC 补偿金表格见附录 C）

公司名称、地址、电话、传真和电子邮件地址

公司法人或者主要负责人

公司营业执照号码

承包商营业执照号码（如有）

加州秘书长对公司良好信誉的证明，包括对公司的合作伙伴的信誉的证明

经销商的营业执照号码

12.2.19　针对经济适用房项目的特别基金

加州众议院 58 号法案要求 CEC 提供额外的补贴款项给安装在经济适用房的太阳能发电系统。这些经济适用房项目可以得到比其他项目多 25% 的补贴，但是补贴总额不超过整个系统花费金额的 75%。认定的合格标准如下：

经济适用房项目必须符合加州健康和安全规范。住户的财产必须明确地限制在低收入范围内，且受加州住房和社区发展部（California Department of Housing and Community Development）管理。

每个住宅单元（公寓、多户家庭的住房等）必须拥有独立的电力公用事务部门的电表。经济适用房项目必须要比现行标准（参见第五章）高出至少 10% 的能源效率。

12.3　总结

即使太阳能发电系统的初投资是巨大的，但是从长期角度看，经济和生态方面的优势是十分明显。所以应仔细考虑发展太阳能项目。一个太阳能热电联产系统，如果按照在本文中建议的方法得以应用，将在配套设施的全生命周期内节省大量的能源开支，并可阻止本来不可避免的能源成本上升。

特别说明：鉴于现有 CEC 补偿基金的日益减少，建议尽早申请补贴。此外，由于太阳能发电系统要与服务电网进行集成设计，必须在施工图设计的起始阶段就决定是否申请 CEC 补贴。

12.4　加利福尼亚州上网电价政策

12.4.1　CEC 对于加州上网电价政策的工作报告

以下对上网电价的讨论是加州能源委员会公布的 2008 年研讨会的报告总结。加利福尼亚州有一个可再生能源投资组合标准（RPS），该标准要求截止到 2010 年，国有公用事务部门、能源服务供应商和社区选择应具有 20% 的零售销售额要利用可再生能源产生。公共产业也需要制定再生能源组合标准（RPS）。2007 年综合能源政策报告（IEPR）指出，截止到 2010 年，加州要实现 20% 的绿色能源利用率目标（至今且尚未实现）。现已设置了到 2020 年，加利福尼亚州实现 33% 的可再生能源利用率目标。若要实现这个颇具挑战性的目标，预计需要新的政策工具。

再生能源投资组合标准（RPS）提及到需要探索潜在的方法，以期扩大上网电价的应用范围，作为一种机制来帮助加利福尼亚州的可再生能源目标的实现。上网电价的设计方案和政策路线有很多种。工作报告中审查了上网电价设计方面的问题，如适当的补贴结构、资格、定价等。该报告还考虑了相关政策目标，利益相关者就 2008 年 6 月 30 日举行的能源委员会的上网电价设计问题进行了探讨，评价了研讨会上呈交的材料，分析了上网电价在西

班牙和德国的经验数据。同时报告确立了 6 个典型的政策，对每个政策的优缺点都进行了详细的探讨和分析。此外，该报告还探讨了各条政策路线之间潜在的相互影响，审查了上网电价与其他相关政策的相互影响，并讨论了建立加利福尼亚州上网电价方案的具体细节。

报告中审查了 6 个政策包含的各种项目发展方向、时间和范围。

1. 政策 1

这个政策类似于目前在德国施行的上网电价制度，但它的施行是有条件的，只有在加州可再生能源 20％占比目标到 2010 年未能实现时才启动施行。根据这个选项，上网电价方案在 2012～2013 年期间实施可确保可再生能源 33％占比目标在 2020 年实现。政策并没有任何规定关于限制发电量的多少，所有的合同都是固定价格和长期性的。税款补偿旨在对不同的技术和项目规模区别对待。从根本上看，进行该政策以成本为基础，初步的价格设置是竞争性而非行政性定价。新兴资源需使用设置上限，以限制对税款缴纳人的影响。此外，长期合同的使用和技术多元化为投资者提供了一个稳定的价格，同时也促进了可再生资源利用的多样性。

2. 政策 2

第二个政策基本上是试点方案，其中涉及了独立的发电功率大于 20MW 的发电设备。且这个政策没有任何触发机制，会立即生效。长期的固定价格合约将在发电项目上线三年时间内有效。此后，该政策将重新评估此项目。这项补偿税款没有发电量的要求，由于限定的时间周期将会约束补贴的整个使用过程。此政策下所支付的补偿款以价值为基础，只根据发电特性区别付款。包括发电次数和高峰期的贡献等（当然环境问题也需要考虑）。这个基于价值的付款方式旨在减轻一些纳税人在成本方面的担心。然而正如政策 1 中提到的，本政策也许不会促进资源的多样化。

3. 政策 3

这项政策是针对有竞争力的可再生能源区［Competitive Renewable Energy Zone (CREZ)］而推出的，对区域内 2010～2011 年间的采购费进行补贴，促使再生能源区域内发电量迅猛发展以匹配区域内的电力传输能力的扩张（没有被 RPS 招标时间和竞争风险所约束）。政策基本上是考虑以成本为基础；然而，补贴价格将按行政性设置，而不是通过竞争获得。此项政策在地域方面规划了可再生能源区域，能够获取补贴的发电量上限受限于 CREZ 的电量传输能力限制。此项政策的目标为达成 CREZ 内 1.5MW 的发电功率。基于可再生能源的潜力和可再生能源区域目前和即将施行的电力传输能力，此项条款将有助发展新的输电线路，解决负载不足问题，并且促进可再生资源的多元化组合。

4. 政策 4

这项政策针对的是只用太阳能发电的试点区域内的上网电价政策。政策包含政策 1 和政策 3 中的一些元素，但是政策 1 和政策 3 提出的补贴以成本为基础，而本政策提出的补贴以竞争性基线价格为基础。不同于受限于特定的时间窗口，本政策规定，和某公用事务地域签订长期合同后才能取得补贴。本政策有发电量限制，能申请补贴的发电量为 1MW。虽然该政策可以为更大的系统提供发电激励机制，但是由于太阳能发电高于市价，它无法提供足够的可再生能源也无法保证可再生能源的多样性。此项政策可以独立采用或者与其他政策合用。

5. 政策 5

这项政策是对生物质能可持续性的保证。补偿税将根据成本和生物质燃料的用量进行分化。生物质能原料会遍布每一个市场，而不是在一个单一设备的试点，并且没有使用上限。最后，与所有政策不同的是，合同期限是短期或者中期，因为燃料价格在波动。如下面所讨论的，这个政策可以独立采用或者与其他政策合用。

6. 政策 6

这项政策是为让加州达成 20MW 发电功率，而无附加条件地为加州发电系统建立上网电价制度，这将有助于解决当前 RPS 推行过程的认知偏差。这项政策基于成本、规模和技术提供长期补贴。然而不同于政策 1 的是，价格将不会基于竞争力基线，而且补贴数额不封顶。这项政策不仅限于一种技术，因此有助于在加州实现多样化这个目标。不过，加州的上网电价政策旨在激励各种利益相关者投资上网电价方案，从而帮助加州实现可再生能源的利用率达成预定目标。

正如上面所讨论的，上网电价与符合条件的可再生能源发电者签订了限定时间、运营条件、固定价格的合同。上网电价可以有广泛的价格等级或者是当时电力市场的最高价格。上网电价补贴的价格代表可再生能源发电的成本或者价值。在未来，上网电价补贴将由互联的公用事业部门提供，将为每个类别的符合条件的可再生能源发电设施设立固定价格；且这个价格体系适用于所有符合条件的可再生能源发电设施。上网电价补贴基本上可以依据技术、资源质量或者项目规模来定，并且随着时间的推移，逐步减少。

12.4.2　上网电价补偿政策的优势和局限

与其他政策类似，上网电价补偿政策有它的优点和局限性，其中大部分的优点和局限性取决于制度的设计。从发电方的角度来看，上网电价补偿政策的好处是价格、买方和长期收入都有了有效保证，并可免去询价的花费。电价补偿还加强了太阳能发电的进入市场的能力，同样，项目的开发时间不受定期询价的进度限制。此外，竣工日期也可不按合同规定的时间，发电数量不封顶，并网有保证。总而言之，这些特点还可以帮助减少或减轻发电收益的不确定性、项目的风险和关联金融方面的担忧。上网电价补偿制度与目前的制度相比，降低了买卖双方的交易成本，对管理者而言能使交易透明化。长期固定的补贴与竞争性询价相比较而言，可以使成本更低，更简单。上网电价也可增加较小规模项目和开发商的能力，以满足加州可再生能源组合标准［Renewables Portfolio Standard（RPS）］和减少温室气体排放目标。如果有需要的话，决策者可以针对特定类型的项目和技术制定鼓励政策。然而，上网电价政策在加州的运作有着局限性。税款补偿金的总数无法准确预测，因为尽管有预先设定的支付数目，但是发电量是否符合税款补偿数目通常不能提前预知。

一个关键的问题是上网电价补偿政策如何应用于一个宽松的市场结构，包括确定出资方及支付分配问题，价格的哪一部分用于抵消税款补偿金的开销以及如何将通过补偿金制度购买的电能整合到公用电力供应中去。另一个具体问题是上网电价补偿制度是否可以符合加州既有的 RPS 政策或者是否需要改变 RPS 政策。

补贴价格的制定需仔细斟酌，如果价格定得太高，将引入过度补贴和过度刺激市场的风险，这种风险在针对充足资源潜力地区的大型项目进行补偿时会加剧。另一方面，若补贴价格设置过低则不能给符合条件的项目足够的回报，这样就几乎不能促进可再生能源发电的发展。制定价格的方法，参见本报告中审议的六个政策。

附录 A 单位换算和设计参考表

A.1 可再生能源资料表和太阳能发电要点概述

(1) 美国能源部（DOE）近期分析表明，到 2025 年，美国有近 50% 的新发电量来自于太阳能。

(2) 目前，美国太阳能发电量为 4GW（1GW＝1000MW），预计到 2030 年太阳能发电将达到 200GW。

(3) 一个典型的核电站产生大约 1GW 的电力，这个相当于 5GW 的太阳能发电（平均每天发电约 5~6h）。

(4) 过去几年，太阳能系统的全球销售量以 45% 速率增长。

(5) 据预测，到 2020 年，美国太阳能发电量将达到 7.2GW。

(6) 在美国，太阳能系统出口量每年以 10% 下降，而在欧洲每年以 45% 增长。

(7) 太阳能光伏发电技术的全球年销售量已经增长了 35%。

(8) 目前太阳能发电组件的平均成本是 ＄2.33/W，预计到 2030 年，将降至 ＄0.38/W。

(9) 全球太阳能发电产能为 23~28GW/a。

(10) 在德国，采用太阳能发电享有 ＄0.50/W 的电网补助政策，有效期至 2032 年，补助将每年减少 5%。

(11) 过去几年，德国每年安装 130MW 的太阳能发电系统。

(12) 1994 年，日本开始使用太阳能发电。安装 3~4kW 的太阳能系统将享受 50% 的补贴，已建立了约 800MW 的并网太阳能系统。

(13) 1996 年，加利福尼亚州政府拨款 5.4 亿美元用于发展可再生能源，得到了 ＄3.00~4.50/W 的收益。

(14) 2015~2024 年，预计加利福尼亚州太阳能发电的销售额将达到 400 亿美元。

(15) 在美国，20 个州都有太阳能返利计划，而内华达州和亚利桑那州太阳能发展计划在政府预算中立项。

(16) 美国光伏发电总量约占全球的 18%。

(17) 太阳能每发电 1MW，美国政府可解决 32 人的就业问题。

(18) 在美国西南部，若有 160km×160km 的太阳能集热发电规模，就足以满足整个国家的能源需求。

(19) 核能或化石燃料发电站发电 1kW，需消耗 1.9L 水用于洗涤、清洁和冷却，而太阳能发电几乎不需消耗水。

(20) 太阳能热电联产的重大意义：

1）促进经济发展；

2）降低峰值功率成本；

3）提高电网稳定性；

4）降低空气污染；

5）减少温室气体的排放；

6）降低水的消耗耗量和污染。

（21）在美国，每 1L 汽油的行驶里程提高 2.4km，可以抵消从沙特进口的原油总数。

（22）目前的太阳能技术有：

1）单晶硅技术；

2）多晶硅技术；

3）非晶硅技术；

4）薄膜技术。

（23）国家太阳能技术发展：

1）塑料太阳能电池；

2）纳米结构材料；

3）染色体合成细胞。

A.2 单位转换表

A.2.1 能量单位

1J（焦耳）＝1W·s＝0.2388cal

1GJ（吉焦）＝10^9J

1TJ（太拉焦耳）＝10^{12}J

1PJ（拍焦耳）＝10^{15}J

1kWh＝3600000J

1toe（吨油当量）＝7.4 桶原油＝总消费 7.8 桶油

＝1270 的天然气

＝2.3 公吨的煤

MT（百万吨油的当量）＝41.868PJ

A.2.2 功率

电力单位有瓦（W），千瓦（kW），兆瓦（MW）等。功率指单位时间内转移的能量。

1kW＝1000W

1MW＝1000000W

1GW＝1000MW

1TW＝1000000MW

功率（如 W）可以在任何时间点使用，而能量（如 kWh）只能在一定时期使用；例如，1s、1h 或 1a。

A.2.3 单位缩写

m＝米＝3.28 英尺（ft）

s＝秒

h＝小时

W＝瓦特

hp＝马力

J＝焦耳

cal＝卡路里

toe＝吨油当量

Hz＝赫兹（周期每秒）

10^{-12}＝微微（P）＝1/1000，000，000，000

10^{-9}＝毫微（N）＝1/1，000，000，000

10^{-6}＝微（μ）＝1/1000000

10^{-3}＝毫（m）＝1/1000

10^{3}＝千（k）＝1000

10^{6}＝兆（M）＝1000000＝百万

10^{9}＝吉（G）＝1000000000

10^{12}＝太拉（T）＝1000000000000

10^{15}＝拍（P）＝1000000000000000

A.2.4 风速

1 米/秒＝3.6 公里/小时＝2.187 英里/小时＝1.944 海里

1 节＝1 海里/小时＝0.5144 米/秒＝1.852 公里/小时＝1.125 英里/小时

附录 B 能 源 系 统

以下引用维基百科概述。为区分不同形式的可替代能源，必须理解能量的各种定义。能量在物理化学及自然领域中，以多种形式出现，意味着相似的含义，有不同的功能作用。在物理学和其他科学，能量是一个标量，是物体和系统的一个属性，且遵循能量守恒。

用来解释现有自然现象的常用能量形式包括：动能、势能、热能、重力能、电磁辐射能、化学能以及核能。

B.1 能量守恒定律

能量只能从一种形式转换成另一种形式，不能被创造或毁灭。能量守恒定律在 19 世纪早期提出，并适用于一切孤立系统。孤立系统的总能量不随时间而改变，其价值取决于参照系。例如乘客在行驶车辆中，相对于车辆其动能为零，而相对于地球就有动能存在。

B.2 不同的科学领域中能量的概念

1. 在化学中，不同化学物质的能量差异决定它们是否或到何种程度可以被转换或与其他物质反应。

2. 在生物学中，新陈代谢过程化学键破裂并重建。能量通常是以碳水化合物和脂类的形式储存，与氧气反应时释放能量。

3. 在地质学中，大陆漂移，火山活动，地震现象，都可以解释为地球内部能量转移的现象。气象中的风、雨、雪、冰雹、龙卷风、闪电和飓风都是太阳能带来的能量转换所引起的。

宇宙中能量转换的特性是在宇宙大爆炸后，各种潜在能源"释放"后转化为更活跃的能量形式。

B.2.1 核衰变

核衰变的例子：原本储存于重同位素（如铀和钍）中的能量，通过核合成过程释放。在此过程中，超新星的重力崩塌所释放的重力势能，用于存储能量，在其进入太阳系之前，生成重金属元素。这些能量可以引发和释放核裂变。

B.2.2 聚变

与宇宙中能量转换链相似，太阳内部的氢核聚变释放了大爆炸时储存的另一种潜在能量。空间急剧膨胀及宇宙急剧冷却，使氢融合成更重的元素。因此，氢可视为潜在能源的存储源，并可以通过核聚变方式予以释放。

B. 2. 3 太阳能储存

太阳光到达地球后，将以重力势能的形式再次被存储。水在水电站大坝释放能量，然后用来驱动涡轮机和发电机发电。阳光也影响所有天气现象的变化，例如，飓风是大面积不稳定区域的温度洋流经过几个月加热后，突然向空气中释放热能，从而引起强空气流动的现象。

B. 2. 4 动能与势能

动能和势能有很大的区别。势能由物体的位置或排列决定。任何被抬起的物体都存在势能，重力将使其下降到原来的位置。动能是使物体产生运动的能量。例如，球在重力作用下加速下落，势能转化为动能，当其击中地面产生变形，动能转化为弹性势能，反弹起来后，再次变为动能。

动能与势能，虽然区别很大，但两者相互转化、相互补充。

B. 2. 5 重力势能

地球表面的重力＝质量（m）×重力加速度（g＝9.81m/s^2）。

B. 3 温 度

宏观来说，温度是物体特有的物理性质，它决定了两个接触的物体热量流动的方向。

热力学第零定律：如果两物体间没有热量流动，则其温度相同。热力学第二定律：热量只从高温物体流向低温物体。而对于固体，这些微观运动主要表现为原子在固体内部各点的振动。

世界上的大多数国家（除了美国、牙买加和其他少数一些国家）采用摄氏度作为温度的标准单位。包括美国在内的一些国家，测量温度使用摄氏温标和热力学温度的开氏温标（0K＝－273.15℃，又称为绝对零度）。美国是最后一个在日常生活中使用的华氏温标的大国。而在工程领域，热力学相关问题都采用摄氏温标。

比热容，也被称为比热，是衡量单位物质升高单位温度所需能量的物理量。

B. 4 化 学 能

化学能是在物质聚集过程中，电势作用下电荷，电子和质子重新排列所做的功。

如果系统的化学能在化学反应过程中减少，能量必将以某些形式（通常是热）向外界转移。另一方面，如果化学反应系统的化学能增加，能量必来源于外界其他能量。

摩尔是化学的典型单位，用来描述化学能的变化，取值范围从几十到几百 kJ/mol。

B. 5 辐 射 能

辐射能是电磁波，或其他形式的辐射。如所有形式的能源，它的单位是焦耳。辐射能通常使用在物体向外界发出辐射时。一种观点认为，电磁（EM）辐射可以概括为光子流动，辐射能量可以看作这些光子携带的能量。另一种观点认为，电磁辐射可以看作是一种电磁波，能量在电场和磁场中转换。量子场论兼顾了这两种观点。

电磁辐射有频率范围。从光子论的角度来看，每个光子携带的能量与其频率成正比。从波动论来看，一个单色波的能量与它的强度成正比。因此，它意味着，相同强度，不同频率的电磁波，高频率的光子较少。当电磁波被吸收，能量通常转换为热。例如，日常所见，阳光照射时，物体表面变暖，这通常是由于太阳光的红外辐射被吸收，但任何一种电磁辐射都会加热吸收它的物体。电磁波也可以被反射或散射，使其能量被重新定向或重新分配。

开放系统中，能量可以以辐射能的形式进入或离开。这样一个系统可以是人造的，象太阳能集热器，也可以是自然的，象地球的大气层。温室气体吸收一定波长的太阳辐射能，使其深入到大气中或一直到地球表面，转变成更长的波长释放。辐射能是太阳内部核聚变现象产生的。

参考文献

[1] http：//en. wikipedia. org/wiki/Energy _ systems

附录 C　洛杉矶消防部门相关规定

C.1　太阳能光电系统

以下是洛杉矶消防部门对太阳能光电系统安装的最低要求。

C.2　参考文献

1. 国家消防规范
太阳能光电系统安装指南。
2. 国际消防法规（IFC）-2006
（1）1003.3.3-水平设计；
（2）1003.6-疏散通道的畅通性；
（3）1014.3-最大疏散距离。
3. 洛杉矶市规范
（1）57.12.03-屋顶火灾荷载；
（2）57.12.04-屋顶通道；
（3）57.138.04-走廊入口和操作空间。

C.2.1　范围

本规范规定了太阳能光电系统及其配套装置的安装要求。包括要求调节通道、消防设施和涉及太阳能光电系统的其他规定与预防措施。

C.2.2　定义

在本规范中用下列词语和短语时，应按本节中的定义解释。
阵列——太阳能光电板的一个连续部分或一组相互关联的子阵列。
电网——为用电器输电的电路系统。
逆变器——用来将太阳能的直流电转变成用于建筑电力系统交流电的设备。
安全通道——必需的入口通道，这个通道可以在紧急的情况下提供一个步行的路径，并满足消防规范的第57.46.06条和第57.46.09条。
太阳能光伏发电系统——由太阳能发电组件和零部件组成的系统，该系统可以接受太阳能并将其转换为电能。
子阵列——与一个阵列相互联系的太阳能光电板的连续部分。
疏散距离——两点之间的步行距离。

通风排气阀——在阵列中的部分，目的是提供一个紧急通风口。

C.3　计划审查

所有的太阳能光电系统在安装之前都应取得建筑服务单位的认可，至少应当提交并审核通过下列材料。

安装光电板的建筑总平面图，包括以下几点：

(1) 建筑物的面积和参考点。

(2) 建筑物的位置。

(3) 建筑物的街道地址。

(4) 从街道通往建筑物的入口。

(5) 阵列的位置。

(6) 断开的位置。

(7) 必需的标志位置。

(8) 安全通道的位置。

(9) 建筑物的平面图、立面图包括以下几点：

1) 阵列布局；

2) 屋顶脊线；

3) 屋檐线；

4) 屋顶上的设备；

5) 屋顶上可能出现的其他设备，如排气线、天窗和屋顶舱口。

(10) 所有标志、标签和警告标志的位置和措辞。

(11) 用于评价阵列布局的建筑照片。

C.4　标记、标签和警示标志

目的：通过适当的警告和关于隔离太阳能电力系统的操作守则，提供应急措施。这可以方便识别连接太阳能板和逆变器的通电线路，因为当通风排烟时，这些线路不能被切断。

C.4.1　主要的断开服务

(1) 住宅建筑

这个标记可放在主服务中断范围内。如果主服务中断在服务面板关闭状态下可操作，则这个标志应放置在外盖上。

(2) 商业建筑

此标志应放在控制杆挨着主服务中断的位置，并且可用、清晰可见。

(3) 警告标志

措辞、格式和材料的类型。

(4) 措辞

注意：太阳能电力系统已连接。

（5）格式

白色字样、红色背景、字高至少为 3/8ft；所有字母均应大写、字体一致、非粗体。

（6）材料

反射的、适合环境变化的耐候性材料（使用 UL-969 作为气象等级的标准）。耐久粘合剂材料也应满足这一要求。

对直流电管道，线槽，外壳，电缆组件，直流放大器和接线盒的要求：

（1）标记

位置，措辞，格式和材料的类型。

（2）位置

应当在直流电管道、线槽、外壳、电缆组件的内部和外部每 10 英尺放置一个标志，在焊接处、直流放大器和接线盒的拐角、上面和下面也都应该放置标志。

（3）措辞

注意：太阳能电路。

（4）逆变器

不要求有警示标志。

C.4.2　入口通道和通风排烟

供 1 户和 2 户住宅单位使用的太阳能光电系统：所有的计划都必须由消防部门审查通过。

入口：

具有坡屋顶布局的建筑：

（1）面板应该设置在从屋檐到屋脊的坡屋顶上，它可以提供一个 3 英尺宽的入口通道。

（2）入口通道应位于建筑物一个坚固的位置上（例如承重墙）。

具有一个屋脊的建筑：

（1）面板应该设置在从屋檐到屋脊的坡屋顶上，它可以提供两个 3 英尺宽的入口通道。

（2）入口通道净宽不应包括任何檐悬。

屋坡和屋谷：

（1）如果面板分布在屋坡或屋谷的两侧，板的位置应位于离屋坡或屋谷超过 1/2 英尺的地方。

（2）如果面板分布在屋坡和屋谷的一侧，面板可以设置在与屋坡和屋谷直接毗邻的地方。

死胡同：

（1）在两个或两个以上入口通道处应设人行道，因此没有大于 25 英尺的死胡同。

（2）如果导致死胡同的入口通道长度大于 25 英尺，应当延续到下一个入口通道。

（3）任何时候，如果一个人从任一入口通道到达另一个入口通道的步行距离超过 150 英尺需要设置入口通道。

通风：

（1）光电板的中断部分任何方向不得超过 150 英尺。

（2）面板的位置应设置在屋脊下不高于 3 英尺处。

例外：如果消防部门认为许可的产品和设置方法具有相同或更好的通风能力，那么面板可以设置在屋檐下 2 英尺处。

由 3 个或更多单元、独栋附属楼组成的商业建筑和住宅建筑及一户、两户住宅单元的入口与通风要求。

入口：

（1）屋顶边缘周围需要不小于 6 英尺宽的边。

例外：如果建筑的任何一个轴线间距是 250 英尺或是更小，屋顶边缘应有一个不小于 4 英尺宽的边。

（2）通道：应在太阳能的安装设计中建立并满足下列要求：

（3）位于支撑构件上。

（4）通道的中心轴线应在屋顶的轴线上。通道的中心轴线应在支撑构件上或是在离屋顶中心线最近的支撑构件上。

（5）从入口到天窗或通风舱口应有一个至少 4 英尺的直通道。

（6）从入口到屋顶水塔应有一个至少 4 英尺的直通道。

（7）在屋顶入口周围设一个不小于 4 英尺的直通道，和不小于 4 英尺的护栏杆或屋檐。

（8）通风：光伏阵列应不大于 150 英尺。在阵列区域中的通风应是下列设计之一：

1）入口通道 8 英尺宽或更宽。

2）入口通道应为 4 英尺或更宽，和现有的屋顶天窗或通风舱口接壤。

3）入口通道应为 4 英尺或更宽，并在入口通道的两边每隔 20 英尺交替设置 4～8 英尺长的通风排气阀。

C.4.3 直流导线位置

1. 管道、布线系统和电缆管道

（1）尽可能的靠近屋脊、屋坡或屋谷，或从屋坡、屋谷尽可能直接到墙外；

（2）管道布置在阵列和直流合路器之间；

（3）设计准则：通过从阵列到直流合路器选取最短路径，减少位于屋顶管道的总量；

（4）直流合路器应按照在阵列之间通道中的管道线路最短原则设置。

2. 直流线路

（1）在建筑封闭空间内设置直流线路时，应设置在金属管道或电缆管道内；

（2）当条件允许时，直流线路应设在承重构件的底部。

C.4.4 地面安装型光伏阵列

1. 硬性要求

（1）不适用于地面安装的独立光电阵列；

（2）地面安装型光伏系统周围需要至少 10 英尺间隙；

（3）不得挡住消防通道。

C.4.5 屋顶上的高架阵列（例如网格系统）

最低要求：

（1）如同屋顶型系统的要求一样，架空阵列应遵守相同的标志、标签和警告标志；

（2）在屋顶板表面和高架阵列的下面之间应设置一个至少 7 英尺的通畅的间隙；

（3）应该遵守洛杉矶消防规范 57.12.03 和 57.138.04 的规定。

（4）太阳能光电板的连续部分不得超过 150 英尺。

（5）光伏阵列或子阵列之间的架空宽度至少为 4 英尺，从阵列边缘延伸到屋顶甲板表面，从而保持入口通道畅通无阻，并提供紧急通风口。

（6）禁止使用光伏阵列下的区域。

附录 D 图 片 集

图 D.1 南加利福尼亚州都市水务所"水和生命"博物馆
（Vector Delta Design & Lehrer Gangi Architect 提供）

图 D.2 南加利福尼亚州都市水务所"水和生命"博物馆
（Vector Delta Design & Lehrer Gangi Architect 提供）

图 D.3 Amonix 公司大型聚光太阳能发电站（Amonix 公司提供）

图 D.4 Amonix 公司大型聚光太阳能发电站（Amonix 公司提供）

图 D.5 SolFocus 公司聚光光伏（CPV）系统（SolFocus 公司提供）

图 D. 6 SolFocus 公司聚光光伏（CPV）系统（SolFocus 公司提供）

图 D. 7 斯金纳湖污水处理厂（Vector Delta Design Group 公司提供）

图 D. 8 Concentrix 公司聚光光伏（CPV）系统（Concentrix 公司提供）

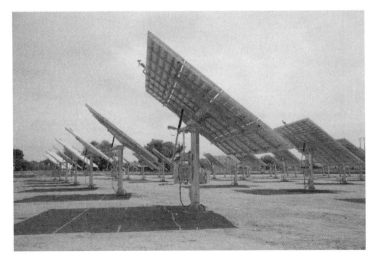

图 D.9 Concentrix 公司聚光光伏（CPV）系统（Concentrix 公司提供）

图 D.10 太阳能停车棚（ProtekPark 公司提供）

图 D.11 太阳能停车棚（ProtekPark 公司提供）

图 D.12 太阳能停车棚（ProtekPark 公司提供）

图 D.13 太阳能停车棚（ProtekPark 公司提供）

图 D.14 太阳能停车棚（ProtekPark 公司提供）

图 D. 15　太阳能停车棚（ProtekPark 公司提供）　　　图 D. 16　Protek 太阳能停车棚（EATON 公司提供）

图 D. 17　车棚型太阳能发电系统（EATON 公司提供）

图 D.18 太阳能停车棚（ProtekPark 公司提供）

图 D.19 西班牙南部的太阳能发电系统纪念碑

图 D.20 西班牙南部的太阳能发电系统纪念碑

附录 E　美国各州太阳能奖励刺激计划

E.1　亚利桑那州

有关可再生能源/节能的奖励政策

1. 太阳能和风能设备营业税的免除

05/13/2010

州　名	亚利桑那州
奖励类型	营业税奖励
有奖励资格的可再生能源技术类型	被动式太阳能热利用、太阳能热水器、主动式太阳能采暖、太阳能集热发电、光伏发电、风能、太阳能泳池加热、采光
适用范围	商业、住宅、一般公众/消费者
奖励总额	有奖励资格产品营业税的100%
最大奖励	无最大奖励限值
起始时间	1997年1月1日
截止时间	2016年12月31日
网站地址	http://www.azsolarcenter.com/economics/taxbreaks.html

亚利桑那州为太阳能设备的零售商和承接太阳能工程的承建商提供营业税的豁免奖励。法定奖励范畴内的太阳能设备包括：风力发电机和风力水泵、采光、被动式太阳能采暖、主动式太阳能采暖、太阳能热水器和光伏发电设备。营业税的减免不适用于电池和控制等部分的设备。（注，在2006年6月颁布HB2429，取消了对每台设备5000美元的限额）。

为得到营业税的豁免，太阳能设备零售商或太阳能工程的承包商必须在销售或安装太阳能设备之前，在亚利桑那州税务部门登记注册。（亚利桑那州6015表，太阳能设备应用注册表）

亚利桑那州商务能源办公室编制了太阳能装置符合税务豁免的指南。这些太阳能装置一旦符合法律的规定，就有可能被亚利桑那州商务能源办公室添加到免税中。

根据亚利桑那州太阳能中心的网站，另一项免税条文可以申请，而且没有关于基本发电量的限制。（至少涵盖：光伏组件、结构、阵列布线和控制，且并没有明确的限定）。这项进一步的免税需要填写ADOR5000表，题目为"交易特权免税证书"，并检查第15项条款，"直接用于生产或传输电力的机器、设备或是输电线，但不包括配电系统"。

除非一个城市特别规定了太阳能产品营业税的减免税率，大多数城市有0.5%～2%的城市营业税豁免特权，适用于以销售或太阳能设备的安装的业务。太阳能零售商和承建商应检查的其经营的零售业务是否适用城市特权税的豁免。

2. 非住宅太阳能和风能税收抵免（个人）

05/13/2010

州　名	亚利桑那州
奖励类型	个人税收的豁免
有奖励资格的可再生的技术类型	被动太阳能热利用、太阳能热水器、太阳能采暖、太阳能集热发电、光伏、风能、太阳能制冷、太阳能泳池加热、采光
适用范围	商业、工业、非营利组织、学校、地方政府、州政府、部族政府、联邦政府、农业、研究所
奖励总额	安装费用的 10%
最大奖励	独栋建筑每年 25000 美元，各年总和最大 50000 美元
系统尺寸	无固定尺寸限制
结转规定	没有使用的税收豁免可以转移到之后 5 个连续的税收年
目管理者	亚利桑那州税务部
项目预算	$1000000/a
起始时间	2006 年 1 月 1 日
截止时间	2018 年 12 月 31 日
网站地址	http://www.azcommerce.com/BusAsst/Incentives/

亚利桑那州关于对太阳能和风能设备在商业和工业的应用的税收抵免，设立于 2006 年 6 月（HB2429）。到 2007 年 5 月，这项税收抵免扩展到所有的非住宅性建筑。任何在这些非居住性建筑制造及安装太阳能及风能设备的公司或组织，都可以申请税收抵免。这些措施的法律效力从 2006 年 1 月 1 日开始。

团体和个人都可以使用税收抵免，额度可以相当于安装这些太阳能设备费用 10% 的费用，这项法律起止日期为 2006 年 1 月 1 日到 2018 年 12 月 31 日。

太阳能设备可定义为：能够主动或被动的收集或转移太阳能、风能，提供热量、冷量、电力、机械功、照明等综合利用的系统或一系列机械设备。太阳能设备也有储存太阳能的能力。被动式太阳能系统应该设计成一个太阳能利用的整体装置，比如特朗贝墙（Trombe wall），不能像窗户一样仅作为常规建筑结构的一部分。

一栋建筑的最大税收豁免额为 1 年 25000 美元，并且几年内合计最多为 50000 美元。

一个企业为了得到税收抵免的资格，必须向亚利桑那州商业部提交一份申请，商业部门会提供一份税收抵免的初始资格证明，并在设备安装完成后出具税收抵免资格证明，亚利桑那税务部将会收到一份证明的复印件。亚利桑那州商业部每年最多可以出具 100 万美元的税收抵免证明。商业部和税务部将合作制定税收抵免的各项规定和程序。

3. TEP-可再生能源折扣项目

05/07/2010

州　名	亚利桑那州
奖励类型	公共设施折扣项目
符合资格的可再生能源技术	太阳能热水、太阳能采暖、太阳能光电、垃圾填埋、天然气、风能、生物质能、地热发电、太阳能泳池加热、照明、厌氧分解、小型水力发电
适用区域	商业，住宅

总　量	光电技术奖励刺激是基于光伏发电的性能 家用光伏太阳能技术（并网）：$3/W 家用光伏太阳能技术（不并网）：$2/W 非居民型光伏太阳能技术（≤100kW 的系统）：$2.5/W 或基于发电量的奖励 非居民型光伏太阳能技术（>100kW 的系统）：基于发电量的奖励 非居民的电网外的光伏发电：$2/W 风力发电（并网最大 1MW）：$2.25/W 风力发电（不并网最大 1MW）：1.8 美元/W 照明（非居民用）：$0.18/kWh，5 年 太阳能热水器和太阳能采暖：$0.25/kWh，奖金 $750～$1750 非家用太阳能热水器和太阳能暖气：$0.25/kWh，奖金 $750 非家用太阳能热水器：基于系统性能的奖励 其他可适用的科技的奖励额度均受技术种类和合同时间而变化 基于性能的奖励的合同时间可以为 10 年、15 年、20 年
最大奖励	大于 20kW 的家用光伏太阳能系统只能在前 20kW 受到奖励回款 光伏系统 TEP 奖励不能超过所有项目成本的 60% 光伏系统的 TEP 可以与其他的州内或者联邦奖励同时进行，但是总数不能超过总成本的 85%
可适用的系统大小	光伏系统：最小发电量为 1.2kW
设备要求	太阳能光伏组件必须有制造商提供的 20 年的质保，必须被 SRCC OG-300 标准认证，必须有 CEC 的铭牌 风力发电系统必须有至少 10 年的制造商质保，以获得预先的奖励；风力发电系统必须有至少 5 年的制造商质保，才能获得以性能为基础的奖励
可再生能源奖励额度所有者	TEP
项目管理者	图森电力公司
网址	http://www.tep.com/Green/

图森电力公司在 2001 年推行"太阳能分享计划"，鼓励当地居民和商业企业安装光伏太阳能设备。在 2008 年 5 月，图森电力在"可再生能源信用购买计划 Renewable Energy Credit PurchaseProgram（RECPP）"下，将 TEP 从原有的光伏发电技术拓展到更多的可再生能源技术。亚利桑那可再生能源标准规定了符合 RECPP 的技术。2010 年计划中这些奖励包括：

（1）家用光伏太阳能技术（并网）：3 美元/W，对有资格的系统预先奖励。带有 20 年元件质保和 10 年逆变器质保的系统，或者大于 5kW 大楼集成光电系统可以获得 10 年、15 年或 20 年的基于实际发电量性能的奖励；

（2）家用光电太阳能技术（非并网）：2 美元/W；

（3）非居民型光伏太阳能系统（≤100kW 的系统）：2.5 美元/W 或基于发电量的奖励；

（4）非居民型光伏太阳能系统（>100kW 的系统）：基于发电量的奖励；

（5）太阳能热水器和太阳能采暖：0.25 美元/kWh，额外奖金 750～1750 美元；

（6）非家用太阳能热水器和太阳能暖气：0.5 美元/kWh，额外奖金 750 美元；

（7）照明（非居民用）：0.18 美元/kWh，5 年；

（8）风力发电（并网最大 1MW）：2.25 美元/W；

（9）风力发电（非并网最大 1MW）：1.8 美元/W；

（10）并网的小型氢能、生物质能，水池加热，制冷及地热等参考奖励计划的网站。

E.2 加利福尼亚州太阳能发电刺激计划

01/04/2010

州 名	加利福尼亚州
奖励类型	州内折扣项目
可再生能源技术	太阳能采暖、太阳能热发电、太阳能加热工艺、太阳能光伏发电
应用区域	商业、工业、居民、非营利机构、学校、当地政府、州政府、联邦政府、多家庭的居民、低收入居民、农业、研究所等。
总数	根据区域和系统大小
设备要求	系统部件必须都在 CEC 的名单中 系统必须与电网相连接 逆变器和光伏组件必须都有 10 年的保修期 光伏组件必须要有 UL1703 的资质证明 交流逆变器必须有 UL1704 的资质证明并且受过能源委员会的测试
安装要求	必须由有执照的安装公司安装或者系统所有者亲自安装
项目预算	10 年共 32 亿美元
开始时间	2009 年 7 月 1 日
网址	http://www.cpuc.ca.gov/PUC/energy/solar

2006 年 1 月，美国加利福尼亚州公共设备委员会（CPUC）提出了加州"太阳能初始化（CSI）计划"，为在 2016 年加州太阳能提供电力达到 3000MW 提供 30 亿美元的刺激奖励。加州公共设施委员会为居民和非居民管理项目管理太阳能项目（20 多亿美元），CEC 有"新太阳能家园"计划（4 亿美元），这两个项目共同组成了在加州推行太阳能的项目"加州太阳能"（GSC）。

根据议员比尔的提议，2006 年 8 月，CSI 将这项计划的范围从最初的州投资的公共设施用户扩展到了市政设施上。市政公用设施的经济刺激已经降低了光伏设备的成本。

1. 关于 CSI 对非住宅楼宇和现房的经济刺激

CSI 包括以性能为基础，并预期业绩为基础的过渡性奖励（相对于可以承受的房地产津贴）。目的是促进有效的系统设计和安装。基于太阳能装置的总装机容量和项目 10 个步骤的持续时间，CSI 奖励级别会依次减少。这种方式下，经济刺激的减少与太阳能需求的级别相关而不是与一个工程的时间表相关。

在 2007 年开始的 30kW 以下基于预期性能而进行的刺激奖励的住宅和商业系统房产的津贴为 2.5 美元/W，对政府和非营利机构的补贴为 3.25 美元/W（根据预期性能来调整）。奖励级别随着太阳能光伏（PV）装置总功率的增加而降低。刺激奖励是一次性并且预先支付的，主要是从设备等级和安装因素来进行计算，例如地理位置，倾斜度，方向和遮蔽情况等。小于 30kW 的系统可以选择基于性能的刺激奖励而不是基于预期性能的刺激奖励。

2007 年开始的对小于 30kW 系统的基于性能的刺激政策为对应交税实体的第一个 5 年为 0.39 美元/kWh，对政府实体和非营利机构为 0.50 美元/kWh。奖励级别随着光伏太阳能（PV）装置总功率的增加而降低。奖励将根据实际的能源产出每月付给这些单位。小于 30kW 的家用和小型商业项目也可以选择加入 PBI 而不是选择预期性能津贴的方式。然而大于或等于 30kW 的安装必须采用 PBI 方式。

项目的管理者为太平洋气体和电力公司（PG&E），南加州爱迪生公司（SCE），加州可持续能源中心。

2. 低收入计划

10% 的 CSI 项目预算（2.16 亿美元）已经被拨给了两个低收益的太阳能刺激项目。自 2009 年 3 月起，独户低收入项目还在一直的开展，但是太平洋气体和电力公司（PG&E），南加州爱迪生公司（SCE），加州可持续能源中心开始接受条款 1 的多用户能负担的太阳能房屋项目（MASH）。通过条款 1 的退款总量为 3.30 美元/W 抵消公共地区，4.00 美元/W 抵消住户负担。由于 CPUC 的要求，公共设备正在发展虚拟净能源测试税，将使 MASH 参加者更好的在从一个单太阳能系统中不同的电力账户中分享信用额度。

3. 其他太阳能电力产生技术的太阳能刺激政策

2008 年 1 月份的 CSI 手册中清晰地表述了其他有资格参与奖励计划的太阳能发电技术。这种经济奖励政策于 2008 年 10 月 1 日起生效。CPUC 特别指出太阳能光电、光热技术包括太阳能水槽和太阳能浓缩技术，以及取代电的太阳能制冷、制热和太阳能空调。太阳能置换技术的预算为 1 亿美元。太阳能热水器也可以取代电能，CPUC 计划通过一个独立的基于一个在圣地亚哥燃气和电力公司的试点工程项目刺激太阳能热水器技术，因此不包括那些在 CSI 里的技术，未来的 CSI 规章制定活动将主要集中于能源效率要求，附加经济适用房的刺激及其他项目元素。

E.3　加利福尼亚州能源标准

01/14/2010

州　名	加利福尼亚州
刺激类型	建筑能源标准
符合条件的有效的技术	综合测试/整栋大楼
符合条件的可再生能源技术	被动式太阳能采暖，太阳能热水，光伏太阳能
可适用的部门	商业，住宅
住宅代码	Title24，Part6
商业代码	Title24，Part6，标准 ASHRAE/IESNA90.1-2004
代码改变的周期	3 年代码改变周期
网址	http://bcap-ocean.org/state-country/california

信息内容来源于美国能源部（DOE）建筑能源代码计划进而建筑代码辅助计划（BCAP），关于建筑能源代码的详细信息请参考 DOE 和 BCAP 的网站。

加州建筑标准委员会（BSC）有资格管理加州建筑标准的采用、制定出版和解释。自 1989 年起，BSC 每 3 年就发表一版建筑标准。在整个的 3 年里通常被称为 Title 24。2008 年 7 月 17 日，BSC 通过了全国第一个绿色建筑标准。2010 年 1 月 BSC 采用了最终版的新建筑标准 CALGreen，该标准在 2011 年 1 月 1 日被强制性使用。新标准包括了大楼水的用量减少 20%，要求非居民的建筑室内和室外用水要有分开的水表，要求改善室内房间的空气质量，要求减少 50% 的建筑垃圾，以及其他的绿色建筑标准。

Title 24 应用于所有采用机械制冷和制热的建筑，除了已经注册的历史性建筑外有统一的建筑标准 A，B，E，H，N，R，S。附属建筑和改造建筑也包括在标准之内。学会大楼包括医院和监狱不包括在标准之内。对那些民用低层建筑，现有的标准包括对高性能的通风管道和建筑外壁有规定的承诺的标准。例如空调管道的密封性和泄露性监测必须按照空调协会说明简单设计的空调通风管道的标准。为了拿到这样的标准，安装和检测人员都要受过良好的培训。当地政府机构可以修改更严格的能源标准并递交到加州能源委员会。

AB 1103 于 2007 年 10 月通过，要求从 2009 年 1 月起报告加州所有的非民用住宅的能源消耗量。2010 年起，商业住宅的所有者必须向买家、出租人、投资人通告所有的能源消耗量，能源星级指数。州通用服务部将使通报程序变得更有调理和合理化。

E.4　美国联邦政府

可再生能源和效能的奖励政策
1. 商业能源投资税减免（ITC）

06/10/2009

州　名	美国联邦政府
奖励类型	公司税收减免
符合要求的可再生能源技术	太阳能热水、太阳能采暖、太阳能热发电、太阳能加热工艺、光伏太阳能、风能、生物质能、地热发电、燃料电池、地源热泵、热电联产、太阳能混合光源、微型燃气轮机、地热能直接利用。
可适用的区域	商业、工业、公共设施
总量	30％的太阳能、燃料电池和小型风电 10％的地热、微型燃气轮机和热电联产
最大的经济刺激	燃料电池：1500 美元/0.5kW 微型燃气轮机：200 美元/kW 小型风力发电安装时间在 10/4/08～12/31/08 之间：4000 美元 小型风力发电安装时间在 12/31/08 之后：无限制 其他技术：没有限制
装机容量	小型风力发电：100kW 或以下 燃料电池：0.5kW 或以上 微型燃气轮机：2MW 更小 热电联产：50MW 或更小
设备要求	燃料电池、微型燃气轮机和热电联产系统必须达到特定的能源效率标准
项目管理者	美国国税局

注：2009 年的美国恢复和再投资行动（HRI）允许有美国联邦可再生能源电力生产资格的纳税者获得联邦商业能源投资税务减免或者由美国财政部提供新的设备。新的法案允许纳税人或者美国财政部的奖励资金。财政部 2009 年 6 月 52 号通知给予有限的指导关于如何获得联邦的税收减免。

颁布于 2008 年 10 月联邦商业能源投资税收减免法案是对 2008 年的能源改进和扩展法案的扩大。这项法律延长了现有的太阳能、燃料电池，微型燃气轮机的税收减免时间为 8 年。为小型风力发电、地源热泵和热电联产系统建立了新的税收减免制度，把税收减免扩展到了公共设施。总之，税务减免适用于安装于 2016 年 12 月 31 号之前的系统。

（1）太阳能

税务减免相当于 30％的支出花费，没有最大额度限制。可适用于的太阳能装置包括使用太阳能产生电，包括使用太阳能制冷或者制热，或者提供太阳能热过程热。混合太阳能光源系统，使用太阳能去照亮一个结构内部或者使用树脂镜片去分散光源。被动太阳能系统和太阳能泳池加热系统是不适用的。（太阳能工业协会已经发表了一个3页的报告回答了许多关于使用太阳能的税务减免问题。）

（2）燃料电池

税务减免相当于30%的支出花费，没有最大额度限制。然而燃料电池的税务补贴额度为1500美元/0.5kW。适用于最小功率为0.5kW的燃料电池并且产电功率大于等于30%。（2008年10月4日之前的燃料电池装置的税收减免额度为500美元/0.5kW.）

（3）小型风力发电

税务减免相当于30%的支出花费，对2008年12月31号之后安装的小型风力发电机没有最大额度限制。可适用于风力发电功率最大100kW容量。总之对于安装于2008年10月3日到2009年1月1日的风力发电机组最大的税务减免额度为4000美金，2009年美国恢复和再投资行动取消了这一限制。

（4）地热系统

税务减免相当于10%的支出花费，没有最大额度限制。可适用于的地热系统包括地源热泵和地热储存。对于地热产生电的设备，不包括电能转换装置。对于地源热泵适用于安装于2008年10月3日之后的系统装置。

（5）小型燃气轮机系统

税务减免相当于10%的支出花费，没有最大额度限制。微型燃气轮机的税收减免额度200美元/kW，适用于能源效率大于26%、2MW以上的系统。

（6）热电联产装置（CHP）

税务减免相当于10%的支出花费，没有最大额度限制。适用于功率最高50MW的能源效率高于60%的系统，对于大型系统有相应的减少。效率的要求不适用于系统90%能量来源于生物质的系统，但税收减免额度对于低效率系统可以降低。税收减免适用于2008年10月3号以后安装的装置。

总的来说，设备的最初使用必须是纳税人，或者系统必须是纳税人所建造，设备必须满足效率和性能质量以及安装之间的要求。税收减免之后第一年设备必须运行。

值得注意的是，2009年的美国恢复和再投资行动废止了税收减免的项目被"补贴能源投资"资助的限制。对于2008年12月31号之后安装的设备项目，这项限制不再被应用。商业机构需要咨询职业税务人员关于这项税务的减免。

2. 美国财政部——可再生能源奖励

03/31/2010

州　名	美国联邦政府
奖励类型	联邦拨款计划
适用的可再生能源技术	太阳能热水、太阳能采暖、太阳能热发电、太阳能加热工艺、光伏太阳能、填埋气、风能、生物质能、水力发电、地热发电、燃料电池、地源热泵、城市固体废物、废热发电、太阳能混合光源、水动力、厌氧消化、潮汐能、波能、海洋热能、微型燃气轮机
适用区域	商业、工业、农业

续表

州　名	美国联邦政府
奖励类型	联邦拨款计划
总量	合格设备例如燃料电池、太阳能、风能设备价值的 30%，其他设备价值的 10%作为奖励
最大奖励	符合资格的燃料电池设备：$1500/0.5kW 符合资格的小型透平设备：$200/kW 50MW 的热电联产设备，对大型设备有限制
项目管理机构	美国财政部
基金来源	美国恢复和再投资计划
开始时间	2009 年 1 月 1 日
截止日期	2010 年 12 月 31 日
网址	http://www.treas.gov/recovery/1603.shtml

注：2009 美国恢复和再投资计划（HRI）允许符合资格的纳税人获得联邦商业能源投资税务减免（ITC）获得从美国财政部获得拨款而不是为新安装设备拿到商业 ITC。新法律也允许符合可再生电力生产的纳税人获得 PTC 减免获得从美国财政部获得拨款而不是为新安装设备拿到商业 PTC。（法律不允许符合住宅开再生能源的纳税人接收拨款而不是进行税务的减免）。纳税人最多只能受到一项以上的奖励。税务减免的项目进程过程中如果受到拨款资助将被追回税务的减免。纳税人的总收入不包括拨款的资金。

颁布于 2009 年 2 月的"2009 美国恢复和在投资计划（HRI）"建立了由财政部管理的可再生能源拨款项目。这项现金的拨款计划可能将取代"联邦商业能源投资税务减免（ITC）"。2009 年 7 月发布了关于奖励的指导方针，细则条款的文件以及一个申请的样本文件。这是一个在线申请的过程，申请立即就会被通知接收。在美国财政部的网站有更多的关于申请的信息以及一些问题的回答。

奖励是针对于 2009～2010 年建立并被用于服务的具有奖励资格的设备，或者建造于 2009～2010 年至今的设备并且服务于特定的税务减免期限之前。指导方针中涉及一个关于建造开始时间点的安全条款，指当申请人支付了总投资的 5%的时候，但不包括对土地和初步规划的投资。总之是开始于"明显的体力劳动"作为建造的开始时间。以下是关于可适用于技术的重要项目的细则。

（1）太阳能

奖励相当于 30%的支出花费，没有最大额度限制。可适用于的太阳能装置包括使用太阳能发电，包括使用太阳能制冷或者制热，或者提供太阳能热过程工艺。混合太阳能光源系统，使用太阳能去照亮一个结构内部或者使用树脂镜片去分散光源。被动式太阳能系统和太阳能泳池加热系统是不适用的。

（2）燃料电池

奖励相当于 30%的支出花费，没有最大额度限制。然而对于燃料电池的奖励额度为 1500 美元/0.5kW。适用于最小功率为 0.5kW 的燃料电池并且产电功率大于等于 30%。

（3）小型风力发电

奖励相当于 30%的支出花费，可适用与风力发电机组最大功率为 100kW。

（4）合格的设施

奖励相当于 30%的支出或者设备花费。合格的设备包括风能设备、闭式循环生物质能设备，开式循环生物质设备、地热能源设备、填埋气设备、垃圾处理设备、合格的水利设施和海洋、水动力可再生能源设施。

（5）地源热泵

奖励相当于总的基本设备成本的 10%

（6）微型燃气轮机设备

奖励相当于总的基础设备成本的 10%。按容量奖励是 200 美元/kW。符合要求的最大功率为 2 兆瓦并且产电效率要在 26% 以上的燃气轮机设备。

（7）热电联产设备（CHP）

奖励相当于总的基础设备成本的 10%。符合资格的最大热电联产设备系统的功率为 50MW 并且产电效率要在 60% 以上，对大型系统有其他的限制。系统效率限制不适用于能源 90% 来自生物质能的 CHP 系统，但是奖励拨款会对效率低的系统有所减少。

需要注意的地方是获得奖励的只能是纳税实体。联邦政府、州政府、当地政府、非营利机构，符合税务减免的债权持有人和电力公司没有资格接受奖励和拨款。与以上单位有伙伴关系的中间机构组织也不适用于奖励拨款，除非只和申请者有间接的利益。奖励申请必须于 2011 年 10 月 1 号之前提交。申请人申请之后的 60d 之内或者设备开始服务的 60 天之内美国财政部将支付奖励资金。

3. 美国能源部——贷款担保项目

12/14/2009

州 名	美国联邦政府
奖励类型	联邦贷款项目
合格的有效益的技术	没有认定特定的技术
符合的可再生能源技术	太阳能热发电、太阳能加热工艺、光伏太阳能、风能、水力发电、地热发电、燃料电池、日光照明、潮汐能、波能、海洋热能、生物柴油
适用的区域	商业、工业、非盈利学校、地方政府、州政府、农业、学会、非联邦的实体、制造设备
总量	项目关注于那些项目总花费超过 2500 万美元的项目
最大奖励	没有规定
条款	全额还款需要在不超过 30 年或者项目使用寿命期间的 90% 之内
项目管理者	美国能源部
网址	http://www.lgprogram.energy.gov

（1）技贷款担保项目

2005 联邦能源政策方针标题 17（EPAct 2005）授权美国能源部（DOE）为避免和减少大气污染和温室气体排放，使用与当时已服务并获得贷款担保的商业技术，相比新的或值得关注的革新技术发布贷款担保项目。贷款担保项目已经被授权提供 100 亿美金贷款给节能、可再生能源和先进输配电项目。

美国能源部积极促进 3 种类型的项目：（1）制造业项目；（2）独立操作项目；（3）大型的并且有分期方案的综合于能源效率，可再生能源和先进输配电项目。授权最初贷款被用于早期的适用革新技术的能源项目。贷款担保项目不能用于支持项目的研发。

2009 年 7 月美国能源部对项目使用革新能源效率技术，可再生能源和先进输配电项目发布项目征集。要求征集的项目必须符合 10 CFR 609 定义的革新技术标准。项目征集提供总额为 85 亿项目资金直到达到项目资助总额之前对所有申请开放。申请起始日期是 2009 年 9 月 16 日。

（2）临时贷款担保项目

颁布于 2009 年 2 月的《2009 美国恢复和再投资计划（ARRA，H. R. 1)》授权美国能源部可提供 60 亿美元贷款担保给这个项目。在这个计划中，美国能源部在 2011 年 9 月 30 日之前都可以进行贷款担保。计划修正了 EPAct 2005 法案并为新的贷款担保加入了对新的革新技术的定义。符合资格的技术包括利用可再生能源产生电能和热能、制造相关设施的设备和先进的生物燃料项目。对生物质燃料项目限制在 5 亿美元。对所有贷款担保的项目、工资要求必须符合戴维斯—佩根法案。

2009 年 7 月美国能源部发布征集革新能源效率，可再生能源和先进配电和输电项目。项目征集希望用高达 85 亿美元的贷款保证资助符合要求的项目。

4. 修正的加快资金回收系统（MAcRS）＋折旧奖励（2008～2009 年）

01/20/2010

州　名	美国联邦政府
奖励类型	公司折旧
符合的可再生能源技术	太阳能热水、太阳能采暖、太阳能热发电、太阳能加热工艺、光伏太阳能、填埋废物气、风能、生物质能、地热发电、燃料电池、地源热泵、市政固体废物利用、热电联产、太阳能混合照明，厌氧分解、微型燃气轮机、地热直接利用
应用区域	商业，工业
项目管理者	美国国税局
开始时间	1986 年

注：虽然改进的加速成本回收系统（MACRS）一直生效，第一年奖金贬值到符合花费的 50% 的规定将于 2009 年 12 月 31 日过期。即使对于 2010 年新项目的奖金将可能被更新，但是并没有写出建立了奖金的更新。

在联邦改进的加速成本回收系统（MACRS）之下，商业机构可以在特定的财产中通过折旧扣除来进行投资的回收。改进的加速成本回收系统（MACRS）为不同类型的可以贬值的产业建立了不同的 3～50 年的等级分类。很多被认为是能源投资税务减免或者 ITC 定义的可再生能源技术被分在 5 年产业类（参考 26 USC § 48（a）（3）（A）)。这些产业一般包括：

（1）各种太阳能发电和太阳能热利用技术；

（2）燃料电池和微型燃气轮机；

（3）地热发电；

（4）直接地热利用和地源热泵；

（5）小型透平机组（100kW 以下）；

（6）热电联产（CHP）；

（7）风能以及五年计划的大型风能设备。

除此之外加速成本回收系统（MACRS）把一些生物质产业分为 7 年的分类级别。一般包括生物质产热，固体、气体和液体燃料的转化，生物质设备在水冷壁的应用、燃烧系统、燃料废料排放来制造高温热水、蒸汽和电能。

对大多数太阳能、地热能和风能产业，制定 5 年的时间表开始于 1986 年。2005 联邦能源政策方针（EPAct 2005）将燃料电池、微型燃气轮机和太阳能混合照明技术分类为 5 年的产业并将它们加入到 §48（a）（3）（A）。2008 年 10 月根据《2008 能源改进剂扩展方案》这部分又加入了地源热泵、热电联产和小型风力发电。

《2008 联邦经济刺激法案》颁布于 2008 年 2 月，对所有安装于 2008 年的可再生能源设备有一个第一年奖金贬值 50% 的规定（26 USC §168（k））。这项规定在《2009 美国恢复和再投资计划》颁布后被延长到 2009 年。一个项目想获得折旧奖金必须满足以下的标准：

（1）必须在正常的联邦税减免政策下有小于或等于 20 年的项目投资回收期；

（2）产业的最初使用必须与纳税人最开始的声名相同；

（3）财产必须是 2008 年到 2009 年之间取得的；

（4）产业服务开始于 2008 年到 2009 年之间。

如果财产满足这些要求，业主有权在 2008 年到 2009 年调整属性的基础上扣除 50%，另外 50% 在属性调整的基础上根据折旧时间表进行折旧。奖金的折旧规则适用于所有符合联邦商业能源税收抵免的产业，没有限制。在计算一个项目的折旧之前，调整后的项目基础上必须减少 1/2 的能源信贷金额。

E.5　佛罗里达

关于可再生能源和效率的奖励政策

1. 可再生能源生产的税务减免

06/17/2009

州　名	佛罗里达州
奖励类型	公司的税务减免
符合的可再生能源技术	太阳能热电发电，光伏太阳能、风能、水力发电，地热发电、废热发电、氢能、潮汐能、海浪能、海洋热能
应用区域	商业
总量	对于产电是 $0.01/kWh，2007.1.1～2010.6.30
最大奖励	单个项目没有最大奖励限制，每个州 500 万最大奖励限制。
推后条款	没有用完的额度将可以推后最多 5 年内执行
项目管理者	佛罗里达税务部
起始时间	2006 年 7 月 1 日
截止日期	2010 年 6 月 30 日
网址	http://www.myfloridaclimate.com/climate_quick_links/florida_energ

2006 年 6 月 SB888 建立了一个可再生能源的税务减免法案以鼓励佛罗里达州的可再生能源的发展。这种新的公司税相当于按产电量计算为 0.01 美元/kWh。对于 2006 年 5 月 1 日服役的新的设施，税务减免是根据设施的整个产电量来进行计算的。对于扩展设施，税务减免是基于设施产电量的增长进行计算。

税务减免的目的，可再生能源技术可以解释为"使用以下几种燃料或能源例如氢能、生物质、太阳能、地热能、风能、海洋能、废热能和水力发电来产生电能、机械或热能的方法"。

税务减免的额度可以从电力产生或电力销售日期从 2007 年 1 月 1 日到 2010 年 6 月 30 日之间。从 2008～2011 年，纳税人必须每年 2 月 1 日之前向税务部提交索取税务减免的申请。若第 1 年未能用完的税务减免额度可以推后到之后的 5 年之内使用。

奖励纳税人的税务减免的总共的额度限制在每年 500 万美元之内。如果一年的奖励超过 500 万美元，税务部会按纳税人电力的产生和销售额的增长进行按一定比例的奖励。

一个纳税人不能同时申请这项税务减免和佛罗里达州可再生能源技术投资税务减免。2008 年 6 月佛罗里达州颁布 HB 7135 规定申请这项税务减免的纳税人不能减少佛罗里达州替代性最低税的总量。

2. 可再生能源技术投资税务减免

09/15/2009

州　名	佛罗里达州
奖励类型	公司税务减免
有资格的可再生能源技术	燃料电池、氢能、乙醇、生物柴油
应用区域	商业
数量	75％的资本、操作、维护以及研发投资
最大的奖励	根据申请的不同进行改变
推后延迟的规定	未用完的数额可以被推后被使用在 2007 年 1 月 1 日开始的税务年，结束于 2012 年 12 月 31 日
项目管理者	州长执行办公室
起始时间	2006 年 7 月 1 日
截止时间	2010 年 6 月 30 日
网址	http://myfloridaclimate.com/climate _ quick _ links/florida _ energy

2006 年 6 月一项公司减免税务的法律 SB888 在佛罗里达建立以促进以下项目的投资(1) 氢能汽车及氢能燃料补给站；(2) 商用固定式燃料电池；(3) 生物柴油的产生、储存和分配。

对于 2007 年 1 月 1 日起到 2010 年 12 月 31 日的每个技术的税务减免规定是：

(1) 氢能汽车及氢能燃料补给站

时间在 2006 年 7 月 1 日到 2010 年 6 月 30 日，75％的与州内氢能汽车及氢能燃料补给站有关的资本、操作、维护以及研发投资，每个纳税实体每年最多 300 万美元的税务减免额度。

(2) 商用固定式燃料电池

时间在 2006 年 7 月 1 日到 2010 年 6 月 30 日，75％的资本、操作、维护以及研发投资并与商用固定式燃料电池投资有关的包括但不限于建造、安装、设备花费。每个纳税实体每年最多 150 万美金的税务减免，每个燃料电池最大额为 12000 美元。

(3) 生物柴油的产生、储存和分配

时间在 2006 年 7 月 1 日到 2010 年 6 月 30 日 75％的资本、操作、维护以及研发投资并与生物柴油的产生，储存和分配投资有关的包括但不限于建造、安装、设备花费。每个纳税实体每年最多650万美元的税务减免。汽油加油站改进为乙醇加油站的花费也在符合的范围之内。

如果当年的税务减免额度没有用完，纳税公司可以将额度推后到2007年1月1日到2012年12月31日使用，过期之后不能使用。2009年1月1日开始，税务减免的额度也是可以转移的。公司必须向佛罗里达州能源和气候委员会提交一份税务减免的申请并附证明书以获得税务减免的资格和退税。

佛罗里达州能源和气候委员会将每年决定和发布税务减免中剩余税务的额度报告。如果纳税人因用完当年的税务减免额度可于第二年申请，并且相对其他纳税人有优先权。这项法律也包括对氢能汽车、商用固定式燃料电池及用于分配生物燃料和乙醇的材料的税务销售退税。

3. 可再生能源设备销售税豁免

01/14/2010

州　名	佛罗里达州
奖励类型	销售税奖励
适用的可再生能源技术	燃料电池、乙醇、生物柴油
应用区域	商业、住宅、公共消费场所
数量	所有消费税
最大奖励限制	无
项目管理者	佛罗里达税务局
开始时间	2006年7月1日
截止时间	2010年7月1日
网址	http://myfloridaclimate.com/climate_quick_links/florida_energy

2006年6月参议院法案888提出了"可再生能源设备、机器和其他材料的销售税的豁免"。可再生能源技术包括氢能汽车、氢能补给站（最高200万美元）、商业固定式氢能燃料电池（最高100万美元）、生物柴油和乙醇分配的基础设施，运输和储存（最高100万美元）。

退税主要是退给之前付过佛罗里达州消费税的购买者。佛罗里达州能源和气候委员会将对佛罗里达州可再生能源技术销售税的豁免申请进行审核。佛罗里达州能源和气候委员会不会审核消费退税。实际退税必须通过佛罗里达州税务部填写的表格进行申请。

E.6 密歇根州

可再生能源效率的奖励政策

消费能源——光电太阳能购买税则

从2009年8月开始，"密歇根消费者能源"开始向民用或者非民用的光电太阳能系统

消费者提供实验性的回购税费的条款——先进可再生能源实验项目（EARP）。所有的 1-
20kW 的民用和 20-150kW 的非民用系统所有者都有资格参加这个项目。最小的系统容量
为 1kW。民用的消费者必须受到电力服务的税率为 RS 或者 RT 才有资格参加这个项目。
非民用的消费者必须受到电力服务的税率为 RS，RT，GS，GSD，GP，和 GPD 才有资格
参加这个项目。项目总的限制容量为 2MW 包括对民用的限制为 500kW。

10/26/2009

州　　名	密歇根州
奖励类型	生产奖励
符合的可再生能源技术	光伏太阳能
应用区域	商业、工业、住宅、非盈利机构、学校、当地政府、州政府、联邦、复合家庭住户和研究所
数量	居民：＄0.65/kWh 或＄0.525/kWh 非居民：＄0.45/kWh 或＄0.375/kWh
最大奖励	没有规定
条款	12 年的固定的合同；参加者交接入费（每月＄6～＄50）以支付额外的计量费用；
项目管理	能源消费者
起始时间	2009 年 8 月 27 日
截止日期	2010 年 12 月 31 日
网址	http://www.consumersenergy.com/welcome.htm? /products/index.asp?

注：虽然项目总量限制的 2MW 以下，但是已经收到的申请达 6.3MW。新申请将会排在列队中以防止有些项目的
失败或者申请者的退出。
必须注意的是，为了对安装者和开发者负责及寻求高的奖励额度，对民用和非民用工程的服务期限已经延长
到 2010 年 5 月 1 日。最高的奖励级别计划给第一个民用（250kW）或者非民用（750kW）并且在 5 月最后期
限之前的工程。如果工程部分的容量超过 250kW 或者 750kW，那么工程的奖励将会受到最大容量限制之上或
者之下的一个比率。

重要的一点是这不是一个网络测量项目或者项目的参加者没有进行网络测量的责任。
在这个项目中，消费者能源将购买所有的这个系统在 1～12 年内产生的电能。产电的测量
是分开于消费者现有的电源（如电网）。参加者必须在现有的账号中评估一个月系统接入
费才有资格参加项目并且来支付电量的测量。有备用能源和其他能源的系统没有资格参加
这个项目。具体的购买费用如下：

（1）民用：2010 年 5 月 1 日之前的系统（最大总功率 250kW）0.65 美元/kWh，对没
有达到高级别的系统 0.525 美元/kWh。

（2）非民用：2010 年 5 月 1 日之前的系统（最大总功率 750kW）0.375 美元/kWh，
对没有达到高级别的系统 0.525 美元/kWh。

受到这个税率奖励的民用太阳能系统不能应用于商业用途，例如租用、仓库、车间、
办公大楼等。即使符合非民用的税率资格，一个受到税务豁免的实体也没有资格参加这个
项目中的居民税率。第三方拥有的建筑和结构也没有资格参加这个项目。申请者必须拥有
发电系统并是符合条件的消费者能源的用户之一。如果用户自己没有拥有发电系统，那么
用户必须有租用合同或可以通过许可条款来建造，拥有，操作发电机组。大楼新安装的系
统的申请者必须受到那个地点或者临近地点的电力服务才可以申请这个项目。

太阳能设备必须在密歇根州建造或者由密歇根工人建造才有资格申请这个项目。要求与制造设备有关的设施和原材料相关的50％都来自密歇根州的组装和制造。劳动力至少60％由密歇根工人完成才符合要求的密歇根工人建造资格。所有系统必须符合 UL 1741 和 IEEE1547.1 要求及当地建筑和电力规范的要求。公共设施拥有所有与电力购买计划相关的所有的可再生能源额度（REC）。

项目 2009 年 8 月 3 日开始接受正式申请并直到 2010 年 12 月 31 日，项目受总的参加者的限制。

E.7 内华达州

可再生能源及效率奖励政策
1. NV 能源——可再生能源折扣项目

04/27/2010

州　名	内华达州
奖励类型	州内折扣奖励
有资格的可再生能源技术	光伏太阳能、风能、小型水利发电
应用区域	商业、民用住宅、非盈利性单位、学校、地方政府、州政府、农业和其他公共建筑
数量	太阳能（2010～2011项目年）：学校以及其他公共财产，非盈利单位和教堂，5美元/W；民用和小型商业资产，2.30美元/W。风能（2010～2011项目年）：民用，小型商业，农业，3美元/W；学校和公共建筑，4美元/W；小型水利发电（2010～2011项目年）：无网络测量系统2.80美元/W；有网络测量系统2.50美元/W。
最大奖励额度	太阳能（2010～2011项目年）： 公共和其他产业包括非盈利机构和教堂：50万美元 学校：25万美元，可高达50万美元（公共委员会批准） 民用：23000美元 小型商业资产：11.5万美元 风能（2010～2011项目年）： 民用：18万美元 小型商业：75万美元 学校：100万美元 农业：150万美元 公共建筑：200万美元 小型水利发电（2010～2011项目年）： 非网络测量系统：56万美元 网络测量系统：50万美元
容量要求	最大 1MW
设备要求	太阳能：系统必须满足所有的可适用的标准；逆变器必须有7年的质保；太阳能手机面板必须有20年质保；2年的劳动力质保；光伏组件和逆变器必须在加利福尼亚能源委员会（CEC）认可设备的清单中。 风能：系统必须满足所有的适用标准；发电机必须被至少一个下列组织所认证：美国风能协会（AWEA），英国风能协会（BWEA），加州能源委员会，纽约州能源和研发局（NYSERDA），小型风能认证委员会（SWCC）。 水能：系统必须满足所有的适用标准

续表

安装要求	安装必须满足当地，州，联邦的安装标准和选址规范，必须满足项目指导方针的细则。系统必须连入电网并进行网络测量。太阳能系统必须由持有内华达 C-2 或 C-2g 电力执照的电力公司安装。风能和小型水利系统必须由持有内华 C-2 电力执照的电力公司安装
可再生能源信用额度的所有权	NV 能源
醒目管理者	NV 能源
网址	http://www.Nvenergy.com/renewablegenerations

注：2010 年 1 月，内华达公共事业委员会为新能源发电项目通过了新的规则，主要关于改变申请的进程和一个新的申请预定系统。太阳能奖励计划在 2010 年 4 月 21 日开始接受 2010-2011 项目年的申请。项目中，太阳能发电的容量是 13.4MW 但在刚开始的第一个 6 个小时内就受到了 34.8MW 的申请。现在太阳能发电已经不接受这个项目年的任何申请。现在只接受风能和小型水利发电奖励的申请。是由 NV 能源的用户才有资格参加这一项目。

NV Energy（前身为 Sierra Pacific Power 和 Nevada Power）代表内华达能源保护和可再生能源特别小组管理着为光电太阳能、风能和小型水利的可再生能源发电折扣项目。最初发布于 2003 年的太阳能发电折扣项目来源于 AB 431（"太阳能系统能源示范项目"）开始于 2004 年 8 月，只对光电太阳能有折扣。现在折扣针对与电网相连的光电太阳能装置应用在民用、小型商业、公共建筑、非营利性单位、学校；及应用在民用，小型商业、学校、农业、公共大楼的小型风力系统；及并网的农业中的小型水利发电系统。参加者必须是 NV Energy 的内华达用户。

2009 年的 SB 358 调整了可再生能源发电项目的执行内容。当申请人被通过，相关单位必须在 30 日之内书面通知申请人。另外，申请人有 12 个月的时间来完成最初申请的项目。如果当项目完成时间错过了 12 个月的期限，项目资格依然存在，但是项目奖励资金额度是当时的费用而并不是项目申请最初通过时的费用。

太阳能发电项目，包括示范项目的 3 年现在已经是第 6 年了。在 2007 年项目变为永久性项目。同上面的示范项目一样，奖励的级别随技术类型、用户级别、项目年的变化而变化。项目年增加奖励级别逐步下降。每个项目年对不同的级别用户有指定的装机容量。申请人预定申请未来项目年后 12 个月时间可以进行项目的安装，但是在该项目年开始前不能收到相应的折扣款。

对可以参加的系统没有大小的规定。网络测量的限制为 1MW，但是退款数额是受到用户类型和技术类型的限制。

2. 可再生能源销售和使用税的减少

07/07/2009

州　　名	内华达州
奖励类型	销售税减少的奖励
可适用的可再生能源技术	太阳能热发电、太阳能加热工艺、光伏太阳能、填埋气、风能、生物质能、水利发电、地热发电、燃料电池、市政固体废物、内华达州可再生能源和地热能发电设备、厌氧消化、使用可再生能源的燃料电池。
应用区域	商业、工业、公共设施、农业、可再生能源发电生产商
奖励数量	内华达州购买者只需要付 2.6% 的销售和使用税（2011 年 6 月 30 日生效），2.25% 的使用税（2011 年 7 月 1 日到 2049 年 6 月 30 日。）
系统要求	系统必须的产电的容量至少在 10MW 以上
项目管理者	内华达州能源办公室

续表

开始日期	2009 年 7 月 1 日
截止日期	2049 年 6 月 30 日
网址	http://renewableenergy.state.nv.us/TaxAbatement.htm

内华达州新成立的有资格的可再生能源技术公司可以向州能源办公室主管申请销售和使用税的减小。内华达州购买者只需要付 2.6% 的销售和使用税（2011 年 6 月 30 日生效），2.25% 的使用税（2011 年 7 月 1 日到 2049 年 6 月 30 日。）当第一台设备开始运往指定地点或者开始向设备交税时就可以开始实行税务的减少政策。

税务减少适用于利用可再生能源包括太阳能，风能，生物质，燃料电池，地热和水利发电的产业。最小要求的容量为 10MW。一些能够达到每小时产热量在至少 25840000BTU（英国热量单位）的设备可以获得这项税务的减少。

一项工程要拿到税务的减少必须要达到有创造新就业机会的要求和工作质量的要求。这主要是取决于城市或者郡县的人口数量和地理位置。项目所有者必须：

（1）雇佣一定数量的全职员工进行项目建设，其中大部分必须为内华达居民；

（2）保证员工的小时工资高于全州小时工资的平均值；

（3）在内华达州有一定的固定资产的投资；

（4）给建造工人及其家属提供健康医疗保险。

注意这样税务的减免不适用于民用住宅。政府实体在所有、租用及控制的所有设施不适用于这项税务的减免。

E.8 新墨西哥州

可再生能源及效率的奖励政策

1. 可再生能源产品的公司税的减免

05/12/2010

州 名	新墨西哥
奖励类型	公司税的减免
可适用的可再生能源技术	太阳能热发电、光伏太阳能、填埋气、风能、生物质能、市政固体废物、厌氧消化
应用区域	商业、工业
奖励数量	风能和生物质：0.01 美元/kWh 太阳能：0.027 美元/kWh
最大奖励	风能和生物质能：前 10 年 400 000MWh/a（400 万美元/a） 太阳能：前 10 年 200 000MWh/a
系统大小规定	单位设施最小容量为 1MW
系统要求	系统必须满足所有的性能与安全标准；发电机必须被新墨西哥能源、矿物及自然资源认证（EMNRD）
移后执行的规定	2007 年 10 月 1 日之前的超出的税务减免额度可以移到之后的 5 年。2007 年 10 月 1 日之前的超出的税务减免额度可以退还给纳税人
项目管理者	州税务部
开始时间	2002 年 7 月 1 日
截止日期	2018 年 1 月 1 日
网址	http://www.cleanenergynm.org

颁布于 2002 年的新墨西哥州可再生能源产品的税务减免政策为利用风能和生物质发电的企业每年瓦时发电减少的税收为 1 美分。利用太阳能发电的企业税收的减免每年变化为：

（1）第 1 年：1.5￠/kWh；（2）第 2 年：2￠/kWh；（3）第 3 年：2.5￠/kWh；（4）第 4 年：3￠/kWh；（5）第 5 年：3.5￠/kWh；（6）第 6 年：4￠/kWh；（7）第 7 年：3.5￠/kWh；（8）第 8 年：3￠/kWh；（9）第 9 年：2.5￠/kWh；（10）第 10 年：2￠/kWh。

根据新墨西哥能源、矿物及自然资源部分（EMNRD）规定，每年平均奖励为每年 2.7￠/kWh。

对于风能和生物质发电，奖励额度为前 10 年 400000MWh/a。对于太阳能，奖励额度为前 10 年 200000MWh/a。最小装机容量为 1MW，必须安装于 2018 年 1 月之前。

个人和公司税收减免项目中加上太阳能 500000MWh 的产电量，总的产电量不能超过每年 200 万 MWh。纳税人不能同时要求参与相同可再生能源项目中的个人和公司税收减免。

2007 年 10 月 1 日之前的超出的税务减免额度可以移到之后的 5 年。2007 年 10 月 1 日之前的超出的税务减免额度可以退还给纳税人

2. PNM-基于性能的用户光电太阳能项目

04/05/2010

州　名	新墨西哥州
奖励类型	产品奖励
可适用的可再生能源技术	光伏太阳能
应用区域	商业、民用
数量	10kW 的系统，0.13 美元/kWh 10kW～1MW 的系统：0.15 美元/kWh
最大奖励	没有规定
条款	10kW 的系统：12 年的合同
	10kW～1MW 的系统：20 年的合同（系统必须是网络测量）
项目管理者	PNM
起始日期	2006 年 3 月 1 日
网址	http://www.pnm.com/customers/pv/program.htm

2006 年 3 月，PNM 依从新墨西哥可再生能源文件标准（RPS）发起了一项"可再生能源信用额度（REC）购买项目"。PNM 将从安装光电太阳能最大功率为 1MW 的用户处购买 REC。PNM 将把购买得到的信用额度点数作为新能源标准（RPS）的债务的偿还。RPS 要求到 2020 年之前，新墨西哥州电力产生来源的 4% 为太阳能，0.6% 为分布式发电。

购买信用额度的支付是基于系统的总功率。PNM 将按月购买参加者的电力信用额度。加入者每月将收到一份关于产电量和信用额度购买单价和总价的账单。REC 购买的费用将作为参加者电费的一部分。

（1）10kW 以下的系统

PNM 将以 0.13 美元/kWh 来购买小型太阳能光电系统的产电额度 12 年。如果付给购买的款项高于用户的月耗电费用，余额小于 20 美元的购买费用将会带到下个月的账单中。如果余额大于 20 美元，则将直接支付给用户。项目的参加者必须为居民用户支付 100 美元的申请费，费用包括一个可视的二级电表。用户还要付 20 美元以支付网络测量申请

费以建立与 PNM 互相通信的网络。

（2）10kW～1MW 的系统

PNM 将以 0.15 美元/kWh 来购买大型太阳能光电系统的产电额度 20 年。如果付给购买的款项高于用户的月耗电费用，余额小于 200 美元的购买费用将会带到下个月的账单中。如果余额大于 200 美元，则将直接支付给用户。PNM 将不会购买超过电网发电量额度。项目的参加者必须为商用用户支付 350 美元的申请费，费用包括一个可视的二级电表。用户还需缴纳网络测量申请费以建立与 PNM 通信的网络，小于 100kW 按 100 美元/kW 收取费用，大于 100kW 且低于 1MW 部分需增加费用 1 美元/kW。

E.9 俄勒冈州

E.9.1 可再生能源效率奖励政策

1. EWEb-太阳能发电项目（产电奖励）

09/30/2009

州　名	俄勒冈州
奖励类型	生产奖励
可适用的技术	光伏太阳能
应用区域	商业、工业、居民、非盈利机构、学校、当地政府、州政府、农业、研究所
数量	10 年 0.076～0.12 美元/kWh，实际价格取决于每个月的产电能力
最大奖励	系统大小为 10kW～1MW
条款	系统容量必须大于 10kW。系统所有者必须执行 EWEB 交互通信的合同和程序合同，需要建造的许可。系统必须被城市建筑官员和 EWEB 审查。系统的所有设备必须是 UL 认证。所有的光伏组件和逆变器必须在 CEC 列表中
项目管理者	Eugene Water & Electric Board
起始时间	2008 年 1 月 25 日
网址	http://www.eweb.org/content.aspx/ee5003fe-cb03-484c-86e0-2bb16f5d

EWEB 太阳能发电项目鼓励给予利用光电太阳能发电的民用和商业用户经济上的奖励。对选用网络电表的用户进行现金奖励，对没有使用网络电表的用户实行产品奖励。在后来的合同中，左右发电的电量将都会并入电网中。

选用网络电表的民用用户的奖励是 2.00 美元/W。最大奖励是 10000 美元。选用网络电表的商用用户的奖励是 1.00 美元/W。最大奖励是 25000 美元。奖励总量计算时给予发电量和设备耗电损耗之后。在这项奖励回款计划中，持有可再生能源信用额度的用户与发电用户密切相关。

发电功率 10kW～1MW 容量的光电太阳能发电系统的发电全部直接并入电网。没有用 PV 直接产出的电并将电直接并入电网的用户，将会获得 10 年 0.076～0.12 美元/kWh 的补贴（但是要看每年的发电量）。奖励的级别受每月和每季度发电量的变化而变化。这些"直接发电"系统需要一个 EWEB 服务和电表去测量发电的电量。在这个项目中，EWEB 假设所有的 REC 都是被用户所有。

系统所有者必须执行 EWEB 交互通信的合同和程序合同。需要建筑的许可。系统必须被城市建筑官员和 EWEB 审查。系统的所有设备必须是 UL 认证。所有的光伏组件和逆变器必须在加利福尼亚能源委员会新兴可再生能源项目 CEC 列表中。

2. 能源工业生产效率奖励项目

06/12/2009

州　名	俄勒冈州
奖励类型	州内退款项目
可适用的效率技术	照明、照明控制和传感器、热泵、空气压缩机、发动机、ASDs/VSDs 发动机、农业设备
可适用的可再生能源技术	地源热泵
适用的区域	工业、农业、制造业、水和废水的处理
数量	由技术决定
最大奖励	无照明项目：0.25 美元/kWh，2009 年之前花费的 60%，2009 年之后花费的 50%。 照明项目：0.17 美元/kWh，投资的 50%。 NEMA Premium 发动机：10 美元/hp，最大 200hp。 市政服务区域项目：0.32 美元/kWh，投资的 50%
设备要求	设备最低效率要求见网站
项目管理者	Energy Trust of Oregon
网址	http://energytrust.org/Business/incentives/industrial/production

俄勒冈州能源信赖项目向工业用户如波特兰通用电气、太平洋电力、西北天然气公司、Cascade 天然气公司提供工业发电效率项目。用户必须对公共目的收费做出贡献以获得项目回款的资格。能源信赖项目如大型工业、制造业、农业、废水处理等向工业过程提供技术支持和现金奖励。标准制定的奖励包括照明、发动机、热泵、变频器、空调设备等。另外有一些其他的奖励来满足特定的工业过程的需要。例如农业用户有灌溉系统的奖励，小型制造企业有压缩空气的奖励。有兴趣加入这个项目的用户可以联系服务代表以发现适合自己企业的奖励。

3. 可再生能源设备制造商的税务减免

03/23/2010

州　名	俄勒冈州
奖励类型	工业招募/支持
符合资格的可再生能源技术	太阳能热水、太阳能采暖、光伏太阳能、风能、生物质、地源热泵、太阳能泳池加热、小型水利发电、潮汐能、海浪能
应用区域	商业、工业
数量	成本的 50%（每年 10%，共 5 年）
最大奖励	2000 万美元
项目管理者	俄勒冈州能源部
起始时间	2008 年 6 月 20 日
网址	http://egov.oregon.gov/ENERGY/CONS/BUS/BETC.shtml

俄勒冈州商业能源税务减免（BETC）是作为能源保护，回收利用，可再生能源，可持续建筑，低污染燃料的投资。可再生能源设备制造商税务减免法案是作为 BETC 的一部分 HB 3201 颁布于 2007 年 7 月。税务减免的额度是 50% 的可再生能源系统的建造成本，包括大楼成本、挖掘成本、机器和设备成本。税务减免也可以用于现有系统的可再生能源设备改进。税务减免为成本的 50%，每年 10%，共 5 年。原先的税务减免额度为 $1000 万，2008 年 3 月后由于 HB 3619 的颁布改为 2000 万美元。

税务减免额度适用于那些以废木或者农场和森林废料，非石油作为或动物生物质，太阳能、风能、谁能和地热资源作为能源的制造商。在开始建造之前，必须向俄勒冈州能源部申请初步认证。除此之外，还要申请最终认证。另一项关于制造的审查是经济可行性审查。俄勒冈州能源部可以为管理的符合资格的这些设备、机械和制造产品建立其他的标准，包括这些系统最小的性能和效率标准。2010 年 3 月的 HB 3680 建立了税务减免的最晚时间。可再生能源设备制造企业必须在 2014 年 1 月 1 日之前拿到初步认证以获得税务减免。

E.10 德克萨斯州

E.10.1 太阳能和风能商业特许税的豁免

11/13/2009

州 名	德克萨斯
奖励类型	工业招募/支持
可再生能源技术和其他技术	太阳能热水、太阳能采暖、太阳能热电、太阳能加热工艺、光伏太阳能、风能
应用区域	商业、工业
数量	所有的
最大奖励	无
条款	N/A
项目管理者	财政审计局长
起始时间	1982 年
网址	http://www.seco.cpa.state.tx.us/re_incentives-taxcode-statutes.ht…

特克萨斯州单独从事制造、出售或安装太阳能设备的公司可以享受特许经营税的豁免。德克萨斯州特许经营税相当于公司税，基本元素都相同。对于税务减免没有上线，因此是对太阳能产品制造商的实质性的奖励。

在这项税务减免中，太阳能设备指利用太阳能设备提供能源制热、制冷、发电和做功的设备。在这种定义下，风能也是一种符合条件的技术。因此德克萨斯州也对风能技术公司提供特许经营税的减免。

E.10.2 可再生能源和效率的奖励政策

1. 太阳能和风能设备特许经营税的减除

德克萨斯州允许公司或者其他实体从州特许经营税中扣除太阳能设备的花费。允许实体扣除 10％的系统应摊成本。这种方式 2008 年 1 月 1 日生效替换了以前规定公司（1）扣除资本纳税的所有系统花费；（2）公司盈利的 10％为系统花费。德克萨斯州特许经营税相当于公司税，基本元素都相同。

11/13/2009

州　名	德克萨斯州
奖励类型	公司减免
可再生能源技术	太阳能热水、太阳能采暖、太阳能热发电、太阳能加热工艺、光伏太阳能、风能
应用区域	商业、工业
数量	应摊成本的 10％
最大奖励	无
项目管理者	公共账户审计局
开始时间	1982 年
网址	http://www.seco.cpa.state.tx.us/re _ incentives-taxcode-statutes

在这项税务减免中，太阳能设备指利用太阳能设备提供能源制热、制冷、发电和做功的设备。在这种定义下，风能也是一种符合条件的技术。因此德克萨斯州也对风能技术公司提供特许经营税的减免。

2. LoanSTAR 循环贷款项目

04/21/2010

州　名	德克萨斯州
奖励类型	州贷款项目
可适用的效率技术	照明、照明控制和传感器、冷水机组、锅炉、熔炉、热泵、中央空调、热回收、可编程的恒温控制器、能源管理系统/楼宇自动控制、建筑保温、发动机、发动机-ASDs/VSDs、LED 出口标志。
可适用的可再生能源技术	被动式太阳能采暖、太阳能热水、主动式太阳能采暖、光伏太阳能、风能、地源热泵
应用区域	学校、当地政府、州政府、医院
数量	可变的
最大奖励	500 万美元
条款	线性利率为 3％的年利率，贷款通过节能费用来偿还，项目债务偿还的平均周期为 10 年。
项目管理者	州节能办公室公共账户审计局
基金来源	Petroleum Violation Escrow 基金
项目预算	986 万美元（循环贷款）
起始时间	1989 年
网址	http://seco.cpa.state.tx.us/ls/

通过州节能办公室的 LoanSTAR 计划可以给所有的公共实体包括州立或公立中学、专科学校和大学以及非营利的医院提供低利率的贷款，以进行节能检测的项目（ECRMs）。这些测试包括但不仅仅限制于 HVAC，照明和保温。基金可以用于改进现有的设备以及投资新的高效率的设备。现场的可再生能源评估有利于促进潜在项目的分析。

LoanSTAR 项目投资于"设计、投标、建造"或"设计、建造"项目，所有项目的通过都是基于详细能源评估报告，详细能源评估报告必须参照 LoanSTAR 的指导方针。
SECO 审查设计规格和现场制造监督。建造 100％完成后开始进行贷款的偿还。

到 2007 年 11 月 LoanSTAR 项目已经投资了总共 191 个贷款项目总数为 2.4 亿美元，
节约能源 2.12 亿美元。NASEO 报告表示 LoanSTAR 可以帮助州政府在 2008 年节约多余
2000 万美元的能源损耗，在 2009 年冬季还有 2800 万美元的项目。

参 考 文 献

第一章

［1］ Gevorkian，Peter，Alternative Energy Systems in Building Design，McGraw-Hill，New York，2010.

［2］ Solar America Initiative，http：//www1. eere. energy. gov/solar/initiatives. html.

［3］ Solar Advisor Model，https：//www. nrel. gov/analysis/sam/.

第二章

［1］ Gevorkian，Peter，Alternative Energy Systems in Building Design，McGraw-Hill，New York，2010.

第三章

［1］ Gevorkian，Peter，Alternative Energy Systems in Building Design，McGraw-Hill，New York，2010.

［2］ Gevorkian，Peter，Solar Power in Building Design，McGraw-Hill，New York，2008.

第四章

［1］ Gevorkian，Peter，Alternative Energy Systems in Building Design，McGraw-Hill，New York，2010.

［2］ http：//www. nrel. gov/rredc/pvwatts/

［3］ Energy Information Administration.

［4］ International Energy Agency Electricity Information 2005；International Energy Agency Energy Prices and Taxes，4th Quarter 2005；and Eurostat Gas and Electricity Market Statistics 2005.

［5］ Resource Data International.

第五章

［1］ National Renewable Energy Laboratories. www. nrel. gov

［2］ www. seia. com

第九章

［1］ http：//en. wikipedia. org/wiki/Project_management

第十章

［1］ http：//en. wikipedia. org/wiki/Unified_Smart_Grid.

［2］ http：//www-900. ibm. com/cn/forum2009/wisdom. shtml.

［3］ Xcel Energy. SmartGridCityTM：Design plan for Boulder，Colo.
http：//smartgridcity. Xcelenergy. com/media/pdf/Smart Grid City DesignPlan. pdf.

［4］ http：//en. wikipedia. org/wiki/Smart_grid - cite_note-7.

［5］ http：//en. wikipedia. org/wiki/Mesh_network - cite_note-1.

［6］ http：//en. wikipedia. org/wiki/Mesh_network - cite_note-5.

［7］ http：//en. wikipedia. org/wiki/Power_line_communication.

第十一章

［1］ http：//www. quatrobioworld. com

［2］ http：//www. concentratedsolarpower. com

［3］ http：//energy. saving. nu/solarenergy/thermal. shtml